제3판

Introduction to Geometry 기하학개론

박광성 지음

KM 경문사

머리말

좌표를 이용하는 해석기하학은 편리함과 실용성이 높은 과목이지만 중·고등학교에서 깊이 있게 다루지 못하고, 대학에서도 소홀히 다루기 쉬운 과목이다. 그러나 컴퓨터의 급속한 보급과 정보화의 과정에서 해석기하학은 인공지능, 컴퓨터 그래픽 등의 분야에서 사영기하학과 함께 그 필요성이 증가하고 있는 분야이다. 그렇지만 대학 교재로 쓸 수 있을 정도의 관련 기하학 교재는 드문 편이고, 있다고 하여도 대수학이나 미분적학의 합본으로 나와 있는 정도가 대부분이어서 체계적인 구성이 되어 있지 않다. 그리고 해석기하학은 기초적인 벡터와 행렬의 이론을 많이 사용하게 되는데, 이들 개념은 기초적인 부분이기는 하지만 막상 강의하려면 학생들의 대부분은 준비가 덜된 상태이므로 이들 개념에 대해서 다시 설명이 필요하게 된다. 이러한 사정을 감안하여 이 책 내에서 필요한 개념들을 모두 포함시켜 내용을 구성하였다.

전체를 크게 평면기하와 공간기하의 두 PART로 나누어 제1장에서는 평면기하의 기본개념, 제2장에서는 직선과 원, 제3장에서는 2차곡선에 대하여 다루었다. 제4장에서는 공간기하의 기본개념, 제5장에서는 직선과 평면, 제6장에서는 2차곡면을 다루었다. 각 장마다 마지막에 계산이 복잡한 주제를 모은 보충자료와 연습문제의 해답을 실었다.

끝으로 이 책을 완성하는데 도움을 주신 모든 분들에게 감사드린다.

2020년 6월 저자

차례

PART 1 • 평면기하

PART 2 • 공간기하

제4장 공간기하의 기본개념

제5장 직선과 평면

제6장 2차곡면

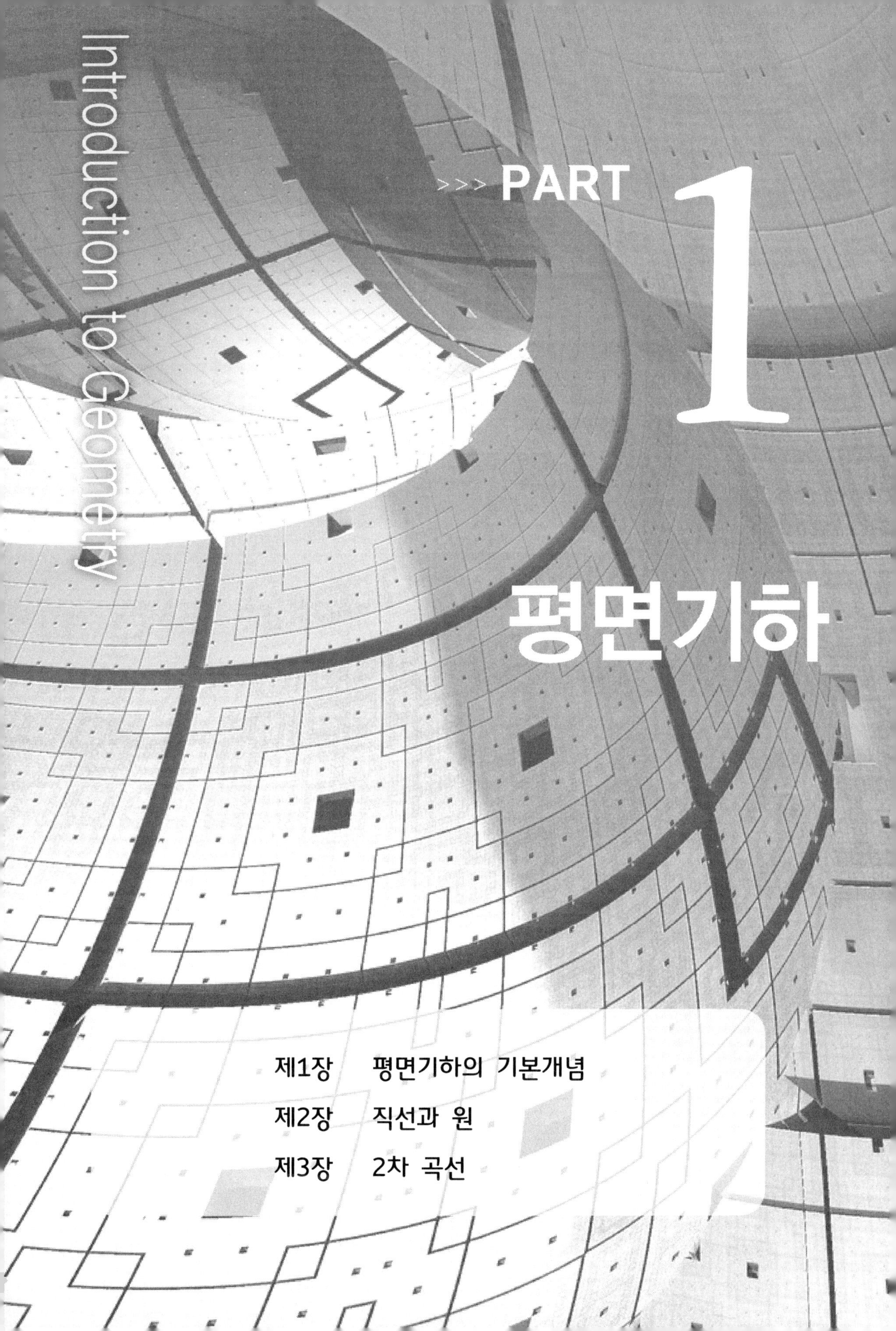

Introduction to Geometry

PART 1

평면기하

제 1 장

평면기하의 기본개념

1.1 좌표계

해석기하학(Analytic Geometry)은 좌표를 도입하여 기하학적인 도형을 대수적인 방정식으로 표현하여 기하학의 문제를 대수적 계산을 통해서 해결하려는 것으로서 데카르트(Descartes, 1596-1650)에 의해 소개되었다. 따라서 해석기하학을 다루기 위해서 먼저 좌표계에 대한 이해가 필요하다.

직선 l 위의 두 점 O와 E를 잡고 이를 각각 **원점**(origin), **단위점**(unit point)이라고 하자. 이때 O에서 E방향을 **양의 방향**, 그 반대 방향을 **음의 방향**, 그리고 이와 같이 방향이 주어진 직선을 **유향직선**(directed line)이라고 한다.

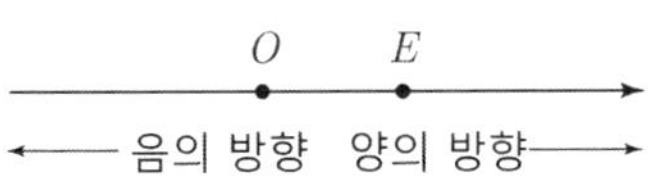

그림 1.1 유향직선

O에서 E까지 거리를 **단위거리**(unit distance)라고 하는데, 이 거리를 1로 하고, 원점 O에 실수 0을, 양의 실수 x에 대해서 직선 l 위에 양의 방향으로 거리가 x인 점 P를 대응시킨다. 이때 x를 점 P의 **좌표**(coordinate)라고 하고 $P(x)$는 점 P의 좌표가 x임을 나타내는 기호로 사용한다. 음의 실수에 대해서도 같은 방법으로 음의 방향에 대응시키면 우리는 실수들의 집합과 유향직선 l 위의 점 사이에 일대일의 대응관계를 얻는다. 이렇게 얻은 유향직선을 **수직선**(real line)이라고 한다. 이렇게 하면 수직선 l 위의 원점 O의 좌

표는 0, 단위점 E의 좌표는 1이다.

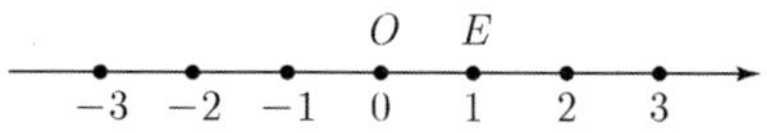

그림 1.2 수직선(real line)

수직선 l 위의 두 점 $P(a)$, $Q(b)$에 대해서 점 P, Q와 그 사이에 있는 점들의 집합을 $\overline{PQ}$로 적고 **선분**(segment) P, Q라고 한다. 이때 선분 $\overline{PQ}$의 길이 $|PQ|$는

$$|PQ| = |b-a|$$

이다.

직선의 경우와 같이 선분이나 거리에 대해서도 방향을 줄 수 있다. 선분 $\overline{PQ}$에 P에서 Q로 방향을 준 **유향선분**(directed segment)을 $\overrightarrow{PQ}$로 적고, P에서 Q까지 **유향거리**(directed distance) PQ는

$$PQ = b-a$$

로 정의한다. 따라서 원점 O에서 점 $P(x)$까지 유향거리 OP는 x이다.

(1) 선분 $\overline{PQ}$　　(2) 유향선분 $\overrightarrow{PQ}$

그림 1.3 선분

수직선 l 위의 서로 다른 두 점 P_1, P_2에 대해서 l 위의 한 점 P는 유향선분 $\overrightarrow{P_1P}$, $\overrightarrow{PP_2}$를 결정한다. 이들의 유향거리의 비가 $m:n$일 때, 즉

$$P_1P : PP_2 = m:n$$

을 만족할 때,

점 P가 유향선분 $\overrightarrow{P_1P_2}$를 $m:n$으로 나눈다

라고 한다. 이때 P의 위치가 선분의 내부에 있으면 '내분한다'라고 하고, 점 P를 **내분점**

이라고 한다. 그리고 P의 위치가 선분의 외부에 있으면 '외분한다'라고 하고, 점 P를 **외분점**이라고 한다. P의 위치는 m, n의 부호에 따라 선분의 내부에 있을지 아니면 외부에 있을지 결정 되는데, 다음 그림에서 쉽게 알 수 있다.

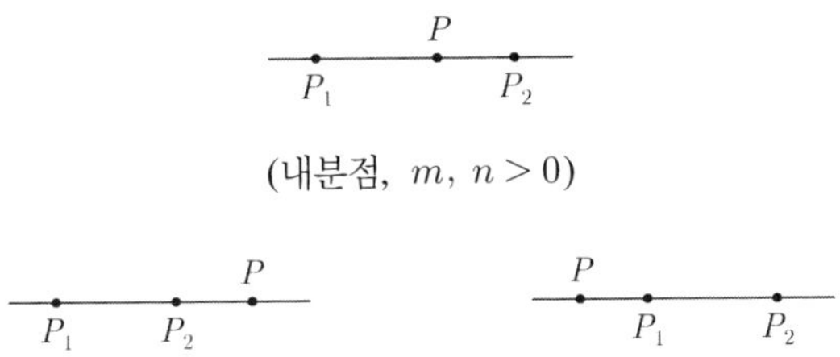

(내분점, $m,\ n>0$)

(외분점, $m>0,\ n<0$) (외분점, $m<0,\ n>0$)

그림 1.4 내분점, 외분점

즉, $m,\ n>0$이면 P는 선분 내부에 있고, m, n의 부호가 다르면 외부에 있다.

주의

(1) $m=0$이면 $P=P_1$이고, $n=0$이면 $P=P_2$이다.

(2) $m=n=0$이면, $P_1=P=P_2$이다. 그러나 $P_1 \neq P_2$이므로, 둘 중의 하나는 0이 아니다.

(3) $m+n=0$이면 $m=-n$이다. 그러면 $PP_1=PP_2$이므로 P에서 P_1, P_2까지 유향거리가 같다. 이것은 $P_1=P_2$를 의미하므로 $m+n \neq 0$이다.

정리 1.1

수직선 l 위의 두 점 $P_1(x_1)$, $P_2(x_2)$에 대해서 l위의 점 $P(x)$가 선분 $\overrightarrow{P_1P_2}$를 $m:n$으로 나누면 x는 다음과 같다.

$$x=\frac{mx_2+nx_1}{m+n}$$

증명

$$m:n=P_1P:PP_2=x-x_1:x_2-x$$

$$\Rightarrow m(x_2-x)=n(x-x_1)$$

$$\Rightarrow (m+n)x=mx_2+nx_1$$

이다. $m+n \neq 0$이므로

$$x = \frac{mx_2 + nx_1}{m+n}$$

이다. □

선분 $\overrightarrow{AB}$의 내분점과는 달리 외분점은 외부의 점이 B쪽에 있는 경우와 A쪽에 있는 경우의 두 가지가 있다. 외분점의 경우 $\overrightarrow{AB}$가 양의 방향일 때, m, n의 부호에 따라 $\overrightarrow{AB}$의 B쪽 혹은 A쪽에 있는지 결정되는데, 부호는 m, n 중에서 절댓값이 작은 쪽이 음수이다.

그림 1.5 외분점의 위치

m, $n > 0\,(m \neq n)$일 때,

> "선분 $\overrightarrow{AB}$를 $m:n$으로 외분하는 점"은
> "$-m:n$ ($m<n$일 때) 혹은 $m:-n$ ($m>n$일 때)으로 나누는 점"

으로 정의한다.

정의 1.2

m, $n > 0$일 때, 선분 $\overrightarrow{AB}$에 대해서 점 C, D가 선분을 $m:n$으로 나누는 내분점, 외분점이면, C, D는 선분 $\overrightarrow{AB}$를 '조화있게 나눈다'라고 하고, 점열 A, B, C, D를 **조화점렬**, C, D를 서로 **조화공액점**이라고 한다.

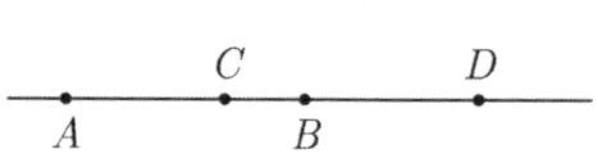

그림 1.6 조화점렬

$A(a),\ B(b),\ C(c),\ D(d)$가 조화점렬이면

$$\frac{CB}{AC} = -\frac{DB}{AD} \Rightarrow \frac{b-c}{c-a} = -\frac{b-d}{d-a}$$

이다. 이를 정리하면

$$\Rightarrow \frac{b-c}{c-a} + \frac{b-d}{d-a} = 0 \Rightarrow \frac{b-c}{c-a} + 1 + \frac{b-d}{d-a} + 1 = 2$$

$$\Rightarrow \frac{b-c}{c-a} + \frac{c-a}{c-a} + \frac{b-d}{d-a} + \frac{d-a}{d-a} = 2$$

$$\Rightarrow \frac{b-a}{c-a} + \frac{b-a}{d-a} = 2 \Rightarrow \frac{1}{c-a} + \frac{1}{d-a} = \frac{2}{b-a}$$

$$\therefore \frac{1}{AC} + \frac{1}{AD} = \frac{2}{AB} \qquad \cdots (*)$$

이것이 $A,\ B,\ C,\ D$가 조화점렬이기 위한 조건이다. 한편 (*)에서 $A,\ B$와 $C,\ D$를 서로 교환한 식

$$\frac{1}{CA} + \frac{1}{CB} = \frac{2}{CD}$$

도 성립하므로 $A,\ B$도 선분 $\overrightarrow{CD}$를 조화있게 나눈다. 즉 $A,\ B,\ C,\ D$가 조화점렬이면, $C,\ D,\ A,\ B$도 조화점렬이다. 증명은 연습문제로 돌린다.

주의

$A,\ B,\ C,\ D$가 조화점렬일 때, 네 점의 순서에서 $C,\ D$쌍은 순서에 관계없이 하나는 내분점, 다른 하나는 외분점을 나타낸다. 그림 1.6을 보면

조화점렬 $A,\ B,\ C,\ D$에서 C는 $\overrightarrow{AB}$의 내분점, D는 외분점

조화점렬 $C,\ D,\ A,\ B$에서 A는 $\overrightarrow{CD}$의 외분점, B는 내분점

이다.

선분 $\overline{AB}$를 내분하는 점 C는 선분 $\overline{AC}$와 $\overline{CB}$를 결정한다. 이때

전체에 대한 긴 것의 비 = 긴 것에 대한 짧은 것의 비

일 때, 즉

$$|AB| : |AC| = |AC| : |CB|,\ (|AC| > |CB|)$$

일 때, C를 $\overline{AB}$의 **황금분할점**, 비 $|AC| : |CB|$ 또는 $\varphi = \dfrac{|AB|}{|AC|} = \dfrac{|AC|}{|CB|}$를 **황금비** (golden ratio)라고 한다. 황금비를 계산하기 위해서 $|AC| = 1$로 두면,

$$\varphi : 1 = 1 : \varphi - 1 \Rightarrow \varphi^2 - \varphi - 1 = 0$$
$$\varphi = \frac{1+\sqrt{5}}{2},\ \left(\frac{1-\sqrt{5}}{2}\text{는 음의 값이므로 버린다}\right)$$

이다. 황금비는 미술, 건축 등에서 황금비의 분할 방식이 많이 쓰이고 정오각형의 작도에서도 나타난다.

예 1.3

$A(1)$, $B(4)$, $C(2)$에 대해서

(1) 선분 $\overrightarrow{AB}$를 $2:1$로 내분하는 점과 외분하는 점을 구하라.

(2) A, B, C, D가 조화점렬이 되는 점 D를 구하고 C, D, A, B도 조화점렬임을 증명하라.

(3) 선분 $\overrightarrow{AB}$의 황금분할점을 구하라.

풀이 (1) 내분점을 $P(x)$, 외분점을 $Q(y)$라고 두면,

$$x = \frac{mx_2 + nx_1}{m+n} = \frac{8+1}{2+1} = 3$$

이고 $2:1$로 외분하는 점은 $2:-1$로 나누는 점이므로,

$$y = \frac{mx_2 - nx_1}{m-n} = \frac{8-1}{2-1} = 7$$

이다.

(2) D의 좌표를 x라고 두면

$$\frac{1}{AC} + \frac{1}{AD} = \frac{2}{AB} \Rightarrow \frac{1}{2-1} + \frac{1}{x-1} = \frac{2}{4-1}$$

이고, 이를 계산하면 $x=-2$이다. 이 경우 C, D는 $\overrightarrow{AB}$를 $1:2$로 내분, 외분한다.

C, D, A, B에 대해서

$$\frac{1}{CA}+\frac{1}{CB}=\frac{1}{1-2}+\frac{1}{4-2}=-\frac{1}{2}=\frac{2}{-2-2}=\frac{2}{CD}$$

이므로 조화점렬이다. 이 경우 A, B는 $\overrightarrow{CD}$를 $1:3$으로 내분, 외분한다.

(3) 황금분할점을 $P(x)$라고 두면,

$$1+\sqrt{5}:2=AB:AP=3:x-1$$

이고, 이를 계산하면 $x=\dfrac{-1+3\sqrt{5}}{2}$이다.

직선 위의 네 점 A, B, C, D에 대해서

$$(AB,\ CD)=\frac{AC/CB}{AD/DB}=\frac{AC\cdot DB}{AD\cdot CB}$$

를 A, B, C, D의 **복비**(cross-ratio)라고 한다. 즉 복비는

[C가 $\overrightarrow{AB}$를 나누는 비]와 [D가 $\overrightarrow{AB}$를 나누는 비]의 비

이다. 복비가 -1이면

$$\frac{AC}{CB}=-\frac{AD}{DB}$$

이므로, A, B, C, D가 조화점렬일 조건은 $(AB,\ CD)=-1$이다.

예 1.4

네 점 $A(1)$, $B(5)$, $C(2)$, $D(4)$에 대해서 복비 $(AB,\ CD)$와 $(BA,\ CD)$를 계산하라.

풀이

$$(AB,\ CD)=\frac{(2-1)(5-4)}{(4-1)(5-2)}=\frac{1}{9}$$

$$(BA,\ CD)=\frac{(2-5)(1-4)}{(4-5)(1-2)}=9$$

예 1.5

$m,\ n > 0$일 때, 선분 $\overrightarrow{AB}$를 $m:n$으로 내분하는 점 C에 대해서 다음을 구하라.

(1) B가 $\overrightarrow{AC}$를 외분하는 비　　　　　(2) A가 $\overrightarrow{CB}$를 외분하는 비

풀이

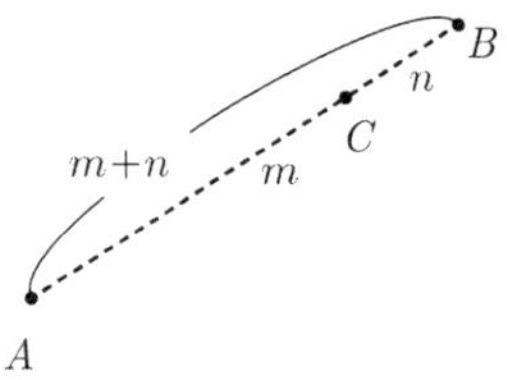

그림에서 B는 $\overrightarrow{AC}$를 $m+n:n$으로 외분하고 A는 $\overrightarrow{CB}$를 $m:m+n$으로 외분한다. 수식으로 증명하기 위해서 좌표를 $A(0)$, $B(m+n)$으로 잡으면 C의 좌표는 m이다.

$$AB:BC = (m+n)-0 : m-(m+n) = m+n : -n$$

이므로 B는 $\overrightarrow{AC}$를 $m+n:n$으로 외분하고

$$CA:AB = 0-m : (m+n)-0 = -m : m+n$$

이므로 A는 $\overrightarrow{CB}$를 $m:m+n$으로 외분한다.

평면에서도 직선처럼 좌표의 도입이 필요하다. 여러 가지 좌표계가 있지만 가장 많이 쓰이는 직교좌표계와 극좌표계를 소개한다.

직교좌표계

평면에서 수직으로 만나는 두 직선을 잡고 이를 x축, y축이라고 하자. 두 직선의 교점 O를 원점으로 하여 x축, y축 위에 각각 같은 길이로 단위점을 잡아 x축, y축 위에 좌표를 도입한다.

평면의 한 점 P에서 x축, y축 위에 내린 수선이 만나는 점의 좌표를 각각 a, b라고 할 때, 순서쌍 $(a,\ b)$를 점 P의 **직교좌표**(rectangular coordinate) 또는, 그냥 **좌표**라고 한다.

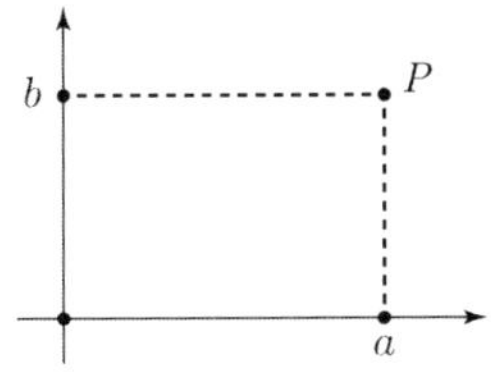

그림 1.7 직교좌표

두 점 $P_1(x_1, y_1)$, $P_2(x_2, y_2)$ 사이의 거리는 피타고라스(Pythagoras) 정리를 이용하여 구할 수 있다. 그림 1.8에서 두 점 사이의 거리 $|P_1P_2|$는

$$|P_1P_2| = \sqrt{(x_2 - x_1)^2 + (y_2 - y_1)^2}$$

이다.

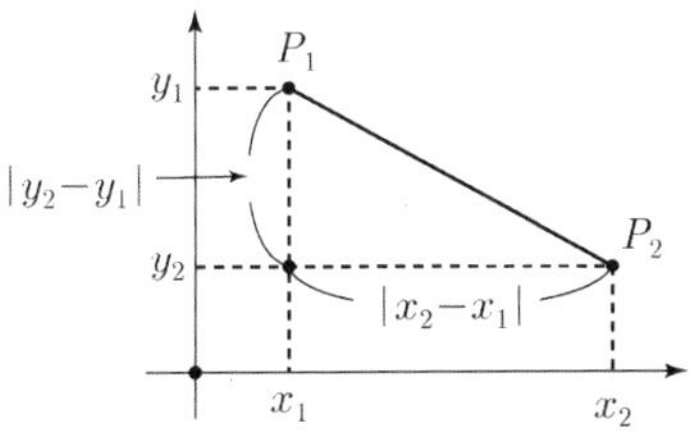

그림 1.8 두 점 사이의 거리

평면 위의 점 $P(x, y)$의 x축, y축, 원점에 대한 대칭점은 각각 $(x, -y)$, $(-x, y)$, $(-x, -y)$이다.

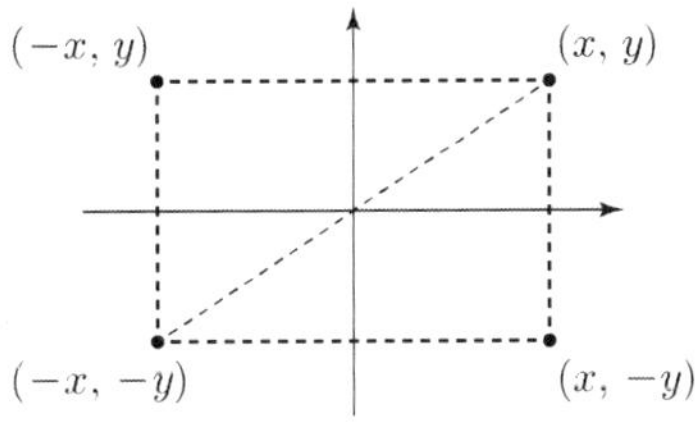

그림 1.9 점 P의 대칭점

예 1.6

점 $A(-3,\ 2)$에서 x축을 거처 $B(2,\ 1)$에 이르는 최단거리를 구하라.

풀이 최단경로는 B의 x축에 대한 대칭점 $C(2,\ -1)$과 A를 연결하는 선분이 x축과 만나는 점 D를 거처 B로 가는 것이다. 그러므로 최단거리는 A, C 사이의 거리

$$|AC| = \sqrt{(2+3)^2 + (-1-2)^2} = \sqrt{34}$$

이다.

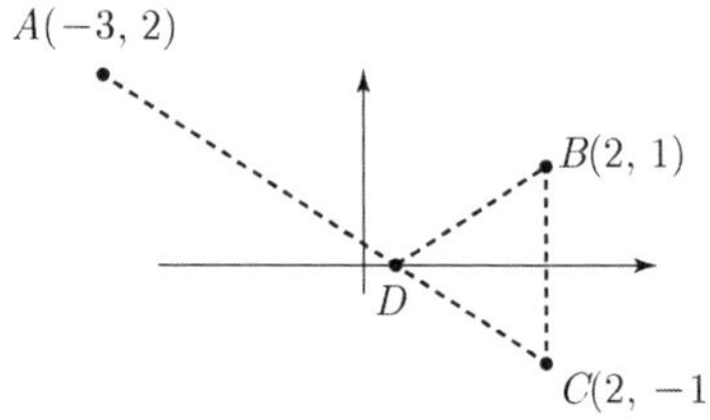

평면 위의 두 점 P_1, P_2는 선분 $\overrightarrow{P_1P_2}$를 결정하는데, 이 선분을 비에 따라 나누는 방법은 닮은 삼각형의 비를 이용하면 된다.

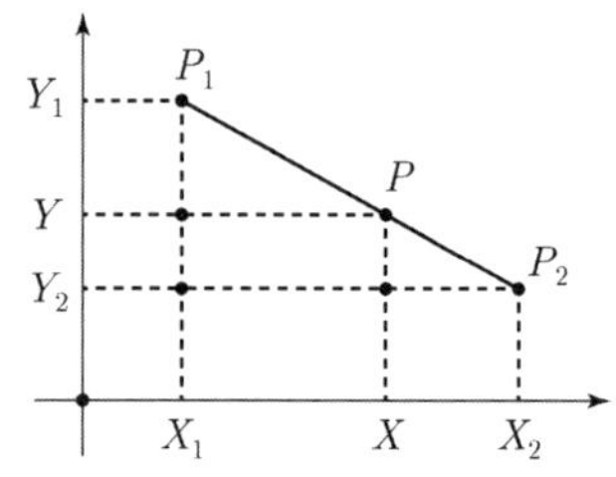

그림 1.10 선분의 비

선분 $\overrightarrow{P_1P_2}$를 $m:n$으로 나누는 점 $P(x,\ y)$는 그림 1.10에서 선분 $\overrightarrow{X_1X_2}$와 선분 $\overrightarrow{Y_1Y_2}$를 $m:n$으로 나누는 점 X, Y가 결정하는 점이다. 그러므로 P의 좌표는 다음과 같다.

$$x = \frac{mx_2 + nx_1}{m+n},\ y = \frac{my_2 + ny_1}{m+n}$$

예 1.7

다음에서 $\overrightarrow{P_1P_2}$를 2:1로 내분하는 점과 외분하는 점을 구하라.

(1) $P_1(2, 1)$, $P_2(8, 4)$　　　　(2) $P_1(1, 2)$, $P_2(-5, -1)$

풀이 (1)

$$x = \frac{16+2}{2+1} = 6, \quad y = \frac{8+1}{2+1} = 3$$

이므로 내분점은 $(6, 3)$이고,

$$x = \frac{16-2}{2-1} = 14, \quad y = \frac{8-1}{2-1} = 7$$

이므로 외분점은 $(14, 7)$이다.

(2)

$$x = \frac{-10+1}{2+1} = -3, \quad y = \frac{-2+2}{2+1} = 0$$

이므로 내분점은 $(-3, 0)$이고,

$$x = \frac{-10-1}{2-1} = -11, \quad y = \frac{-2-2}{2-1} = -4$$

이므로 외분점은 $(-11, -4)$이다.

선분의 $\overrightarrow{AB}$의 내분점, 외분점은 A, B와 같은 직선 위에 있게 된다. 이것은 세 점이 같은 직선상에 있다는 것을 증명할 때 활용된다.

예 1.8

점 $A(-3, 2)$, $B(2, 1)$에 대해서 선분 $\overline{AB}$의 연장선이 x축과 만나는 점 C를 구하라.

풀이 다음 그림의 $\triangle AA_1C$와 $\triangle BB_1C$는 닮은꼴이다.

$$|AA_1| : |BB_1| = 2 : 1$$

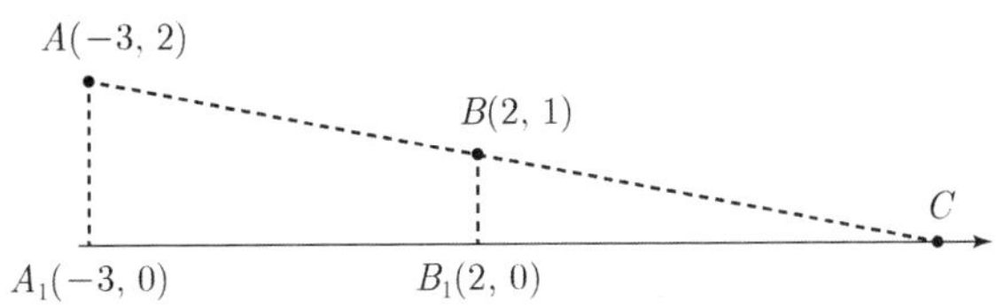

이므로 B_1은 선분 $\overline{A_1C}$의 중점이다. 따라서 C의 x좌표는

$$\frac{x+(-3)}{2}=2 \Rightarrow x=7$$

이므로 C의 좌표는 (7, 0)이다.

예 1.9

(1) 세 점 $P_1(2,\ 1)$, $P_2(4,\ 3)$, $P_3(-1,\ -2)$는 같은 직선 위에 있다.

왜냐하면 $\overrightarrow{P_1P_3}$, $\overrightarrow{P_3P_2}$의

$$x\text{성분의 비는 } x_3-x_1 : x_2-x_3 = -3:5$$
$$y\text{성분의 비는 } y_3-y_1 : y_2-y_3 = -3:5$$

이므로 P_3는 $\overrightarrow{P_1P_2}$를 $3:5$로 외분하는 점이다. 그러므로 P_1, P_2, P_3은 같은 직선 위에 있다.

(2) 세 점 $P_1(0,\ 2)$, $P_2(-2,\ 4)$, $P_3(1,\ 3)$가 만드는 $\triangle P_1P_2P_3$는 직각삼각형이다. 왜냐하면

$$|P_1P_2|^2=8,\ |P_1P_3|^2=2,\ |P_2P_3|^2=10$$
$$\Rightarrow |P_1P_2|^2+|P_1P_3|^2=|P_2P_3|^2$$

이므로 $\triangle P_1P_2P_3$은 직각삼각형이다.

정리 1.10 파포스(Pappus) 정리

$\triangle ABC$에서 변 $\overline{BC}$의 중점을 D라고 하면, 다음 등식이 성립한다.

$$|AB|^2+|AC|^2=2(|AD|^2+|BD|^2)$$

증명 D를 원점으로 다음 그림처럼 $\triangle ABC$를 평면에 위치시킨다.

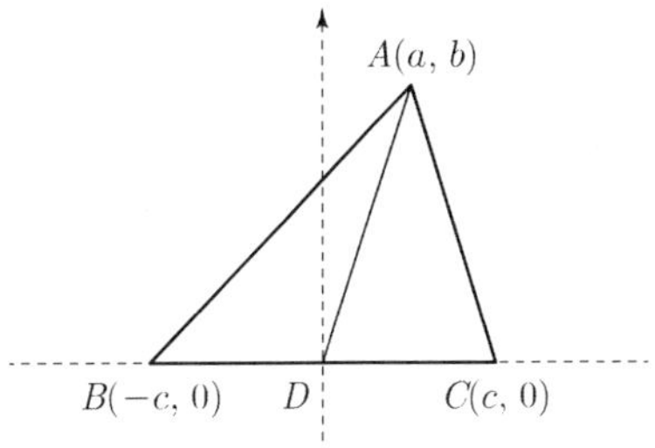

$$
\begin{aligned}
|AB|^2 + |AC|^2 &= [(a+c)^2 + b^2] + [(a-c)^2 + b^2] \\
&= 2a^2 + 2b^2 + 2c^2 = 2[(a^2 + b^2) + c^2] \\
&= 2(|AD|^2 + |BD|^2)
\end{aligned}
$$

□

극좌표계

평면의 원점 O에서 출발하는 반직선을 **극축**(polar axis)으로 잡는다. 원점이 아닌 점 P에 대해서 O에서 P까지 거리가 r, 극축의 방향과 $\overrightarrow{OP}$가 만드는 각이 θ일 때, (r, θ)를 점 P의 **극좌표**(polar coordinate)라고 한다.

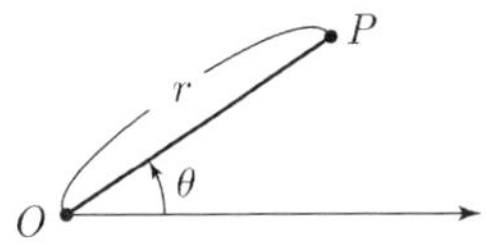

그림 1.11 극좌표

극좌표의 정의에서 $(r, \theta) = (r, \theta \pm 2\pi)$이다. 그리고 극좌표 $(0, \theta)$는 θ와 관계없이 원점을 의미한다.

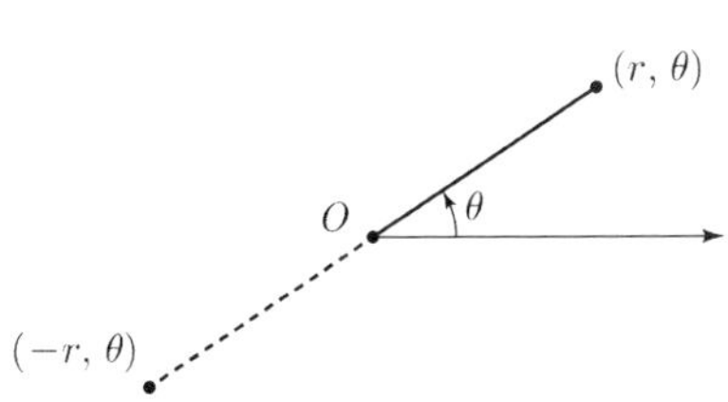

그림 1.12 극좌표 $(-r, \theta)$

극좌표 (r, θ)에서 길이 r은 양의 값이지만, 음의 경우에 대해서도 다음 등식으로 정의한다.

$$(-r,\ \theta)=(r,\ \theta+\pi)$$

즉 $(r,\ \theta)$의 반대 방향에 있는 같은 길이의 점으로 $(-r,\ \theta)$를 정의한다.

예 1.11

다음 극좌표를 평면에 표시하라.

(1) $\left(\sqrt{2},\ \dfrac{\pi}{3}\right)$ (2) $\left(-2,\ \dfrac{5\pi}{4}\right)$

(3) $\left(2,\ \dfrac{7\pi}{2}\right)$

풀이

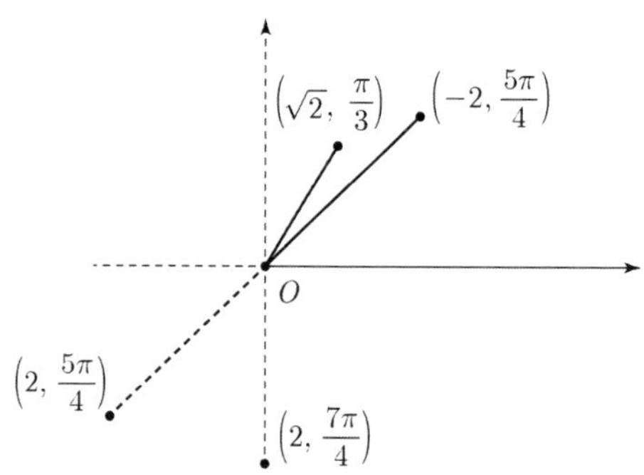

직교좌표와 극좌표는 평면 위의 점을 표시할 수 있으므로 서로 변환이 가능하다. 원점이 아닌 한 점 P의 직교좌표를 $(x,\ y)$, 극좌표를 $(r,\ \theta)$라고 하자.

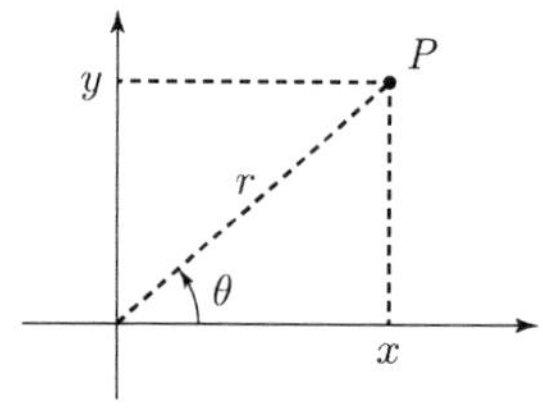

그림 1.13 직교좌표와 극좌표

위의 그림에서

$$x=r\cos\theta,\ y=r\sin\theta$$

$$r^2=x^2+y^2,\ \tan\theta=\frac{y}{x}$$

이다. 그리고

$$r\cos(\theta+\pi) = -r\cos\theta, \ r\sin(\theta+\pi) = -r\sin\theta$$

이므로 직교좌표와 극좌표의 관계식은 $(-r, \theta)$에 대해서도 유효하다.

예 1.12

다음의 직교좌표의 극좌표를 구하라.

(1) $(0, 2)$ (2) $(1, -1)$

(3) $(-\sqrt{3}, 1)$

풀이 (1) $r=2, \ \theta=\dfrac{\pi}{2}$ 이므로 극좌표는 $\left(2, \dfrac{\pi}{2}\right)$이다.

(2) $r=\sqrt{2}$ 이고,

$$\tan\theta = -1, \ x>0, \ y<0 \Rightarrow \theta = -\frac{\pi}{4}$$

이므로 극좌표는 $\left(\sqrt{2}, -\dfrac{\pi}{4}\right)$이다.

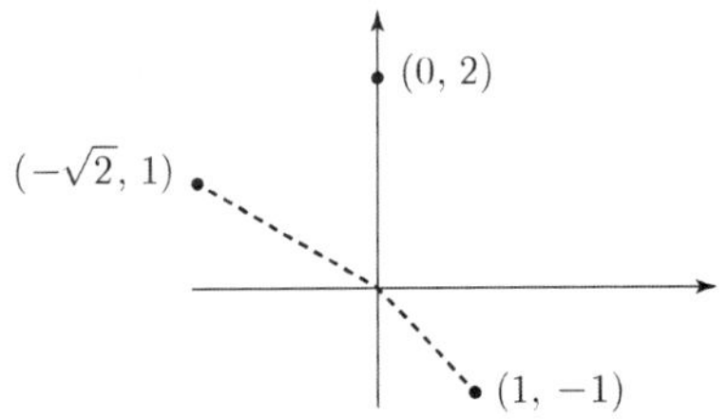

(3) $r=2$ 이고,

$$\tan\theta = -\frac{1}{\sqrt{3}}, \ x<0, \ y>0 \Rightarrow \theta = \frac{5\pi}{6}$$

이므로 극좌표는 $\left(2, \dfrac{5\pi}{6}\right)$이다.

예 1.13

다음의 극좌표의 직교좌표를 구하라.

(1) $\left(3,\ \frac{\pi}{2}\right)$　　　　(2) $\left(-2,\ -\frac{\pi}{3}\right)$

(3) $\left(0,\ \frac{\pi}{6}\right)$

풀이 (1)

$$x = 3\cos\frac{\pi}{2} = 0,\ y = 3\sin\frac{\pi}{2} = 3$$

이므로 직교좌표는 $(0,\ 3)$이다.

(2)

$$x = -2\cos\left(-\frac{\pi}{3}\right) = -1,\ y = -2\sin\left(-\frac{\pi}{3}\right) = \sqrt{3}$$

이므로 직교좌표는 $(-1,\ \sqrt{3})$이다.

(3) 길이가 0이므로 직교좌표는 $(0,\ 0)$이다.

극좌표로 표시된 두 점 $P_1(r_1,\ \theta_1)$, $P_2(r_2,\ \theta_2)$ 사이의 거리 r은 코사인(cosine) 법칙을 이용하면

$$r^2 = r_1^2 + r_2^2 - 2r_1r_2\cos(\theta_2 - \theta_1)$$

에서 구할 수 있다.

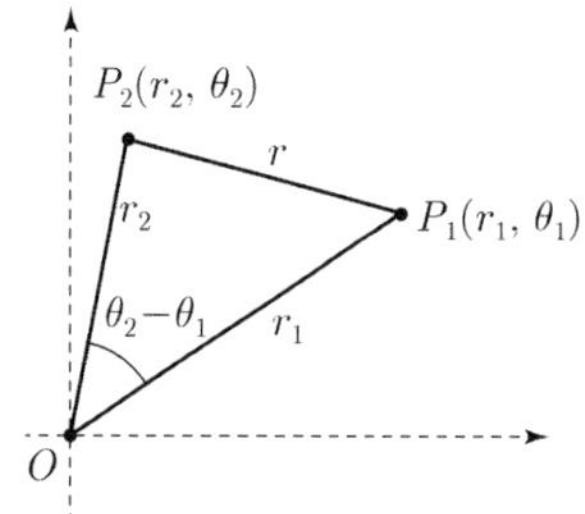

그림 1.14 두 점 사이의 거리

예 1.14

다음에서 극좌표로 표시된 두 점 사이의 거리를 구하라.

(1) $\left(3,\ \frac{7\pi}{12}\right),\ \left(4,\ \frac{\pi}{12}\right)$ (2) $\left(1,\ \frac{8\pi}{15}\right),\ \left(2,\ -\frac{2\pi}{15}\right)$

(3) $\left(0,\ \frac{\pi}{6}\right),\ \left(3,\ \frac{\pi}{7}\right)$

풀이 (1) $r^2 = 9+16-24\cos\left(\frac{7\pi}{12}-\frac{\pi}{12}\right) = 25-24\cos\frac{\pi}{2} = 25$

$\Rightarrow r = 5$

(2) $r^2 = 1+4-4\cos\left(\frac{8\pi}{15}+\frac{2\pi}{15}\right) = 5-4\cos\frac{2\pi}{3} = 7$

$\Rightarrow r = \sqrt{7}$

(3) $\left(0,\ \frac{\pi}{6}\right)$는 원점이므로 두 점사이의 거리는 $\left(3,\ \frac{\pi}{7}\right)$의 길이 3이다.

주어진 극좌표 $(r,\ \theta)$의 x축, y축, 원점에 대한 대칭점은 다음과 같다.

x축에 대한 대칭점: $(r,\ -\theta) = (-r,\ \pi-\theta)$

y축에 대한 대칭점: $(r,\ \pi-\theta) = (-r,\ -\theta)$

원점에 대한 대칭점: $(r,\ \pi+\theta) = (-r,\ \theta)$

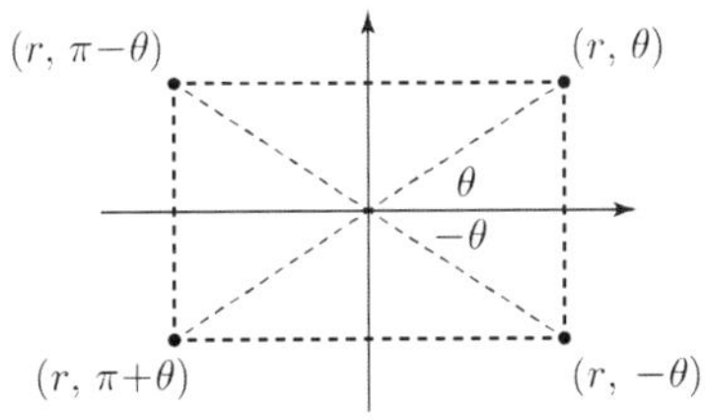

그림 1.15 대칭점

예를 들어 $\left(2,\ \frac{\pi}{6}\right)$의 경우

x축에 대한 대칭점: $\left(2,\ -\frac{\pi}{6}\right) = \left(-2,\ \frac{5\pi}{6}\right)$

y축에 대한 대칭점: $\left(2,\ \frac{5\pi}{6}\right) = \left(-2,\ -\frac{\pi}{6}\right)$

원점에 대한 대칭점: $\left(2,\ \frac{7\pi}{6}\right) = \left(-2,\ \frac{\pi}{6}\right)$

이다.

연습문제 1.1

1. $A(-1)$, $B(3)$, $C(0)$에 대해서

(1) 선분 $\overrightarrow{AB}$를 $3:1$로 내분하는 점과 외분하는 점을 구하라.

(2) A, B, C, D가 조화점렬이 되는 점 D를 구하라.

(3) 선분 $\overrightarrow{AB}$의 황금분할점을 구하라.

(4) $D(-2)$에 대해서, A, B, C, D의 복비를 구하라.

2. 네 점 A, B, C, D에 대하여

(1) $(AB,\ CD)$와 $(BA,\ CD)$의 관계식을 구하라.

(2) $(AB,\ CD)$와 $(CD,\ AB)$의 관계식을 구하라.

3. $\dfrac{b-c}{c-a} = -\dfrac{b-d}{d-a}$에서 $\dfrac{1}{a-c}+\dfrac{1}{b-c} = \dfrac{2}{d-c}$를 유도하라.

4. 수직선 위의 네 점 A, B, C, D가 조화점렬이고 $\overline{AB}$의 중점을 P라고 하면, $(PA)^2 = PC \cdot PD$임을 증명하라.

5. 다음 두 점 사이의 거리를 구하라.

(1) $(1,\ 2)$, $(-3,\ 5)$

(2) $(4,\ 3)$, $(-1,\ 5)$

(3) $(\sqrt{5},\ -2\sqrt{3})$, $(3\sqrt{5},\ \sqrt{3})$

(4) $\left(\dfrac{5}{3},\ \dfrac{3}{4}\right)$, $\left(\dfrac{2}{3},\ \dfrac{1}{2}\right)$

6. 다음 3점이 같은 직선 위에 있음을 증명하라.

(1) $(7,\ 2)$, $(2,\ 5)$, $(-3,\ 8)$

(2) $(3,\ 3)$, $(1,\ -1)$, $(0,\ -3)$

7. 점 $(x,\ 4)$가 $(5,\ -2)$, $(3,\ 4)$에서 같은 거리에 있을 때, x의 값을 구하라.

8. 두 점 $A(-2,\ 1)$, $B(1,\ 3)$에 대해서

(1) A, B를 지나는 직선 위의 $2|AC|^2-5|AC||BC|+2|BC|^2=0$인 점 C를 구하라.

(2) 점 A에서 x축을 거쳐 B에 이르는 최단거리를 구하라.

(3) 문제 (2)에서 x축 위의 거치는 점 D를 구하라.

9. 다음에서 극좌표로 주어진 두 점 사이의 거리를 구하라.

(1) $P_1\left(3,\ \frac{\pi}{3}\right),\ P_2\left(4,\ -\frac{\pi}{3}\right)$ (2) $P_1\left(1,\ \frac{\pi}{2}\right),\ P_2\left(2,\ \frac{\pi}{6}\right)$

10. 다음 극좌표를 직교좌표로 변환하라.

(1) $(0,\ \pi)$ (2) $\left(4,\ \frac{3\pi}{4}\right)$

(3) $\left(-2,\ -\frac{\pi}{3}\right)$

11. 다음 직교좌표를 극좌표로 변환하라.

(1) $(0,\ 4)$ (2) $(\sqrt{3},\ -1)$

(3) $(-1,\ 1)$

12. 직사각형의 두 대각선의 길이는 같고 중점에서 만남을 증명하라.

1.2 벡터와 행렬

벡터(vector)는 '크기'와 '방향'으로 구성된다. 따라서 두 벡터가 같은 벡터라는 것은 크기와 방향이 같을 때를 의미한다. 벡터는 화살표로 나타내면 이해하기 편리하다. 즉, 화살표의 길이는 벡터의 크기를 나타내고, 화살표가 지시하는 방향은 벡터의 방향을 나타내는 방법이다.

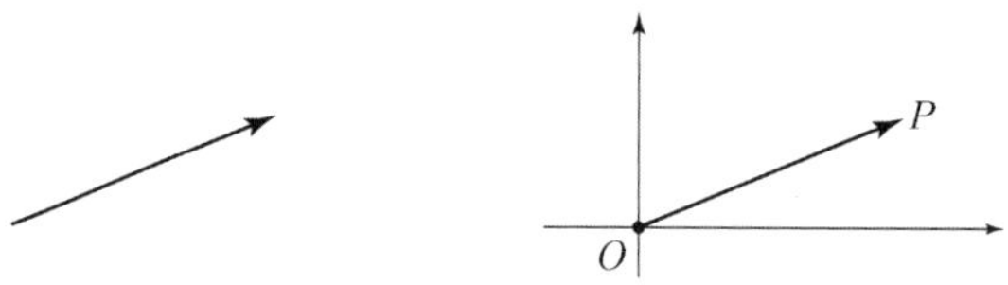

그림 2.1 벡터와 위치벡터 $\overrightarrow{OP}$

평면 위의 점 $P(x,\ y)$에 대해서 방향이 원점 O에서 P방향이고 크기가 $|OP|$인 벡터를 점 P의 **위치벡터**(position vector)라고 하고 유향선분처럼 $\overrightarrow{OP}$ 또는 $(x,\ y)$로 적는다. 원점 O의 위치벡터를 **영벡터**라 하고, **0**으로 적는다. 즉, $\mathbf{0} = (0,\ 0)$이다. 크기가 1인 벡터를 **단위벡터**라 한다.

벡터를 표시하는 또 하나의 방법은 출발점과 끝점을 표시하는 것이다. 출발점이 P이고 끝점이 Q인 벡터는 방향이 P에서 Q방향이고 크기가 $|PQ|$인 벡터를 말하고 유향선분처럼 $\overrightarrow{PQ}$로 나타낸다. 그리고 $-\overrightarrow{PQ}$는 $\overrightarrow{PQ}$와 크기는 같고 방향이 반대인 벡터를 나타낸다.

그림 2.2 벡터 $\overrightarrow{PQ}$

두 벡터 $\mathbf{v}$, $\mathbf{w}$와 실수 a에 대해서 $\mathbf{v}+\mathbf{w}$는 $\mathbf{v}$, $\mathbf{w}$가 만드는 평행사변형의 대각선 벡터(같은 방향이면 길이를 더해주고, 반대 방향이면 큰 것에서 작은 것을 빼준다), $-\mathbf{v}$는 $\mathbf{v}$와 같은 크기이고 방향이 반대인 벡터를 말한다. 따라서

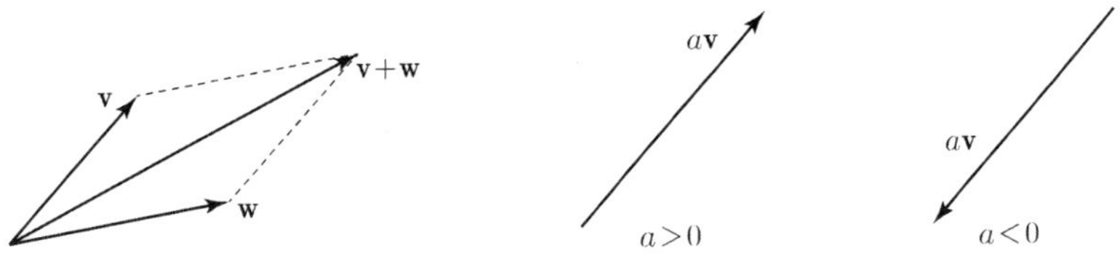

그림 2.3 벡터의 연산

$$\mathbf{v}+(-\mathbf{v})=\mathbf{0},\ -\overrightarrow{PQ}=\overrightarrow{QP}$$

이고, $(-1)\mathbf{v}$는 $\mathbf{v}$와 같은 크기이고 방향이 반대이므로

$$(-1)\mathbf{v} = -\mathbf{v}$$

이다. 벡터의 뺄셈은

$$\mathbf{v}-\mathbf{w} = \mathbf{v}+(-\mathbf{w})$$

로 정의한다.

이들 연산을 위치벡터로 설명하면, 점 $P(x,\ y)$, $P_1(x_1,\ y_1)$, $P_2(x_2,\ y_2)$에 대해서 위치벡터의 연산은

$$\overrightarrow{OP_1}+\overrightarrow{OP_2}=(x_1+x_2,\ y_1+y_2),\ a\overrightarrow{OP}=(ax,\ ay)$$

$$|\overrightarrow{OP}|=|(x,\ y)|=\sqrt{x^2+y^2}$$

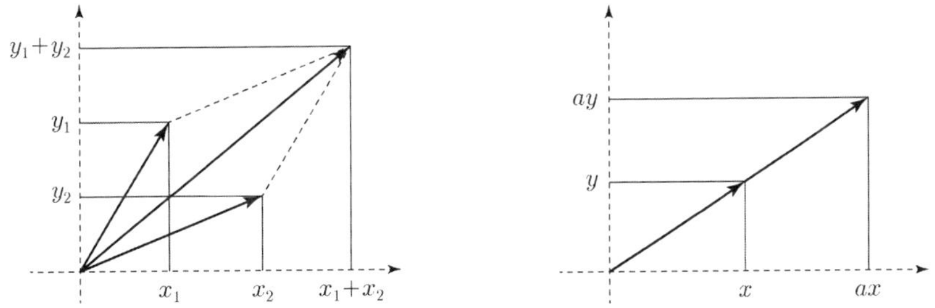

그림 2.4 위치벡터의 연산

이고, 다음 그림에서

$$\overrightarrow{P_1P_2}=\overrightarrow{OP_2}-\overrightarrow{OP_1}=(x_2-x_1,\ y_2-y_1)$$

임을 알 수 있다.

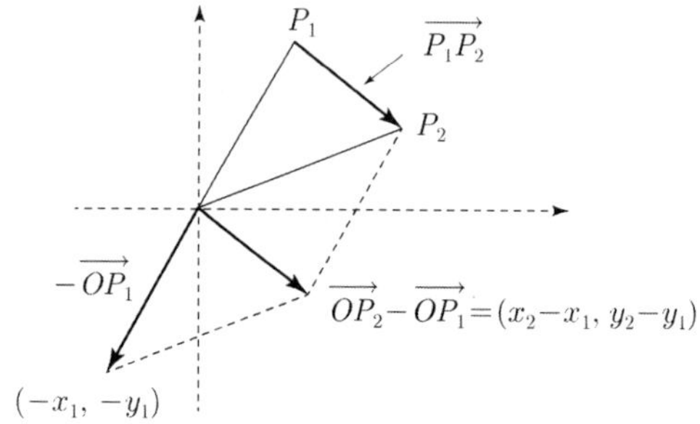

그림 2.5 벡터 $\overrightarrow{P_1P_2}$

예 2.1

$P_1(3,\ 1)$, $P_2(-1,\ 2)$에 대해서 다음을 계산하라.

(1) 위치벡터 $\overrightarrow{OP_1}$의 길이　　(2) $3\overrightarrow{OP_1}-2\overrightarrow{OP_2}$

(3) 위치벡터 $\overrightarrow{P_1P_2}$

풀이 (1) $|OP_1| = \sqrt{9+1} = \sqrt{10}$

(2) $3\overrightarrow{OP_1}-2\overrightarrow{OP_2} = 3(3,\ 1)-2(-1,\ 2) = (11,\ -1)$

(3) $\overrightarrow{P_1P_2} = \overrightarrow{OP_2}-\overrightarrow{OP_1} = (-1,\ 2)-(3,\ 1) = (-4,\ 1)$

세 점 A, B, C에 대해서

$$\overrightarrow{AB} = -\overrightarrow{BA} \Rightarrow \overrightarrow{AB}+\overrightarrow{BA} = 0,$$
$$\overrightarrow{AB}+\overrightarrow{BC} = (\overrightarrow{OB}-\overrightarrow{OA})+(\overrightarrow{OC}-\overrightarrow{OB}) = \overrightarrow{OC}-\overrightarrow{OA} = \overrightarrow{AC}$$

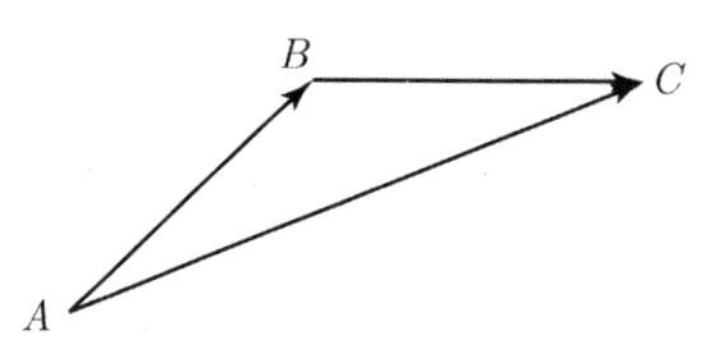

그림 2.6 벡터의 연산

이므로 $\triangle ABC$에서

$$\overrightarrow{AB}+\overrightarrow{BC}+\overrightarrow{CA} = \overrightarrow{AC}+\overrightarrow{CA} = 0$$

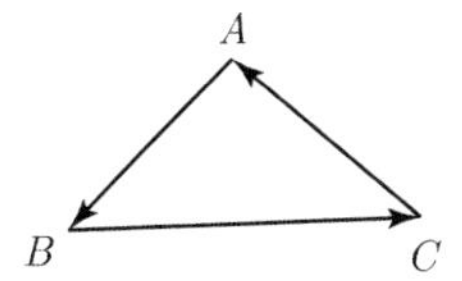

그림 2.7 벡터의 연산

이고, 일반적으로 n각형 $P_1P_2 \cdots P_n$에 대해서도

$$\overrightarrow{P_1P_2} + \overrightarrow{P_2P_3} + \cdots + \overrightarrow{P_nP_1} = 0$$

이 성립한다.

선분 $\overrightarrow{P_1P_2}$를 $m:n$으로 나누는 점 $P(x,\ y)$의 위치벡터는

$$(x,\ y) = \left(\frac{mx_2 + nx_1}{m+n},\ \frac{my_2 + ny_1}{m+n}\right) = \frac{m\overrightarrow{OP_2} + n\overrightarrow{OP_1}}{m+n}$$

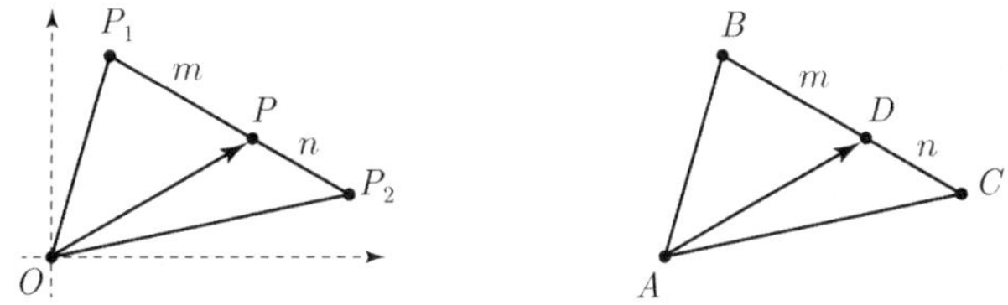

그림 2.8 벡터의 내분점

이다. 이를 출발점이 원점이 아닌 임의의의 점으로 옮기면 다음과 같은 결과를 얻는다.

$\triangle ABC$에서 변 $\overrightarrow{BC}$를 $m:n$으로 나누는 점을 D라고 하면

$$\overrightarrow{AD} = \frac{m\overrightarrow{AC} + n\overrightarrow{AB}}{m+n}$$

이다. 여기서 $\overrightarrow{AB}$, $\overrightarrow{AC}$의 계수의 합은 항상

$$\frac{n}{m+n} + \frac{m}{m+n} = 1$$

이다.

예 2.2

$\triangle ABC$의 내부의 점 P가 $3\overrightarrow{AP}+2\overrightarrow{BP}+\overrightarrow{CP}=0$이고 $\overrightarrow{AP}$의 연장선이 변 $\overline{BC}$와 만나는 점을 D라고 할 때, $\overrightarrow{AD}$를 $\overrightarrow{AB}$와 $\overrightarrow{AC}$로 표현하라.

풀이

$$3\overrightarrow{AP}+2\overrightarrow{BP}+\overrightarrow{CP}=0$$
$$\Rightarrow 3\overrightarrow{AP}+(2\overrightarrow{BA}+2\overrightarrow{AP})+(\overrightarrow{CA}+\overrightarrow{AP})=0$$
$$\Rightarrow 6\overrightarrow{AP}+2\overrightarrow{BA}+\overrightarrow{CA}=0 \Rightarrow 6\overrightarrow{AP}=2\overrightarrow{AB}+\overrightarrow{AC}$$
$$\Rightarrow 2\overrightarrow{AP}=\frac{\overrightarrow{AC}+2\overrightarrow{AB}}{3}$$

이므로, $2\overrightarrow{AP}$는 $\overline{BC}$를 $1:2$로 나누는 벡터이다. 즉 $2\overrightarrow{AP}$는 $\overline{BC}$상에 있다. 따라서

$$\overrightarrow{AD}=2\overrightarrow{AP}=\frac{2\overrightarrow{AB}+\overrightarrow{AC}}{3}$$

이다.

정리 2.3 라미(Lami)의 정리

다음에서 $\overrightarrow{PP_1}+\overrightarrow{PP_2}+\overrightarrow{PP_3}=0$이면, $\dfrac{|PP_1|}{\sin\theta_1}=\dfrac{|PP_2|}{\sin\theta_2}=\dfrac{|PP_3|}{\sin\theta_3}$이다.

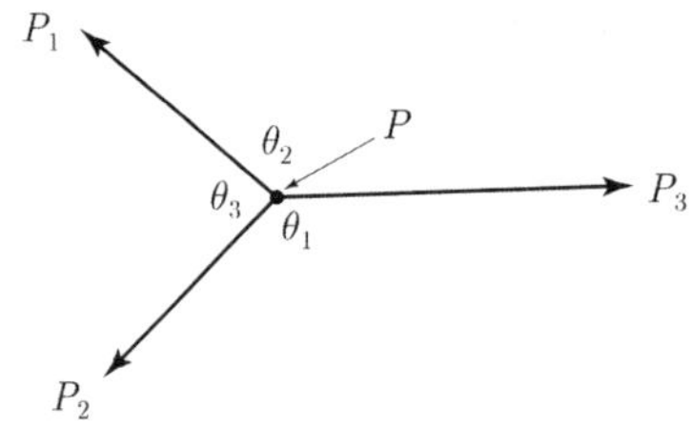

증명 $\overrightarrow{PP_1}+\overrightarrow{PP_2}+\overrightarrow{PP_3}=0$이므로 $\overrightarrow{PP_1}$, $\overrightarrow{PP_2}$, $\overrightarrow{PP_3}$는 다음과 같이 삼각형을 만든다.

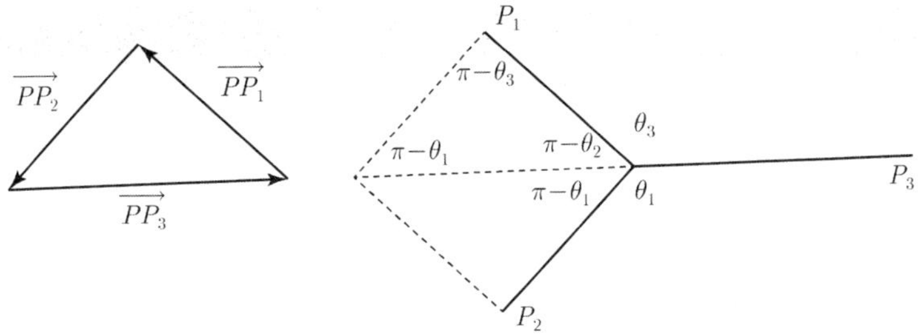

사인(sine) 법칙에 의하여 $\dfrac{|PP_1|}{\sin\theta_1}=\dfrac{|PP_2|}{\sin\theta_2}=\dfrac{|PP_3|}{\sin\theta_3}$ 이다. □

예 2.4

$\triangle ABC$에서 $\overrightarrow{AB}$, $\overrightarrow{AC}$의 중점을 P, Q라고 두면 $\overrightarrow{BC}=2\overrightarrow{PQ}$이다.

풀이 다음 그림에서

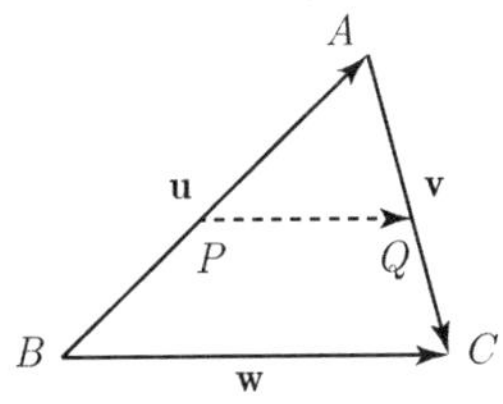

$$\overrightarrow{BA}=\mathbf{u},\ \overrightarrow{AC}=\mathbf{v},\ \overrightarrow{BC}=\mathbf{w}$$
$$\Rightarrow \overrightarrow{PQ}=\frac{1}{2}\mathbf{u}+\frac{1}{2}\mathbf{v}=\frac{1}{2}(\mathbf{u}+\mathbf{v})=\frac{1}{2}\mathbf{w}$$
$$\Rightarrow \overrightarrow{BC}=2\overrightarrow{PQ}$$

벡터의 내적(inner product)

기하학에서 벡터 사이의 연산에 중요하게 사용되는 내적을 소개한다.
두 벡터 $\mathbf{v}=(v_1,\ v_2)$, $\mathbf{w}=(w_1,\ w_2)$의 **내적** $\mathbf{v}\cdot\mathbf{w}$를

$$\mathbf{v}\cdot\mathbf{w}=v_1w_1+v_2w_2$$

로 정의한다.

정리 2.5

벡터 $\mathbf{u}$, $\mathbf{v}$, $\mathbf{w}$와 실수 a에 대해서 다음의 성질이 성립한다.

(1) $\mathbf{v} \cdot \mathbf{w} = \mathbf{w} \cdot \mathbf{v}$

(2) $(\mathbf{u}+\mathbf{v}) \cdot \mathbf{w} = (\mathbf{u} \cdot \mathbf{w}) + (\mathbf{v} \cdot \mathbf{w})$

(3) $(a\mathbf{v}) \cdot \mathbf{w} = a(\mathbf{v} \cdot \mathbf{w})$

(4) $\mathbf{v} \cdot \mathbf{v} = |\mathbf{v}|^2$

(5) $|a\mathbf{v}| = |a||\mathbf{v}|$

증명 (1) $\mathbf{v} \cdot \mathbf{w} = v_1w_1 + v_2w_2 = w_1v_1 + w_2v_2 = \mathbf{w} \cdot \mathbf{v}$

(2) $(\mathbf{u}+\mathbf{v}) \cdot \mathbf{w} = (u_1 + v_1)w_1 + (u_2 + v_2)w_2$

$$= (u_1w_1 + u_2w_2) + (v_1w_1 + v_2w_2) = (\mathbf{u} \cdot \mathbf{w}) + (\mathbf{v} \cdot \mathbf{w})$$

(3) $(a\mathbf{v}) \cdot \mathbf{w} = (av_1,\ av_2) \cdot (w_1,\ w_2) = (av_1)w_1 + (av_2)w_2$

$$= a(v_1w_1 + v_2w_2) = a(\mathbf{v} \cdot \mathbf{w})$$

(4) $\mathbf{v} \cdot \mathbf{v} = v_1^2 + v_2^2 = |\mathbf{v}|^2$

(5) $|a\mathbf{v}|^2 = (a\mathbf{v}) \cdot (a\mathbf{v}) = a^2(\mathbf{v} \cdot \mathbf{v}) = a^2|\mathbf{v}|^2 \Rightarrow |a\mathbf{v}| = |a||\mathbf{v}|$ □

내적 $\mathbf{v} \cdot \mathbf{w}$의 정의는 계산은 간편하지만 벡터 $\mathbf{v}$, $\mathbf{w}$에 관한 기하학적인 정보는 거의 없다. 벡터의 내적이 갖고 있는 기하학적인 의미를 살펴보면 $\mathbf{v}$, $\mathbf{w}$가 만드는 각을 θ라고 할 때, 다음 그림에서 보는 것과 같이 $\mathbf{v}$, $\mathbf{w}$, $\mathbf{w}-\mathbf{v}$는 삼각형의 각 변을 나타낸다.

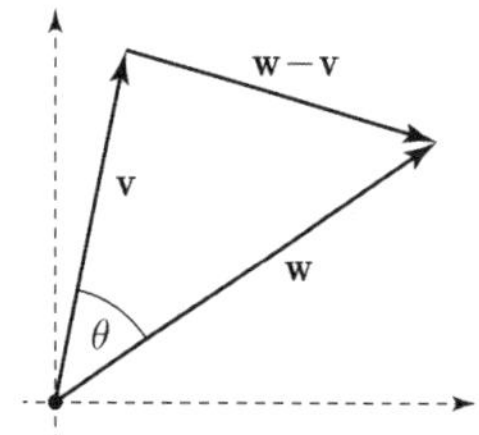

그림 2.9 내적의 기하학적 의미

이 삼각형에 대하여 코사인 법칙을 이용하면

$$|\mathbf{w}-\mathbf{v}|^2 = |\mathbf{v}|^2 + |\mathbf{w}|^2 - 2|\mathbf{v}||\mathbf{w}|\cos\theta$$

이고,

$$|\mathbf{w}-\mathbf{v}|^2=(\mathbf{w}-\mathbf{v})\cdot(\mathbf{w}-\mathbf{v})$$
$$=(\mathbf{w}\cdot\mathbf{w})-2(\mathbf{v}\cdot\mathbf{w})+(\mathbf{v}\cdot\mathbf{v})$$
$$=|\mathbf{v}|^2+|\mathbf{w}|^2-2(\mathbf{v}\cdot\mathbf{w})$$

이므로

$$\mathbf{v}\cdot\mathbf{w}=|\mathbf{v}||\mathbf{w}|\cos\theta$$

이다.

이 공식은 계산은 어렵지만 두 벡터의 사잇각과 같은 기하학적인 정보를 포함하고 있다. 예를 들어 두 벡터가 수직이면, 즉 $\theta=\frac{\pi}{2}$이면

$$\mathbf{v}\cdot\mathbf{w}=|\mathbf{v}||\mathbf{w}|\cos\frac{\pi}{2}=0$$

이다. 따라서 영벡터가 아닌 두 벡터가 수직일 조건은 그들이 '내적이 0'이다. 한편 두 벡터가 평행, 즉 $\theta=0$, 또는 π일 조건은 영벡터가 아닌 경우 한 벡터가 다른 벡터의 실수배로 나타나는 것이다.

예 2.6

다음에서 두 벡터의 내적을 계산하고 두 벡터의 사잇각을 구하라.

(1) $(1,\ 1),\ (0,\ 2)$ (2) $(-1,\ 3),\ (3,\ -9)$

(3) $(3,\ 2),\ (-4,\ 6)$

풀이 두 벡터의 사잇각을 θ라고 두면

(1) $2=(1,\ 1)\cdot(0,\ 2)$
$=|(1,\ 1)||(0,\ 2)|\cos\theta=2\sqrt{2}\cos\theta$
$\Rightarrow \cos\theta=\dfrac{1}{\sqrt{2}}\Rightarrow\theta=\dfrac{\pi}{4}$

(2) $-30=(-1,\ 3)\cdot(3,\ -9)=\sqrt{10}\cdot3\sqrt{10}\cos\theta$
$\Rightarrow\cos\theta=-1\Rightarrow\theta=\pi$

(3) $(3,\ 2)\cdot(4,\ -6)=0\Rightarrow\theta=\dfrac{\pi}{2}$

예 2.7

(1) 두 벡터 $(-1,\ x)$, $(4,\ x)$가 수직일 때, x를 구하라.

(2) 두 벡터 $(2,\ -1)$, $(x,\ 7)$이 평행일 때, x를 구하라.

풀이 (1) 두 벡터가 서로 수직이므로,

$$0=(-1,\ x)\cdot(4,\ x)=x^2-4 \Rightarrow x=\pm 2$$

(2) 두 벡터가 평행이면 적당한 실수 a에 대해서

$$a(2,\ -1)=(x,\ 7) \Rightarrow (2a,\ -a)=(x,\ 7)$$
$$\Rightarrow a=-7 \Rightarrow x=-14$$

단위벡터는 다루기 편리하므로 기하학에서 많이 사용된다. 그 중에서도 다음의 두 벡터

$$\mathbf{e}_1=(1,\ 0),\ \mathbf{e}_2=(0,\ 1)$$

이 많이 사용된다. 예를 들면, 임의의 벡터 $\mathbf{v}$는 다음과 같이 표현할 수 있다.

$$\mathbf{v}=(v_1,\ v_2)=(v_1,\ 0)+(0,\ v_2)=v_1\mathbf{e}_1+v_2\mathbf{e}_2$$

그리고 영벡터가 아닌 임의의 벡터 $\mathbf{v}$에 대해서 $\dfrac{\mathbf{v}}{|\mathbf{v}|}$는 $\mathbf{v}$와 방향이 같은 단위벡터가 된다. 내적의 정의로부터 다음의 성질을 쉽게 알 수 있다.

$$\mathbf{v}\cdot\mathbf{e}_1=v_1,\ \mathbf{v}\cdot\mathbf{e}_2=v_2$$
$$\mathbf{e}_1\cdot\mathbf{e}_2=\mathbf{e}_2\cdot\mathbf{e}_1=0$$

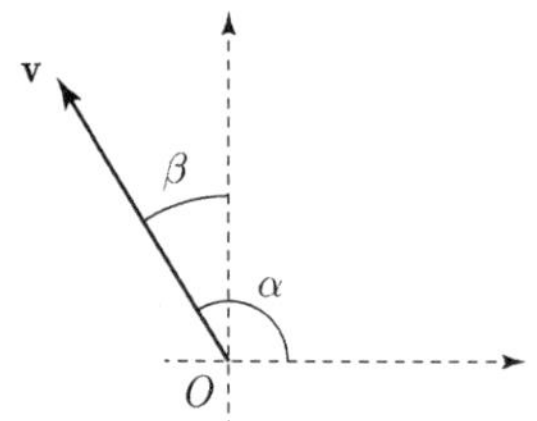

그림 2.10 벡터의 방향각

벡터 $\mathbf{v}$와 x, y축의 양의 방향이 만드는 각, 즉 $\mathbf{v}$와 $\mathbf{e}_1$, $\mathbf{e}_2$가 만드는 각을 α, β라고 할 때 이를 $\mathbf{v}$의 **방향각**이라 하고, $\cos\alpha$, $\cos\beta$를 $\mathbf{v}$의 **방향 코사인(여현)**이라고 한다.

$$\frac{\mathbf{v}}{|\mathbf{v}|} \cdot \mathbf{e}_1 = \frac{|\mathbf{v}|}{|\mathbf{v}|} \cdot 1 \cdot \cos\alpha = \cos\alpha$$

$$\frac{\mathbf{v}}{|\mathbf{v}|} \cdot \mathbf{e}_2 = \frac{|\mathbf{v}|}{|\mathbf{v}|} \cdot 1 \cdot \cos\beta = \cos\beta$$

이므로 $\mathbf{v}$의 방향 코사인은 $\mathbf{v}$방향 단위벡터의 성분이다. 따라서

$$\cos^2\alpha + \cos^2\beta = 1$$

이다. 예를 들면 $(2, -1)$의 방향 코사인은 길이가 $\sqrt{5}$이므로, $\frac{2}{\sqrt{5}}$, $-\frac{1}{\sqrt{5}}$이고 $(2, -1)$과 x, y축의 양의 방향이 만드는 각을 α, β라고 하면

$$\cos\alpha = \frac{2}{\sqrt{5}}, \ \cos\beta = -\frac{1}{\sqrt{5}}$$

이다.

영벡터가 아닌 $\mathbf{v} = (v_1, v_2)$에 대해서 $\mathbf{w} = (-v_2, v_1)$이면

$$\mathbf{v} \cdot \mathbf{w} = -v_1v_2 + v_2v_1 = 0$$

이므로 $\mathbf{v} \perp \mathbf{w}$이다. 이것이 주어진 벡터에 수직인 벡터를 구하는 방법으로 앞으로 많이 사용될 것이다.

예 2.8 피타고라스 정리

$\angle B$를 직각으로 하는 직각삼각형 $\triangle ABC$에서

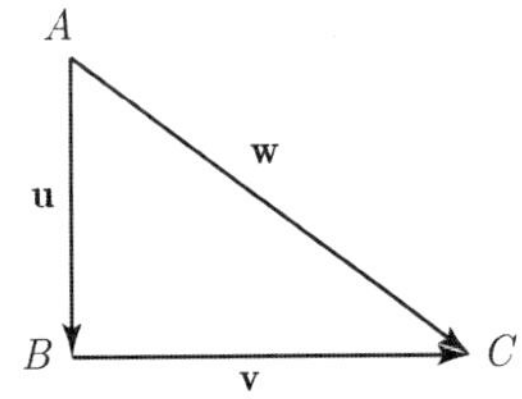

$$|\mathbf{w}|^2 = |\mathbf{u}|^2 + |\mathbf{v}|^2$$

이다.

풀이 w = u+v이므로,

$$\begin{aligned}|\mathrm{w}|^2 &= |\mathrm{u}+\mathrm{v}|^2 = (\mathrm{u}+\mathrm{v})\cdot(\mathrm{u}+\mathrm{v}) \\ &= (\mathrm{u}\cdot\mathrm{u})+(\mathrm{v}\cdot\mathrm{v})+2(\mathrm{u}\cdot\mathrm{v}) = |\mathrm{u}|^2+|\mathrm{v}|^2\end{aligned}$$

예 2.9 파포스 정리

$\triangle ABC$에서 변 $\overline{BC}$의 중점을 M이라고 하면, 다음 등식이 성립한다.

$$|AB|^2+|AC|^2 = 2(|AM|^2+|BM|^2)$$

풀이 다음 그림에서

$$\overrightarrow{AB} = \mathrm{u},\ \overrightarrow{AC} = \mathrm{v},\ \overrightarrow{AM} = \mathrm{w},\ \overrightarrow{MB} = \mathrm{m}$$

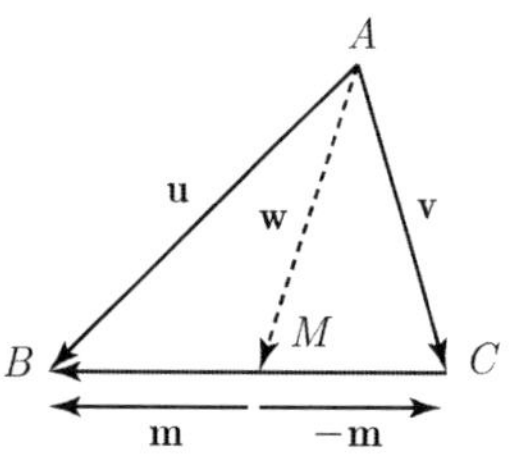

이라고 두면

$$\begin{aligned}&\mathrm{u} = \mathrm{w}+\mathrm{m},\ \mathrm{v} = \mathrm{w}-\mathrm{m} \\ \Rightarrow\ &|AB|^2+|AC|^2 = (\mathrm{u}\cdot\mathrm{u})+(\mathrm{v}\cdot\mathrm{v}) \\ &= [(\mathrm{w}+\mathrm{m})\cdot(\mathrm{w}+\mathrm{m})]+[(\mathrm{w}-\mathrm{m})\cdot(\mathrm{w}-\mathrm{m})] \\ &= 2(\mathrm{w}\cdot\mathrm{w})+2(\mathrm{m}\cdot\mathrm{m}) = 2(|\mathrm{w}|^2+|\mathrm{m}|^2) \\ &= 2(|AM|^2+|BM|^2)\end{aligned}$$

행렬(matrix)

기하학은 벡터를 기본적인 도구로 다룬다. 벡터를 다루는 방법이 많이 있지만 그중에서 행렬과 행렬식은 가장 효과적이고 많이 사용되는 기하학의 도구이다. 행렬과 행렬식에 대해서 앞으로 사용할 관련 개념과 성질을 소개하려고 한다. 구체적인 증명은 선형대수학에서 다룰 내용이므로 여기서는 다루지 않고 필요한 계산 방법만 다룬다.

실수 a_{ij}를 $A=\begin{pmatrix} a_{11} & a_{12} \\ a_{21} & a_{22} \end{pmatrix}$처럼 나열한 것을 2×2 **행렬**, 또는 그냥 행렬이라고 한다. 이 행렬에 대해서

$$A_1=(a_{11},\ a_{12}),\ A_2=(a_{21},\ a_{22})$$

를 A의 1행, 2행이라 하고

$$A^1=\begin{pmatrix} a_{11} \\ a_{21} \end{pmatrix},\ A^2=\begin{pmatrix} a_{12} \\ a_{22} \end{pmatrix}$$

를 A의 1열, 2열이라 한다. 그리고

$$|A|=\begin{vmatrix} a_{11} & a_{12} \\ a_{21} & a_{22} \end{vmatrix}=a_{11}a_{22}-a_{12}a_{21}$$

을 A의 **행렬식**(determinant)이라고 한다. 3×3 행렬

$$A=\begin{pmatrix} a_{11} & a_{12} & a_{13} \\ a_{21} & a_{22} & a_{23} \\ a_{31} & a_{32} & a_{33} \end{pmatrix}$$

의 경우도 같은 방법으로 행 A_1, A_2, A_3과 열 A^1, A^2, A^3을 정의하고 행렬식은 다음과 같이 정의된다.

$$\begin{vmatrix} a_{11} & a_{12} & a_{13} \\ a_{21} & a_{22} & a_{23} \\ a_{31} & a_{32} & a_{33} \end{vmatrix}=a_{11}\begin{vmatrix} a_{22} & a_{23} \\ a_{32} & a_{33} \end{vmatrix}-a_{12}\begin{vmatrix} a_{21} & a_{23} \\ a_{31} & a_{33} \end{vmatrix}+a_{13}\begin{vmatrix} a_{21} & a_{22} \\ a_{31} & a_{32} \end{vmatrix}$$

이것은 1행 A_1을 이용한 것이지만 다른 행이나 열을 이용해서 계산할 수도 있다. 4차 이상의 행렬식도 같은 방법으로 정의할 수 있다.

두 행렬의 곱은 예를 들면 2×2행렬 A, B의 곱은

$$AB=\begin{pmatrix} a_{11} & a_{12} \\ a_{21} & a_{22} \end{pmatrix}\begin{pmatrix} b_{11} & b_{12} \\ b_{21} & b_{22} \end{pmatrix}=\begin{pmatrix} A_1\cdot B^1 & A_1\cdot B^2 \\ A_2\cdot B^1 & A_2\cdot B^2 \end{pmatrix}$$

$$=\begin{pmatrix} a_{11}b_{11}+a_{12}b_{21} & a_{11}b_{12}+a_{12}b_{22} \\ a_{21}b_{11}+a_{22}b_{21} & a_{21}b_{12}+a_{22}b_{22} \end{pmatrix}$$

로 정의한다. 큰 행렬의 곱도 같은 방법으로 정의한다.

예 2.10

(1) $\begin{vmatrix} 1 & -5 \\ -2 & 7 \end{vmatrix} = 7 - 10 = -3$

(2) $\begin{vmatrix} 1 & 2 & 0 \\ 0 & 1 & 0 \\ 0 & 0 & 1 \end{vmatrix} = \begin{vmatrix} 1 & 0 \\ 0 & 1 \end{vmatrix} - 2\begin{vmatrix} 0 & 0 \\ 0 & 1 \end{vmatrix} + 0\begin{vmatrix} 0 & 1 \\ 0 & 0 \end{vmatrix} = 1$

(3) $\begin{vmatrix} 2 & 1 & 1 \\ 1 & 0 & -2 \\ 3 & 2 & 3 \end{vmatrix} = 2\begin{vmatrix} 0 & -2 \\ 2 & 3 \end{vmatrix} - 1\begin{vmatrix} 1 & -2 \\ 3 & 3 \end{vmatrix} + 1\begin{vmatrix} 1 & 0 \\ 3 & 2 \end{vmatrix} = 8 - 9 + 2 = 1$

다음 정리는 선형대수에서 잘 알려진 성질이다.

정리 2.11

연립 1차 방정식

$$a_{11}x + a_{12}y = b_1$$
$$a_{21}x + a_{22}y = b_2$$

가 단 하나의 해를 가질 조건은 $\begin{vmatrix} a_{11} & a_{12} \\ a_{21} & a_{22} \end{vmatrix} \neq 0$이다. 이 경우 연립방정식의 해는

$$x = \frac{\begin{vmatrix} b_1 & a_{12} \\ b_2 & a_{22} \end{vmatrix}}{\begin{vmatrix} a_{11} & a_{12} \\ a_{21} & a_{22} \end{vmatrix}}, \quad y = \frac{\begin{vmatrix} a_{11} & b_1 \\ a_{21} & b_2 \end{vmatrix}}{\begin{vmatrix} a_{11} & a_{12} \\ a_{21} & a_{22} \end{vmatrix}}$$

이다.

다음과 같이 상수항이 모두 0인 연립 1차 방정식

$$a_{11}x + a_{12}y = 0$$
$$a_{21}x + a_{22}y = 0$$

을 **동차(homogeneous) 연립방정식**이라고 한다. 이 연립방정식은

$$(x,\ y) = (0,\ 0)$$

인 해를 항상 갖는다. 이러한 해를 **자명해**(trivial solution)라고 한다. 따라서 동차방정식이 비자명해를 가질 경우가 우리의 관심의 대상이 된다. 동차 연립방정식이 비자명해를 가질 조건은 해가 둘 이상이어야 하므로 방정식의 계수행렬식의 값이 0이어야 한다. 즉 $\begin{vmatrix} a_{11} & a_{12} \\ a_{21} & a_{22} \end{vmatrix} = 0$이다. 비자명해 $(x_0,\ y_0)$가 있으면 $(ax_0,\ ay_0)$, $(a \neq 0)$도 비자명해이다.

미지수가 3개 이상인 경우도 같은 성질이 성립한다.

예 2.12

연립방정식

$$
\begin{aligned}
x-2y+3&=0\\
3x+y-5&=0\\
x+ay-a&=0
\end{aligned}
$$

이 해를 가질 때, a를 구하라.

풀이 연립방정식이 해 $(x,\ y)=(x_0,\ y_0)$을 가진다고 하면, 동차 연립방정식

$$
\begin{aligned}
x-2y+3z&=0\\
3x+y-5z&=0\\
x+ay-az&=0
\end{aligned}
$$

은 비자명해 $(x,\ y,\ z)=(x_0,\ y_0,\ 1)$을 가진다. 그러므로

$$
\begin{vmatrix} 1 & -2 & 3 \\ 3 & 1 & -5 \\ 1 & a & -a \end{vmatrix} = 0
$$

$$
\Rightarrow 7a+7=0 \Rightarrow a=-1
$$

2×2행렬 $A=\begin{pmatrix} a_{11} & a_{12} \\ a_{21} & a_{22} \end{pmatrix}$에 대해서 2차 방정식

$$
\begin{vmatrix} a_{11}-t & a_{12} \\ a_{21} & a_{22}-t \end{vmatrix} = 0
$$

을 행렬 A의 **고유방정식**, 이 방정식의 근을 행렬 A의 **고유값**(eigenvalue)이라고 한다. 고

윳값은 나중에 곡선의 성질을 조사하는데 중요한 역할을 하게 된다. 각 고윳값 $t_i(i=1,\ 2)$에 대해서 연립방정식(t_i에 대한 **고유벡터 방정식**이라 부른다)

$$\begin{aligned}(a_{11}-t_i)x+a_{12}y&=0\\ a_{21}x+(a_{22}-t_i)y&=0\end{aligned}$$

은 계수행렬식이 0이다. 그러므로 비자명해를 갖는데 비자명해 $(x_i,\ y_i)$를 고윳값 t_i에 대한 행렬 A의 **고유벡터**(eigenvector)라고 한다. 고유벡터에 0이 아닌 상수를 곱해도 고유벡터가 된다. 즉, $a\neq 0$이면 $a(x_i,\ y_i)$도 t_i에 대한 행렬 A의 고유벡터가 된다. 그러나 앞으로 다루는 고유벡터는 방향을 구하기 위한 목적으로 사용하기 때문에 실수배 차이는 의미가 없다.

고유값과 고유벡터는 2차 곡선의 분류에서 결정적으로 필요하게 된다. 3장에서 우리는 $\begin{pmatrix}a & h\\ h & b\end{pmatrix}$모양의 행렬을 다루는데, 이들 행렬의 고윳값은 항상 존재한다는 것이 잘 알려져 있다. 이것에 대한 설명이 2장 보충자료에 있다.

예 2.13

행렬 $\begin{pmatrix}1 & 2\\ 2 & 3\end{pmatrix}$의 고윳값과 고유벡터를 구하고 이들 고유벡터의 직교 여부를 조사하라.

풀이 고유방정식

$$\begin{vmatrix}1-t & 2\\ 2 & 3-t\end{vmatrix}=t^2-4t-1=0$$

에서 고윳값은 $t=2\pm\sqrt{5}$ 이다.

(1) $t=2+\sqrt{5}$ 에 대한 고유벡터 방정식

$$\begin{aligned}[1-(2+\sqrt{5})]x+2y&=0\\ 2x+[3-(2+\sqrt{5})]y&=0\end{aligned}$$

에서 고유벡터

$$a(2,\ 1+\sqrt{5}),\ (a\neq 0)$$

를 얻는다.

(2) $t=2-\sqrt{5}$ 에 대한 고유벡터 방정식

$$[1-(2-\sqrt{5})]x+2y=0$$
$$2x+[3-(2-\sqrt{5})]y=0$$

에서 고유벡터

$$a(2,\ 1-\sqrt{5}),\ (a \neq 0)$$

를 얻는다.

이들 고유벡터는 $(2,\ 1+\sqrt{5})\cdot(2,\ 1-\sqrt{5})=0$이므로 서로 수직이다.

예 2.14

행렬 $\begin{pmatrix} 2 & 0 \\ 0 & 2 \end{pmatrix}$의 고윳값과 직교하는 두 고유벡터 한 쌍을 구하라.

풀이 고유방정식

$$\begin{vmatrix} 2-t & 0 \\ 0 & 2-t \end{vmatrix} = (t-2)^2 = 0$$

에서 고윳값 $t=2$(중근)를 얻는다.

$t=2$에 대한 고유벡터 방정식

$$(2-2)x+0y=0$$
$$0x+(2-2)y=0$$

에서 영벡터가 아니면 모두 고유벡터이다. 그러므로 두 벡터 $(1,\ 0)$, $(0,\ 1)$는 직교하는 고유벡터이다.

일반적으로 $\begin{pmatrix} a & 0 \\ 0 & b \end{pmatrix}$모양의 행렬을 대각행렬이라고 하는데, 이 행렬의 고윳값은 a, b이고 대응되는 고유벡터는 $(1,\ 0)$, $(0,\ 1)$이다.

연습문제 1.2

1. 세 점 $P_1(1,\ 2)$, $P_2(-3,\ 1)$, $P_3(-1,\ 3)$가 만드는 $\triangle P_1P_2P_3$의 무게 중심 G를 구하고 $\overrightarrow{GP_1}+\overrightarrow{GP_2}+\overrightarrow{GP_3}$을 계산하라. $(x_1,\ y_1)$, $(x_2,\ y_2)$, $(x_3,\ y_3)$의 무게중심은 $\left(\dfrac{x_1+x_2+x_3}{3},\ \dfrac{y_1+y_2+y_3}{3}\right)$이다.

2. 마름모의 두 대각선은 서로 수직임을 증명하라.

3. 다음 두 벡터가 만드는 사잇각을 θ라고 할 때, $\cos\theta$를 구하라.

(1) $(-1,\ 2)$, $(3,\ 4)$ (2) $(3,\ 0)$, $(1,\ -1)$

(3) $(3,\ -4)$, $(5,\ 12)$

4. $\overrightarrow{P_1P_2}=(3,\ 4)$일 때, 다음에서 P_1을 구하라.

(1) $\overrightarrow{OP_2}=(1,\ -1)$ (2) $\overrightarrow{P_1P_2}$의 중점이 $(-2,\ 3)$

5. $\triangle ABC$의 외부의 점 P가

$$2\overrightarrow{AP}=9\overrightarrow{AB}-3\overrightarrow{AC}$$

이고 변 $\overline{BC}$의 연장선과 $\overrightarrow{AP}$가 만나는 점을 D라고 할 때, $\overrightarrow{AD}$를 $\overrightarrow{AB}$와 $\overrightarrow{AC}$로 표현하라.

6. 다음 점의 위치벡터와 방향이 같은 단위벡터를 구하라.

(1) $(-1,\ 2)$ (2) $(3,\ 0)$

(3) $(3,\ -4)$

7. 다음 점의 위치벡터에 대해서 방향이 수직인 단위벡터를 구하라.

(1) $(-1,\ 2)$ (2) $(3,\ 0)$

(3) $(3,\ -4)$

8. 다음 연립방정식의 해를 행렬식을 이용해서 구하라.

(1) $\begin{cases} -x+2y=3 \\ 4x-3y=-1 \end{cases}$ (2) $\begin{cases} 2x-3y=4 \\ x+y=5 \end{cases}$

9. 다음 동차 연립방정식이 비자명해를 가짐을 보이고 비자명해를 1개 구하라.

(1) $\begin{cases} x-2y=0 \\ -3x+6y=0 \end{cases}$ (2) $\begin{cases} 3x-y=0 \\ -3x+y=0 \end{cases}$

10. 연립방정식

$$\begin{cases} ax+2y+3z=0 \\ 5x-y+2z=0 \\ -x+2y-z=0 \end{cases}$$

이 비자명해를 가질 때, a의 값과 비자명해를 1개 구하라.

11. 다음 행렬의 고윳값과 각 고윳값에 대한 고유벡터를 1개씩 구하라.

(1) $\begin{pmatrix} 2 & 3 \\ 3 & 2 \end{pmatrix}$ (2) $\begin{pmatrix} 1 & 2 \\ 2 & 4 \end{pmatrix}$

1.3 그래프와 좌표변환

해석기하학은 기하학적 도형을 주어진 방정식을 만족하는 좌표의 집합으로 표현하여 여러 가지 성질을 조사한다. 이것을 방정식의 그래프라고 하는데, x, y의 함수 $F(x, y)$에 대해서 **방정식** $F(x, y)=0$의 **그래프는** 집합

$$\{(x, y) \mid F(x, y)=0\}$$

이다. 즉 방정식을 만족하는 점 (x, y)들의 집합을 의미한다. **평면도형**은 평면의 부분집합을 의미하므로 방정식의 그래프도 도형의 일종이다. 예를 들어

$$F(x, y)=x-y+1$$

일 때, $F(x, y)=0$의 그래프는 방정식 $y=x+1$의 그래프이고, 이는 직선을 나타낸다는 것을 잘 알고 있을 것이다. 앞으로 우리가 다루게 될 도형은 이와 같이 방정식의 그래프로 나타날 것이며, 이들 방정식은 경우에 따라 복잡하게 나타날 수도 있는데, 우리는 좌표축을 적절히 이동하여 방정식을 간단한 모양으로 바꿀 수가 있다. 이러한 과정을 **좌표변환**이라고 한다. 이제부터 좌표변환에 대해 알아보자.

원점이 P, 좌표축이 X, Y축인 좌표계를 PXY 좌표계라고 한다.

평행이동(translation)

평면의 한 점 $P_0(x_0, y_0)$에 대해서 원점 O를 P_0으로 이동한 P_0XY 좌표계에서 x축과 X축, 그리고 y축과 Y축은 각각 평행이다. 평면상의 한 점 P의

Oxy 좌표계에서 좌표를 (x, y),
P_0XY 좌표계에서 좌표를 (X, Y)

라고 하면, 이들 좌표 사이의 관계식은

$$\begin{cases} X=x-x_0 \\ Y=y-y_0 \end{cases}, \quad \begin{cases} x=X+x_0 \\ y=Y+y_0 \end{cases}$$

이다. 이와 같은 좌표축의 이동을 **평행이동(translation)**이라고 한다.

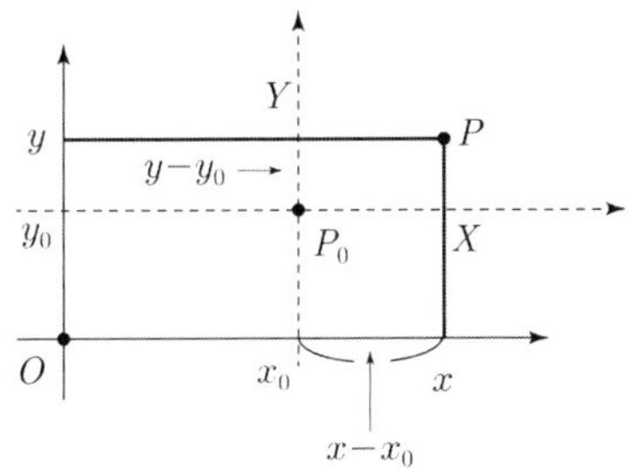

그림 3.1 평행이동

예 3.1

좌표축의 원점을 $P_0(1,\ -2)$로 이동할 때, P_0XY 좌표계에서 다음 방정식을 표현하라.

(1) $3x-y+2=0$ (2) $y=-2$

(3) $x^2+y^2-2x+4y-4=0$

풀이 $x=X+1,\ y=Y-2$를 $x,\ y$에 대입한다.

(1) $3x-y+2=0$

$\Rightarrow 3(X+1)-(Y-2)+2=0$

$\Rightarrow 3X-Y+7=0$

(2) $y=-2 \Rightarrow Y-2=-2 \Rightarrow Y=0$

(3) $x^2+y^2-2x+4y-4=0$

$\Rightarrow (x-1)^2+(y+2)^2=9 \Rightarrow X^2+Y^2=9$

이다.

회전이동(rotation)

Oxy 좌표계의 두 좌표축을 양의 방향으로 θ 회전시킨 좌표계를 OXY 좌표계라고 하자. 평면상의 한 점 P의

Oxy 좌표계에서 좌표를 $(x,\ y)$,

OXY 좌표계에서 좌표를 $(X,\ Y)$

라고 할 때, 이들 좌표 사이의 관계식을 알아보자.

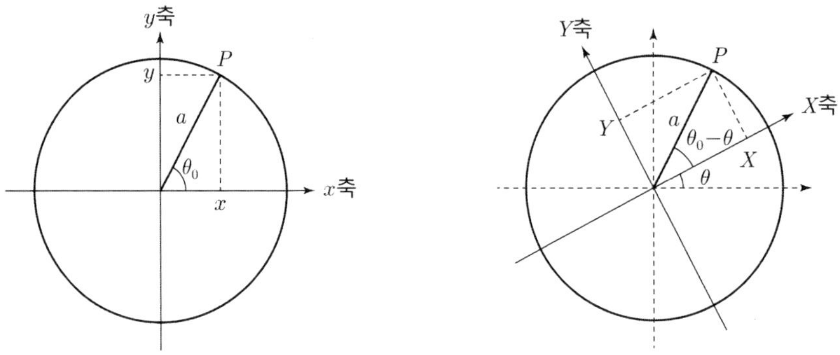

그림 3.2 회전이동

위의 그림에서

$$x = a\cos\theta_0,\ y = a\sin\theta_0$$
$$X = a\cos(\theta_0 - \theta),\ Y = a\sin(\theta_0 - \theta)$$

가 성립함을 알 수 있다. 삼각함수의 덧셈법칙을 이용하면

$$X = a\cos\theta_0\cos\theta + a\sin\theta_0\sin\theta = x\cos\theta + y\sin\theta$$
$$Y = a\sin\theta_0\cos\theta - a\cos\theta_0\sin\theta = -x\sin\theta + y\cos\theta$$

이다. 이를 행렬을 이용해서 표현하면

$$\begin{pmatrix} \cos\theta & \sin\theta \\ -\sin\theta & \cos\theta \end{pmatrix}\begin{pmatrix} x \\ y \end{pmatrix} = \begin{pmatrix} X \\ Y \end{pmatrix}$$

이다. 역행렬(θ 대신 $-\theta$를 대입하면 된다)을 양변에 곱해주면

$$\begin{pmatrix} \cos\theta & -\sin\theta \\ \sin\theta & \cos\theta \end{pmatrix}\begin{pmatrix} X \\ Y \end{pmatrix} = \begin{pmatrix} x \\ y \end{pmatrix}$$

이므로

$$x = X\cos\theta - Y\sin\theta$$
$$y = X\sin\theta + Y\cos\theta$$

를 얻는다.

예 3.2

좌표축을 $\frac{\pi}{4}$ 회전이동한 OXY 좌표계에서 방정식 $xy=1$의 변환식을 구하라.

풀이 위의 식으로부터

$$x = X\cos\frac{\pi}{4} - Y\sin\frac{\pi}{4} = \frac{1}{\sqrt{2}}(X - Y)$$

$$y = X\sin\frac{\pi}{4} + Y\cos\frac{\pi}{4} = \frac{1}{\sqrt{2}}(X + Y)$$

를 얻는다. 이를 $xy=1$에 대입하면

$$\frac{1}{2}(X^2 - Y^2) = 1 \Rightarrow X^2 - Y^2 = 2$$

이다.

방정식의 그래프가 원점에 대칭인 경우, 점 (x, y)가 그래프상의 점이면 $(-x, -y)$도 그래프상의 점이므로 방정식에 $(-x, -y)$를 대입해도 성립한다. 그리고 좌표축, 즉 x축 또는 y축이 대칭축이 된다면 방정식에 $(x, -y)$ 또는 $(-x, y)$를 대입해도 성립한다. 따라서 점대칭 또는 선대칭인 그래프를 평행이동과 회전이동을 이용하여 원점 또는 좌표축에 대칭이 되도록 하면 새 좌표계에서는 방정식이 보다 간단하게 표현된다.

다음 그림에서 원의 그래프는 원점이 대칭점이 아니지만 좌표축을 평행이동하여 새로운 원점 P_0가 대칭점이 되었다. 방정식은

$$(x-2)^2 + (y-1)^2 = 1 \rightarrow X^2 + Y^2 = 1$$

로 변환되었다.

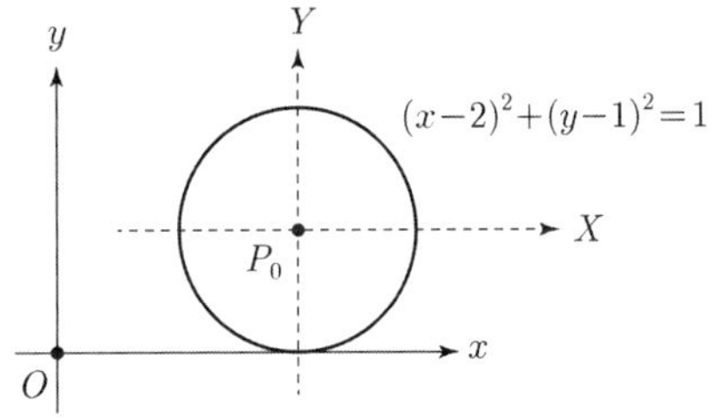

그림 3.3 원의 그래프

다음 그래프에서 $xy=1$의 그래프는 좌표축이 대칭축이 아니지만 좌표축을 $\frac{\pi}{4}$ 회전하여 새 좌표축은 대칭축이 되었다. 방정식은

$$xy=1 \rightarrow X^2-Y^2=2$$

로 변환되었다.

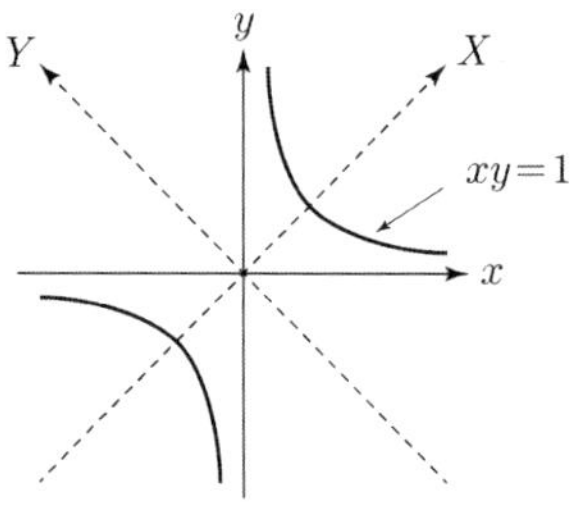

그림 3.4 $xy=1$**의 그래프**

지금까지 살펴본 것은 좌표변환이었다. 좌표변환은 도형은 그대로이면서 도형을 표현하는 방법이 변하는 것이다. 이제부터 도형의 이동에 대해서 알아보자.

도형의 이동

(1) 도형 $F(x, y)=0$을 $P_0(x_0, y_0)$ 평행이동한 도형의 방정식

(x, y)를 P_0 평행이동하면 $(x+x_0, y+y_0)$이므로, 구하는 도형은

$$\begin{aligned}&\{(x+x_0, y+y_0) \mid F(x, y)=0\}\\&=\{(x-x_0+x_0, y-y_0+y_0) \mid F(x-x_0, y-y_0)=0\}\\&=\{(x, y) \mid F(x-x_0, y-y_0)=0\}\end{aligned}$$

이다. 따라서 $F(x, y)=0$을 P_0 평행이동한 도형의 방정식은

$$F(x-x_0, y-y_0)=0$$

이다.

예를 들어 $y=f(x)$는 $F(x, y)=f(x)-y$로 두면, $F(x, y)=0$와 같은 방정식이다. 따라서 $y-y_0=f(x-x_0)$는 $F(x-x_0, y-y_0)=0$와 같은 방정식이다. 그러므로 $y=f(x)$의 그래프를 P_0 평행이동한 방정식은 $y-y_0=f(x-x_0)$이다.

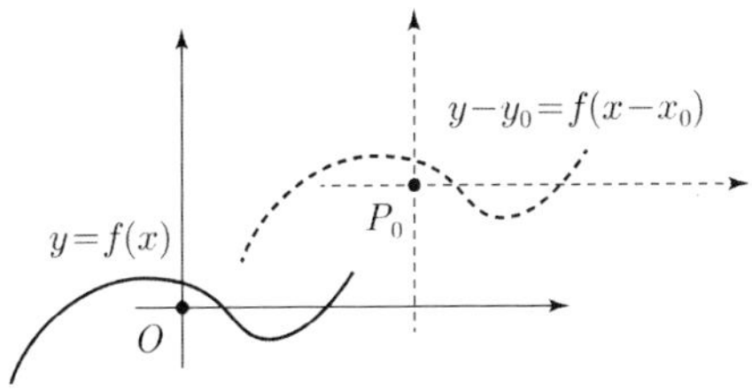

그림 3.5 도형의 평행이동

예 3.3

$x^2+y^2=1$을 (2, 1) 평행이동한 도형의 방정식은

$$(x-2)^2+(y-1)^2=1$$

이다.

---

(2) 도형 $F(x,\ y)=0$을 원점을 중심으로 θ 회전이동한 도형의 방정식

θ 회전이동할 때, 좌표변화는

$$\begin{pmatrix} \cos\theta & -\sin\theta \\ \sin\theta & \cos\theta \end{pmatrix}\begin{pmatrix} x \\ y \end{pmatrix} = \begin{pmatrix} x\cos\theta - y\sin\theta \\ x\sin\theta + y\cos\theta \end{pmatrix}$$

으로 표현된다. 그러므로 좌표변화는

$$(x,\ y) \rightarrow (x\cos\theta - y\sin\theta,\ x\sin\theta + y\cos\theta)$$

이다.

$$\begin{pmatrix} \cos\theta & -\sin\theta \\ \sin\theta & \cos\theta \end{pmatrix}\begin{pmatrix} x\cos\theta + y\sin\theta \\ -x\sin\theta + y\cos\theta \end{pmatrix} = \begin{pmatrix} x \\ y \end{pmatrix}$$

이므로 회전이동한 도형은

$$\begin{aligned} &\{(x\cos\theta - y\sin\theta,\ x\sin\theta + y\cos\theta) \mid F(x,\ y)=0\} \\ &= \{(x,\ y) \mid F(x\cos\theta + y\sin\theta,\ -x\sin\theta + y\cos\theta)=0\} \end{aligned}$$

이다. 따라서 변환 방정식은

$$F(x\cos\theta + y\sin\theta,\ -x\sin\theta + y\cos\theta)=0$$

이다.

예 3.4

도형을 $\theta=\dfrac{\pi}{4}$ 회전이동하면 방정식에 대입할 좌표는

$$x\cos\frac{\pi}{4}+y\sin\frac{\pi}{4}=\frac{1}{\sqrt{2}}(x+y),$$

$$-x\sin\frac{\pi}{4}+y\cos\frac{\pi}{4}=\frac{1}{\sqrt{2}}(-x+y)$$

$$\Rightarrow\left(\frac{1}{\sqrt{2}}(x+y),\ \frac{1}{\sqrt{2}}(-x+y)\right)$$

이므로 $x^2-y^2=2$를 $\dfrac{\pi}{4}$ 회전이동한 도형의 방정식은

$$\frac{1}{2}(x+y)^2-\frac{1}{2}(-x+y)^2=2\ \Rightarrow\ xy=1$$

이다.

---

(3) 도형 $F(x,\ y)=0$을 $P_0(x_0,\ y_0)$에 대해서 대칭이동한 도형의 방정식

점 P_0에 대한 대칭이동은

P_0을 원점으로 평행이동, 즉 $(-x_0,\ -y_0)$ 평행이동

$\rightarrow$ 원점에 대한 대칭이동 $\rightarrow$ P_0 평행이동

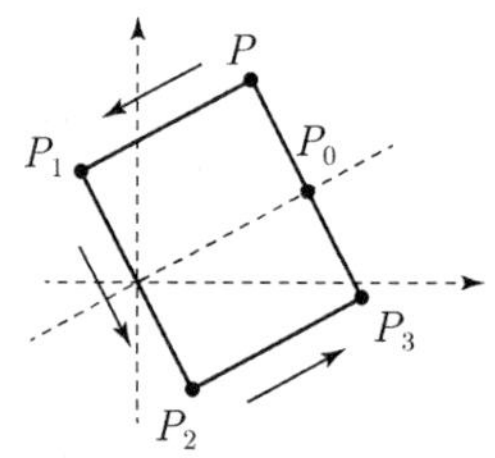

그림 3.6 도형의 대칭이동

의 과정을 거친 것이다. 따라서 좌표의 변화는

$$(x,\ y)\ \rightarrow\ (x-x_0,\ y-y_0)$$

$$\rightarrow\ (-x+x_0,\ -y+y_0)$$

$$\rightarrow (-x+2x_0,\ -y+2y_0)$$

이므로 구하는 도형은

$$\{(-x+2x_0,\ -y+2y_0) \mid F(x,\ y)=0\}$$
$$=\{(x,\ y) \mid F(-x+2x_0,\ -y+2y_0)=0\}$$

이다. 따라서 변환 방정식은

$$F(-x+2x_0,\ -y+2y_0)=0$$

이다.

예 3.5

$(3,\ 0)$에 대한 대칭이동에서 방정식에 대입할 좌표는

$$(-x+6,\ -y)$$

이므로 $x-2y=0$을 $(3,\ 0)$에 대칭이동한 도형의 방정식은

$$(-x+6)-2(-y)=0 \Rightarrow -x+2y+6=0$$

이다.

그래프 이동시 변화되는 좌표와 방정식을 정리하면 다음과 같다.

이동방법	좌표 $(x,\ y)$의 변화	방정식 $F(x,\ y)=0$의 변화
$(x_0,\ y_0)$ 평행이동	$(x+x_0,\ y+y_0)$	$F(x-x_0,\ y-y_0)=0$
θ 회전이동	$(x\cos\theta-y\sin\theta,\ x\sin\theta+y\cos\theta)$	$F(x\cos\theta+y\sin\theta,\ -x\sin\theta+y\cos\theta)=0$
$(x_0,\ y_0)$에 대칭이동	$(-x+2x_0,\ -y+2y_0)$	$F(-x+2x_0,\ -y+2y_0)=0$

직선에 대한 대칭이동은 계산이 복잡하므로 1장 보충자료에 별도로 설명하였다.

연습문제 1.3

1. 좌표축의 원점을 $(-1,\ 1)$로 이동할 때, 다음 방정식을 새 좌표계에서 표현하라.

(1) $2x-3y+1=0$　　(2) $x=-2$

(3) $2x^2-y^2-2xy+1=0$

2. 좌표축을 $-\frac{\pi}{2}$ 회전할 때, 다음 방정식을 새 좌표계에서 표현하라.

(1) $2x-2y+1=0$　　(2) $-x^2-xy+y^2-3=0$

3. 좌표축을 $\frac{\pi}{3}$ 회전할 때, 다음 방정식을 새 좌표계에서 표현하라.

(1) $2x-2y+1=0$　　(2) $x^2+y^2-3=0$

4. 다음 방정식의 그래프를 $(1,\ 2)$ 평행이동시킬 때, 변환식을 구하라.

(1) $x+4y-3=0$　　(2) $x^2+2xy+4=0$

5. 다음 방정식의 그래프를 $\frac{\pi}{3}$ 회전이동시킬 때, 변환식을 구하라.

(1) $x+4y-3=0$　　(2) $x^2+2y^2+4=0$

6. 다음 방정식의 그래프를 $(1,\ 2)$에 대칭이동시킬 때, 변환식을 구하라.

(1) $x+4y-3=0$　　(2) $x^2+2xy+4=0$

제 1 장 보충자료

(1) 조화공액점의 작도

정리 1

다음 그림에서 l_1과 l_2는 평행이다. l 위의 네 점 A, B, C, D에 대해서

$$(AB,\ CD) = -\frac{|BF|}{|BE|}$$

이다.

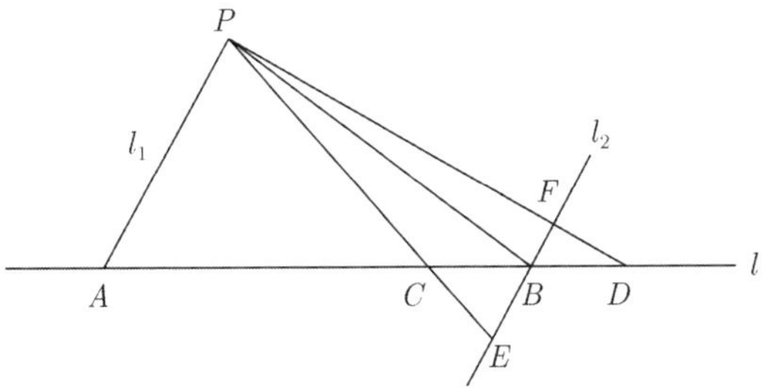

증명 $\triangle APD$와 $\triangle BFD$는 닮은 삼각형이므로

$$\frac{AD}{BD} = \frac{|AP|}{|BF|}$$

이고 $\triangle APC$와 $\triangle BEC$는 닮은 삼각형이므로

$$\frac{AC}{CB} = \frac{|AP|}{|EB|}$$

이다. 따라서

$$(AB,\ CD) = \frac{AC}{CB}\frac{DB}{AD} = -\frac{|AP|}{|BE|}\frac{|BF|}{|AP|} = -\frac{|BF|}{|BE|}$$

이다. □

점 P와 두 직선 l, l'이 주어졌을 때, l 위의 점 A에 대해서 P와 A를 지나는 직선이 l'과 만나는 점 A'을 대응시키는 관계를 중심 P에 대한 l에서 l'으로의 **배경변환**(perspectivity)이라고 한다. 직선 l상의 네 점 A, B, C, D의 P에 대한 l에서 l'으로의 배경점을 A', B', C', D'이라고 두자.

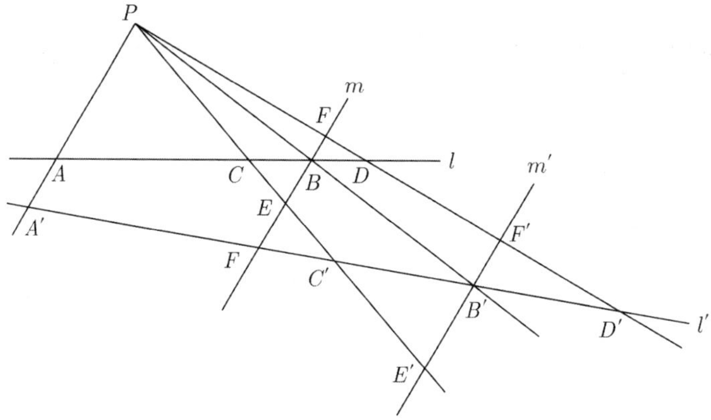

배경변환

정리 1에 의해서

$$(AB,\ CD) = -\frac{|BF|}{|BE|} = -\frac{|B'F'|}{|B'E'|} = (A'B',\ C'D')$$

이므로 배경변환은 복비를 보존한다.

여기서 복비의 개념을 이용하여 A, B에 대한 C의 조화공액점의 작도를 알아보자. 아래의 그림에서 A, B를 지나는 직선 위에 있지 않은 P를 잡고, 선분 $\overline{PC}$의 내부에 한 점 Q를 잡는다. 선분 $\overline{AQ}$의 연장선과 선분 $\overline{BP}$의 교점을 R, 선분 $\overline{BQ}$의 연장선과 선분 $\overline{AP}$의 교점을 S라고 두자. 이때 선분 $\overline{SR}$의 연장선과 선분 $\overline{AB}$의 연장선의 교점 D가 구하는 조화공액점이 된다. 실제로 선분 $\overline{SR}$과 선분 $\overline{PQ}$의 교점을 T라고 두면, 점 A, B, C, D의 중심 P에 대한 배경점은 S, R, T, D이므로

$$(AB,\ CD) = (SR,\ TD)$$

이고, 점 A, B, C, D의 중심 Q에 대한 배경점은 R, S, T, D이므로

$$(AB,\ CD) = (RS,\ TD)$$

이다. 그런데, 복비의 정의에서

$$(SR,\ TD) = \frac{1}{(RS,\ TD)}$$

이므로 $(AB,\ CD) = \pm 1$이고 네 점의 위치에서 보는 바와 같이 이 경우 복비는 음의 값이므로 -1이다. 따라서 D는 $A,\ B$에 대한 C의 조화공액점이다.

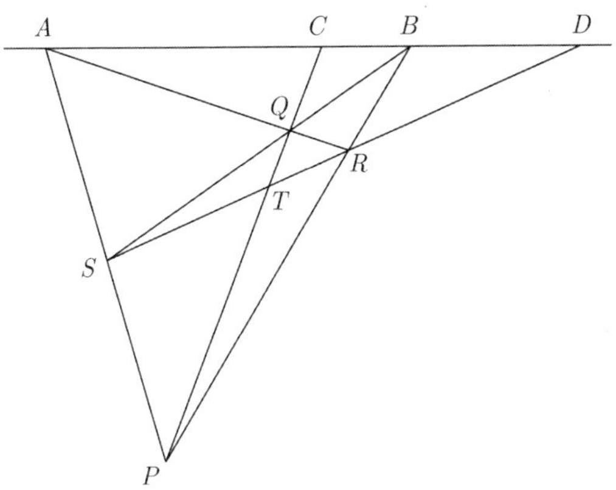

조화공액점의 작도

(2) 대칭행렬의 고윳값

대칭행렬 $\begin{pmatrix} a & h \\ h & b \end{pmatrix}$의 고윳값은 항상 실수이다. 왜냐하면 고유방정식

$$\begin{vmatrix} a-t & h \\ h & b-t \end{vmatrix} = t^2 - (a+b)t + ab - h^2 = 0$$

의 판별식은

$$(a+b)^2 - 4(ab - h^2) = (a-b)^2 + 4h^2 \geq 0$$

이기 때문이다.

(3) 점 $(x,\ y)$를 θ만큼 회전이동할 때 좌표변화

다음 그림에서

$$x = a\cos\theta_0,\ y = a\sin\theta_0,$$

$$X = a\cos(\theta_0 + \theta),\ Y = a\sin(\theta_0 + \theta)$$

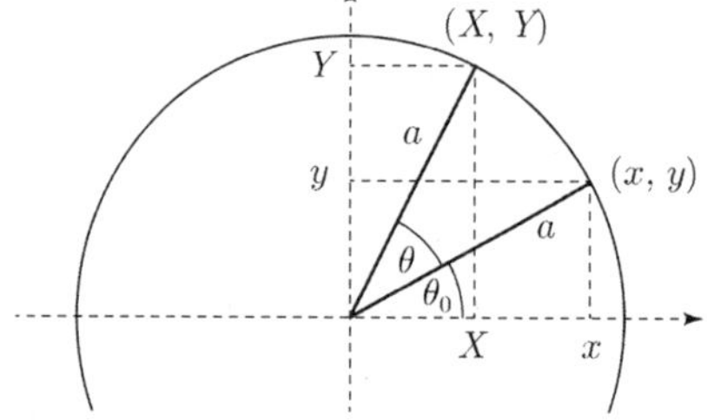

도형의 회전이동

이므로 삼각함수의 덧셈법칙을 이용하면

$$X = a\cos\theta_0\cos\theta - a\sin\theta_0\sin\theta = x\cos\theta - y\sin\theta$$

$$Y = a\sin\theta_0\cos\theta + a\cos\theta_0\sin\theta = x\sin\theta + y\cos\theta$$

이다. 그러므로 θ 회전이동할 때, 좌표변화는

$$\begin{pmatrix}\cos\theta & -\sin\theta \\ \sin\theta & \cos\theta\end{pmatrix}\begin{pmatrix}x \\ y\end{pmatrix} = \begin{pmatrix}x\cos\theta - y\sin\theta \\ x\sin\theta + y\cos\theta\end{pmatrix}$$

이다.

(4) 도형 $F(x,\ y) = 0$을 직선 l에 대해서 대칭이동한 도형의 방정식

l이 x축의 양의 방향과 만드는 각을 $\theta(-\frac{\pi}{2} < \theta \le \frac{\pi}{2})$ 라고 하자.

(i) l이 원점을 지날 때

l에 대한 대칭이동은

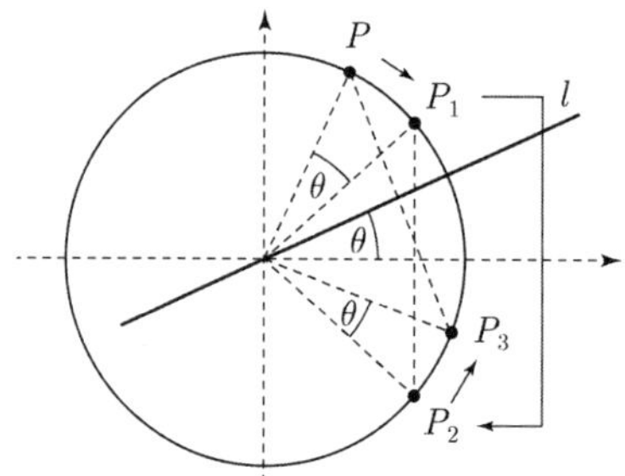

도형의 대칭이동

$$-\theta\text{만큼 회전이동} \rightarrow x\text{축에 대한 대칭이동} \rightarrow \theta\text{만큼 회전이동}$$

의 과정을 거친 것이므로 좌표변화는

$$\begin{aligned}(x,\ y)\ &\rightarrow\ (x\cos\theta+y\sin\theta,\ -x\sin\theta+y\cos\theta)=(X,\ Y)\\ &\rightarrow\ (X,\ -Y)\\ &\rightarrow\ (X\cos\theta-(-Y)\sin\theta,\ X\sin\theta+(-Y)\cos\theta)\\ &\quad=(X\cos\theta+Y\sin\theta,\ X\sin\theta-Y\cos\theta)\\ &\quad=(x\cos2\theta+y\sin2\theta,\ x\sin2\theta-y\cos2\theta)=(\overline{X},\ \overline{Y})\end{aligned}$$

이다. $M_\theta=\begin{pmatrix}\cos2\theta & \sin2\theta\\ \sin2\theta & -\cos2\theta\end{pmatrix}$라고 두면 $M_\theta M_\theta=\begin{pmatrix}1 & 0\\ 0 & 1\end{pmatrix}$이고, 좌표변화는

$$\begin{pmatrix}x\\ y\end{pmatrix}\rightarrow\ M_\theta\begin{pmatrix}x\\ y\end{pmatrix}=\begin{pmatrix}\overline{X}\\ \overline{Y}\end{pmatrix}$$

이다. $M_\theta M_\theta\begin{pmatrix}x\\ y\end{pmatrix}=\begin{pmatrix}x\\ y\end{pmatrix}$이므로 l에 대한 대칭이동의 도형은

$$\{(\overline{X},\ \overline{Y})\mid F(x,\ y)=0\}=\{(x,\ y)\mid F(\overline{X},\ \overline{Y})=0\}$$

이다. 따라서 구하는 방정식은

$$F(x\cos2\theta+y\sin2\theta,\ x\sin2\theta-y\cos2\theta)=0$$

이다.

(ii) l이 $P_0(x_0,\ y_0)$을 지날 때

l에 대한 대칭이동은

P_0을 원점으로 평행이동, 즉 $(-x_0,\ -y_0)$ 평행이동

→ (i)과 같은 이동

→ P_0로 평행이동

의 과정을 거친 것이므로 $X=x-x_0$, $Y=y-y_0$라고 두면, 좌표의 변화는

$$\begin{aligned}(x,\ y)\ &\rightarrow\ (x-x_0,\ y-y_0)=(X,\ Y) && [-(x_0,\ y_0)]\\ &\rightarrow\ (X\cos2\theta+Y\sin2\theta,\ X\sin2\theta-Y\cos2\theta) && [M_\theta\ \text{적용}]\\ &\rightarrow\ (X\cos2\theta+Y\sin2\theta+x_0,\ X\sin2\theta-Y\cos2\theta+y_0) && [+(x_0,\ y_0)]\end{aligned}$$

이고

$$(X\cos 2\theta + Y\sin 2\theta + x_0,\ X\sin 2\theta - Y\cos 2\theta + y_0) = (A,\ B)$$

라고 두면

$$\begin{pmatrix} A \\ B \end{pmatrix} \to M_\theta \begin{pmatrix} X \\ Y \end{pmatrix} \qquad [-\begin{pmatrix} x_0 \\ y_0 \end{pmatrix}]$$

$$\to \begin{pmatrix} X \\ Y \end{pmatrix} = \begin{pmatrix} x - x_0 \\ y - y_0 \end{pmatrix} \quad [M_\theta \text{ 적용}]$$

$$\to \begin{pmatrix} x \\ y \end{pmatrix} \qquad [+(x_0,\ y_0)]$$

이므로 l에 대한 대칭이동의 도형은

$$\{(A,\ B) \mid F(x,\ y) = 0\} = \{(x,\ y) \mid F(A,\ B) = 0\}$$

이다. 따라서 구하는 방정식은

$$F(X\cos 2\theta + Y\sin 2\theta + x_0,\ X\sin 2\theta - Y\cos 2\theta + y_0) = 0$$

이다.

예 1

$y = x$에 대한 대칭이동의 경우 $\theta = \frac{\pi}{4}$이다.

$$\left(x\cos\frac{\pi}{2} + y\sin\frac{\pi}{2},\ x\sin\frac{\pi}{2} - y\cos\frac{\pi}{2}\right) = (y,\ x)$$

이므로 $x - 2y = 0$을 $y = x$에 대칭이동한 방정식은

$$y - 2x = 0$$

이다.

예 2

다음 방정식의 그래프를 $y = \frac{3}{4}x$에 대칭이동시킬 때, 변환식을 구하라.

(1) $x+4y-1=0$　　　　　　　　(2) $x^2+y^2+6x-8y=0$

풀이 직선이 x축과 만드는 각을 θ라고 하면

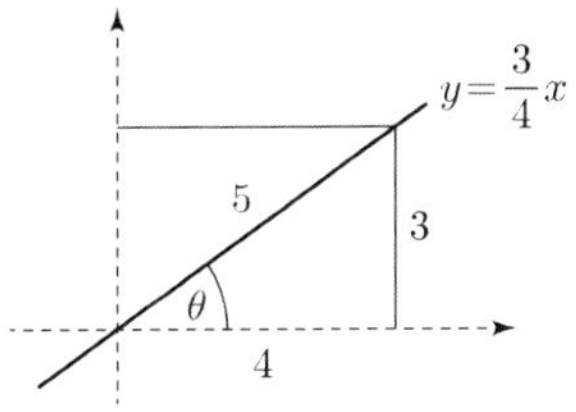

$$\cos\theta=\frac{4}{5},\ \sin\theta=\frac{3}{5}$$

$$\Rightarrow \cos2\theta=2\cos^2\theta-1=\frac{7}{25},\ \sin2\theta=2\sin\theta\cos\theta=\frac{24}{25}$$

$$\Rightarrow x\cos2\theta+y\sin2\theta=\frac{7}{25}x+\frac{24}{25}y,\ x\sin2\theta-y\cos2\theta=\frac{24}{25}x-\frac{7}{25}y$$

이므로 변환식은 다음과 같다.

$$x+4y-1=0 \rightarrow \left(\frac{7}{25}x+\frac{24}{25}y\right)+4\left(\frac{24}{25}x-\frac{7}{25}y\right)-1=0$$

$$\Rightarrow 103x-4y-25=0$$

$$x^2+y^2+6x-8y=0 \rightarrow \left(\frac{7}{25}x+\frac{24}{25}y\right)^2+\left(\frac{24}{25}x-\frac{7}{25}y\right)^2$$

$$+6\left(\frac{7}{25}x+\frac{24}{25}y\right)-8\left(\frac{24}{25}x-\frac{7}{25}y\right)=0$$

$$\Rightarrow x^2+y^2-6x+8y=0$$

제 2 장

직선과 원

2.1 직선의 방정식

직선의 직교방정식

평면 위의 서로 다른 두 점 $P_1(x_1,\ y_1)$, $P_2(x_2,\ y_2)$를 지나는 직선에 대해서 알아보자. P_1, P_2를 지나는 직선 $l = \overleftrightarrow{P_1P_2}$ 위의 임의의 점 $P(x,\ y)$를 잡으면

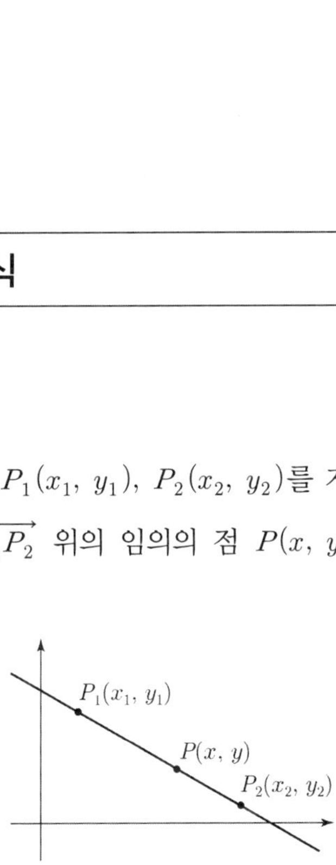

그림 1.1 두 점을 지나는 직선

두 벡터

$$\overrightarrow{P_1P_2} = (x_2 - x_1,\ y_2 - y_1),\ \overrightarrow{P_1P} = (x - x_1,\ y - y_1)$$

은 평행이므로 성분비가 같아야 한다. 즉

$$\frac{x - x_1}{x_2 - x_1} = \frac{y - y_1}{y_2 - y_1} \qquad \cdots (*)$$

이다. 이것을 직선 l의 **직교방정식**이라 한다. 이 방정식에서 분모가 0인 경우는 분자도 0임을 의미한다. 여기서

$$x_2 - x_1 : y_2 - y_1$$

은 직선 l상의 어떠한 두 점을 잡아도 일정한데, 이 비를 l의 **방향비**라고 한다. 이것은 직선 방향의 벡터의 성분비와 일치한다. 이 비가 일정하므로

$$m = \frac{y_2 - y_1}{x_2 - x_1}$$

도 일정하다. 이를 l의 **기울기**라고 한다. 즉 기울기는 y좌표의 변화량을 x좌표의 변화량으로 나눈 값이다. 기울기는 분모가 0일 경우에는 정의되지 않는다. x축의 양의 방향에서 l에 이르는 각을 직선의 **경사각**이라고 하는데, 직선 l의 경사각을 θ라고 두면 기울기는 $m = \tan\theta$이다.

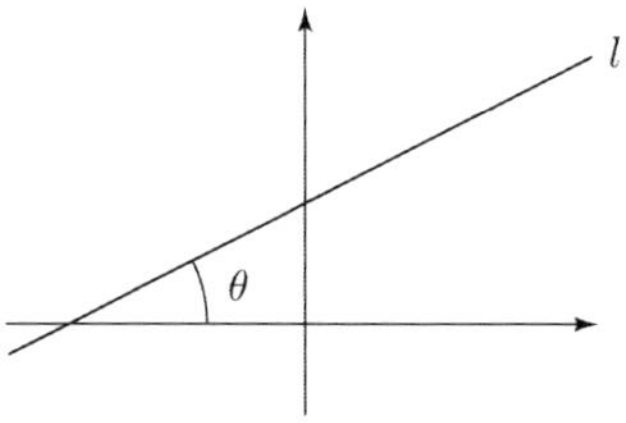

그림 1.2 경사각

l의 방정식 (*)를 x, y에 대하여 정리하면

$$(y_2 - y_1)x - (x_2 - x_1)y + (x_2y_1 - x_1y_2) = 0$$

이다. 여기서

$$a = y_2 - y_1,\ b = x_1 - x_2,\ c = x_2y_1 - x_1y_2$$

라고 두면, l의 방정식은

$$ax + by + c = 0$$

이다. 또한 P_1, P_2는 서로 다른 점이므로 $x_1 \neq x_2$, 또는 $y_1 \neq y_2$이다. 즉 $a \neq 0$, 또는 $b \neq 0$이다. 그러므로 직선의 방정식은 x, y의 1차 방정식이다.

직선 l에 방향이 주어졌을 때, l의 방향과 x축, y축의 양의 방향이 만드는 각을 α, β라고 두자.

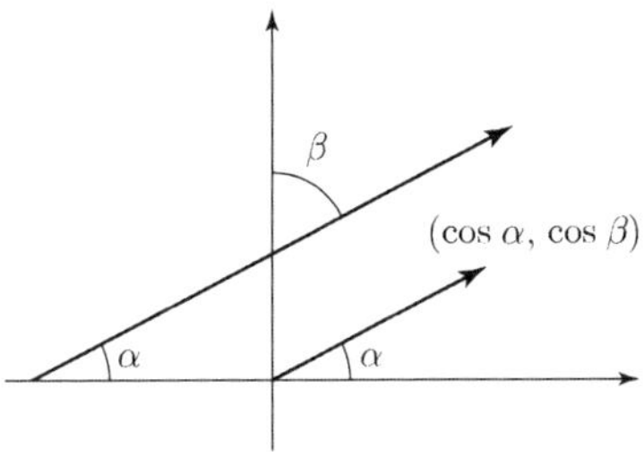

그림 1.3 방향 코사인

이때 $\cos\alpha$, $\cos\beta$를 l의 **방향 코사인**이라고 한다. 1장에서 l방향의 단위벡터가 $(\cos\alpha, \cos\beta)$임을 설명하였다. 그러므로 방향 코사인의 비는 직선의 방향비이다. 직선의 방향이 주어지지 않았으면 $\pm(\cos\alpha, \cos\beta)$중에서 임의로 택한다.

직선이 x, y축과 만나는 점의 x, y좌표를 직선의 x, y**절편**이라 한다. 따라서 x절편은 직선의 방정식에서 $y=0$일 때 x값, y절편은 $x=0$일 때 y값이다.

예 1.1

다음 두 점을 지나는 직선의 직교방정식, 방향비, 기울기, 방향 코사인, 절편을 구하라.

(1) $(1, 3)$, $(-2, 1)$ (2) $(-2, 1)$, $(3, 1)$

(3) $(3, 2)$, $(3, -2)$

풀이 (1) 방향비 $-2-1:1-3=-3:-2=3:2$

기울기: $\dfrac{2}{3}$

방향 코사인: $\dfrac{3}{\sqrt{13}}$, $\dfrac{2}{\sqrt{13}}$ ((3, 2)방향의 단위벡터의 성분)

직교방정식: $\dfrac{x-1}{3}=\dfrac{y-3}{2} \Rightarrow 2x-3y+7=0$

x절편: $y=0 \Rightarrow 2x+7=0 \Rightarrow -\dfrac{7}{2}$

y절편: $x=0 \Rightarrow -3y+7=0 \Rightarrow \dfrac{7}{3}$

(2) 방향비 $3+2:1-1=5:0=1:0$

기울기: $\frac{0}{1}=0$

방향 코사인: 1, 0 (단위벡터)

직교방정식: $y-1=0$ (분모가 0이므로 분자도 0)

x절편: 없다

y절편: 1

(3) 방향비 $3-3:-2-2=0:-4=0:1$

기울기: 정의되지 않음

방향 코사인: 0, 1 (단위벡터)

직교방정식: $x-3=0$ (분모가 0이므로 분자도 0)

x절편: 3

y절편: 없다

예 1.2

직선 $ax+by+c=0$의 방향비, 기울기, 방향 코사인을 계산하라.

풀이 l상의 두 점 $P_1(x_1,\ y_1)$, $P_2(x_2,\ y_2)$를 잡으면

$$ax_1+by_1+c=0,\ ax_2+by_2+c=0$$

이므로

$$a(x_2-x_1)+b(y_2-y_1)=0$$

$$\Rightarrow \text{방향비}\quad x_2-x_1:y_2-y_1=-b:a$$

$$\text{기울기}\quad \frac{y_2-y_1}{x_2-x_1}=-\frac{a}{b}$$

$$\text{방향 코사인}\quad \frac{-b}{\sqrt{b^2+a^2}},\ \frac{a}{\sqrt{b^2+a^2}}$$

이다.

직선을 결정하는 조건이 주어지는 여러 가지 경우에 있어서 직선의 방정식은 다음과 같다.

(1) 두 점 $P_1(x_1, y_1)$, $P_2(x_2, y_2)$를 지나는 직선의 방정식

앞에서 계산된 바와 같이

$$\frac{x-x_1}{x_2-x_1}=\frac{y-y_1}{y_2-y_1}$$

이다.

(2) 방향비가 $u:v$이고 점 (x_1, y_1)을 지나는 직선

직선 위의 점 (x_2, y_2)를 잡으면 직선의 방정식은 (x_1, y_1), (x_2, y_2)를 지나므로

$$\frac{x-x_1}{x_2-x_1}=\frac{y-y_1}{y_2-y_1}$$

이고,

$$x_2-x_1 : y_2-y_1 = u : v$$

이므로 (1)에서 분모를 u, v로 대체하면 된다.

$$\frac{x-x_1}{u}=\frac{y-y_1}{v}$$

이다.

(3) 방향 코사인이 λ, μ이고 점 (x_1, y_1)을 지나는 직선

$\lambda:\mu$는 방향비이므로 (2)에서 u, v를 λ, μ로 대체하면 된다.

$$\frac{x-x_1}{\lambda}=\frac{y-y_1}{\mu}$$

이다.

(4) 기울기 m이고 점 (x_1, y_1)을 지나는 직선의 방정식

기울기가 m이므로 방향비는 $1:m$이다. 따라서 직선의 방정식은

$$\frac{x-x_1}{1}=\frac{y-y_1}{m} \Rightarrow y-y_1=m(x-x_1)$$

이다.

(5) 기울기 m이고 y절편이 b인 직선의 방정식

y절편이 b이므로 $(0,\ b)$를 지난다. 따라서 직선의 방정식은

$$y-b=m(x-0) \Rightarrow y=mx+b$$

(6) x절편 a, y절편이 b인 직선의 방정식

$(a,\ 0)$, $(0,\ b)$를 지나므로 기울기 $-\dfrac{b}{a}$, 따라서 직선의 방정식은

$$y=-\frac{b}{a}x+b \Rightarrow ay+bx=ab \Rightarrow \frac{x}{a}+\frac{y}{b}=1$$

헤세(Hesse) 표준형

원점을 지나지 않는 직선 l에 대해서 원점 O에서 l에 내린 수선이 만나는 점을 N, $|ON|=d$, x축의 양의 방향과 $\overrightarrow{ON}$이 만드는 각을 θ라고 하면 N의 좌표는 $(d\cos\theta,\ d\sin\theta)$이다. l 위의 임의의 점 $P(x,\ y)$에 대해서

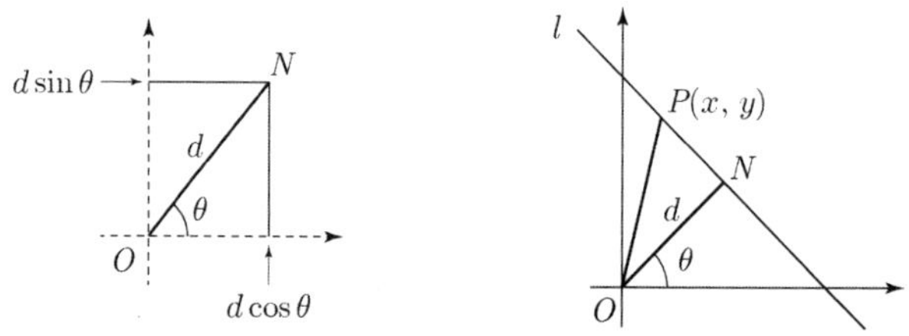

그림 1.4 헤세 표준형

$$\begin{aligned} &|ON|^2+|NP|^2=|OP|^2 \\ &\Rightarrow d^2+(x-d\cos\theta)^2+(y-d\sin\theta)^2=x^2+y^2 \\ &\Rightarrow x\cos\theta+y\sin\theta=d \end{aligned}$$

이다. 이것은 x, y에 관한 1차식이므로 직선 l의 방정식이다. 이를 **헤세 표준형**이라고 한다.

헤세 표준형에서 d는 원점에 직선까지 거리이므로 항상 양수이고, x, y의 계수벡터 $(\cos\theta,\ \sin\theta)$는 단위벡터이므로 직선 $ax+by+c=0$의 헤세 표준형을 구하는 과정은 다음과 같다.

(1) 상수항을 우변으로 옮긴다.

$$ax+by=-c$$

(2) x, y의 계수벡터 $(a,\ b)$의 길이 $\sqrt{a^2+b^2}$으로 양변을 나눈다.

$$\frac{a}{\sqrt{a^2+b^2}}x+\frac{b}{\sqrt{a^2+b^2}}y=-\frac{c}{\sqrt{a^2+b^2}}$$

(3) 필요하면 -1을 양변에 곱하여 우변을 양수로 만든다.

$$c<0 \Rightarrow -\frac{c}{\sqrt{a^2+b^2}}>0$$

$$\Rightarrow \text{ 표준형은 } \frac{a}{\sqrt{a^2+b^2}}x+\frac{b}{\sqrt{a^2+b^2}}y=-\frac{c}{\sqrt{a^2+b^2}}$$

$$c>0 \Rightarrow -\frac{c}{\sqrt{a^2+b^2}}<0$$

$$\Rightarrow \text{ 표준형은 } -\frac{a}{\sqrt{a^2+b^2}}x-\frac{b}{\sqrt{a^2+b^2}}y=\frac{c}{\sqrt{a^2+b^2}}$$

$ax+by+c=0$의 표준형에서 상수항은 $\pm\frac{c}{\sqrt{a^2+b^2}}$이므로 원점 O에서 직선 $ax+by+c=0$까지 거리는 $\frac{|c|}{\sqrt{a^2+b^2}}$이다. 이 공식은 l이 원점을 지나는 경우에도 적용된다.

예 1.3

다음 직선을 헤세 표준형으로 바꾸고 원점에서 직선까지 거리를 구하라.

(1) $y=-3$ (2) $2x-3y+4=0$

풀이 (1) $y=-3$의 x, y의 계수벡터 $(0,\ 1)$은 단위벡터이다. 그러므로 표준형은 $-y=3$이고 원점에서 직선까지 거리는 3이다.

(2) $-2x+3y=4$에서 x, y의 계수벡터 $(-2,\ 3)$의 길이 $\sqrt{13}$으로 양변을 나누면 표준형은

$$-\frac{2}{\sqrt{13}}x+\frac{3}{\sqrt{13}}y=\frac{4}{\sqrt{13}}$$

이고, 원점에서 직선까지 거리는 $\dfrac{4}{\sqrt{13}}$ 이다.

직선의 매개방정식

방향비가 $u:v$이고 점 $(x_1,\ y_1)$를 지나는 직선의 방정식에서

$$\frac{x-x_1}{u}=\frac{y-y_1}{v}=t$$

라고 두면,

$$\begin{cases} x=x_1+ut \\ y=y_1+vt \end{cases}$$

를 얻는다. 이것을 직선의 **매개방정식**이라고 한다.

특히 벡터 $u,\ v$가 방향 코사인 $\lambda,\ \mu$이면 매개방정식에서 t는 점 $P_1(x_1,\ y_1)$에서 $P(x,\ y)$까지 $(\lambda,\ \mu)$방향에 대한 유향거리를 나타낸다.

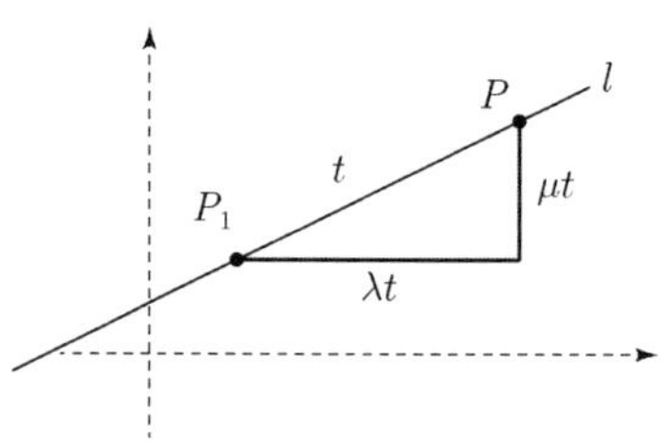

그림 1.5 유향거리

예 1.4

다음 매개방정식의 직교방정식을 구하라.

(1) $x=3t,\ y=2t$ (2) $x=4-3t,\ y=1+t$

풀이 (1) 방향비가 $3:2$, 통과점이 $(0,\ 0)$이므로 방정식은

$$\frac{x-0}{3}=\frac{y-0}{2}\Rightarrow 2x=3y\Rightarrow 2x-3y=0$$

이다.

(2) 방향비가 $-3:1$, 통과점이 $(4,\ 1)$이므로 방정식은

$$\frac{x-4}{-3} = \frac{y-1}{1} \Rightarrow x-4 = -3(y-1) \Rightarrow x+3y-7=0$$

이다.

예 1.5

다음 직교방정식의 매개방정식을 구하라.

(1) $x-2y+3=0$ (2) $x+y=0$

풀이 (1) $(-1,\ 1)$을 지나고 방향비가 $2:1$이므로 매개방정식은

$$x = -1+2t,\ y=1+t$$

이다.

(2) 원점을 지나고 방향비가 $1:-1$이므로 매개방정식은

$$x=t,\ y=-t$$

이다.

직선의 극방정식

원점을 지나지 않는 직선 l에 대해서 원점 O에서 l에 내린 수선이 만나는 점을 N, $|ON|=d$, x축의 양의 방향과 $\overrightarrow{ON}$이 만드는 각을 θ_0라고 하자. l상

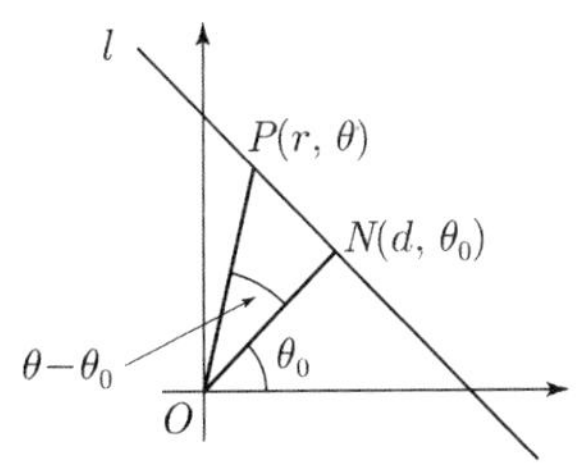

그림 1.6 직선의 극방정식

의 한 점 P의 극좌표를 $(r,\ \theta)$라고 하면

$$r\cos(\theta-\theta_0)=d$$

이다. 이를 l의 **극방정식**이라고 한다.

원점을 지나는 직선은 $\theta = \theta_0$의 모양이 된다.

예 1.6

다음 직선의 극방정식을 구하라.

(1) x축에 평행이고 $\left(3, \dfrac{\pi}{3}\right)$를 지나는 직선

(2) $\left(-2, \dfrac{\pi}{2}\right)$를 지나고 극축과 이루는 각이 $\dfrac{\pi}{3}$인 직선

풀이 (1) x축에 평행이므로 $\theta_0 = \dfrac{\pi}{2}$이고, $d = r\cos\left(\theta - \dfrac{\pi}{2}\right)$에서

$$d = 3\cos\left(\frac{\pi}{3} - \frac{\pi}{2}\right) = \frac{3\sqrt{3}}{2}$$

$$\Rightarrow r\cos\left(\theta - \frac{\pi}{2}\right) = \frac{3\sqrt{3}}{2}$$

이다.

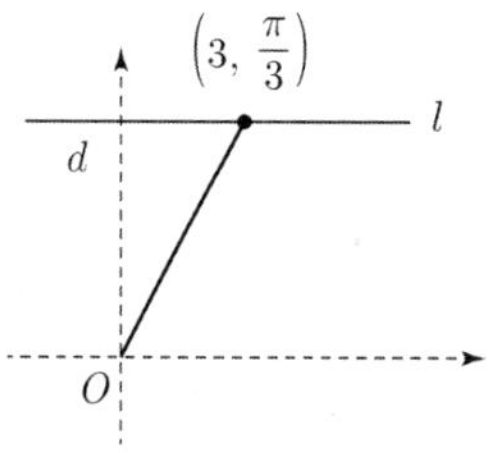

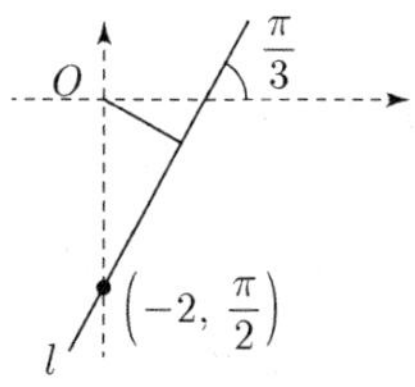

(2) 그림에서 $\theta_0 = -\dfrac{\pi}{6}$이다. $d = r\cos\left(\theta + \dfrac{\pi}{6}\right)$에서

$$d = -2\cos\left(\frac{\pi}{2} + \frac{\pi}{6}\right) = 1$$

이므로, $r\cos\left(\theta + \dfrac{\pi}{6}\right) = 1$이다.

직교좌표계에서 직선의 방정식 $ax + by + c = 0$에서 $x = r\cos\theta$, $y = r\sin\theta$를 대입하면 극방정식

$$r = -\frac{c}{a\cos\theta + b\sin\theta}$$

를 얻을 수 있다.

예 1.7

다음 극방정식의 직교방정식을 구하라.

(1) $r\cos\left(\theta - \frac{\pi}{4}\right) = 2$ (2) $r = \frac{1}{\cos\theta + 3\sin\theta}$

풀이 (1) 코사인 덧셈정리를 이용하면

$$r\cos(\theta - \frac{\pi}{4}) = r\cos\theta\cos\frac{\pi}{4} + r\sin\theta\sin\frac{\pi}{4}$$
$$= \frac{1}{\sqrt{2}}x + \frac{1}{\sqrt{2}}y$$
$$\Rightarrow \frac{1}{\sqrt{2}}x + \frac{1}{\sqrt{2}}y = 2$$

(2) 준식 $\Rightarrow r\cos\theta + 3r\sin\theta = 1 \Rightarrow x + 3y = 1$

예 1.8

다음 직교방정식의 극방정식을 구하라.

(1) $2x + y = 3$ (2) $\sqrt{3}x - y = 0$

풀이 (1) $2x + y = 3 \Rightarrow 2r\cos\theta + r\sin\theta = 3 \Rightarrow r = \frac{3}{2\cos\theta + \sin\theta}$

(2) $\sqrt{3}x - y = 0 \Rightarrow \sqrt{3}r\cos\theta - r\sin\theta = 0$

$\Rightarrow \tan\theta = \sqrt{3} \Rightarrow \theta = \frac{\pi}{3}$

극방정식 $r = f(\theta)$의 그래프

$$\{(r,\ \theta) \mid r = f(\theta)\}$$

는 다루기가 불편한 경우가 많지만 직교좌표 방정식으로 표현하기 어려운 도형을 그릴 때 유용하게 쓰인다.

먼저 $r=4\cos\theta$의 그래프를 그려보자. 특정한 θ값에 대한 r의 값을 조사해 보면 다음과 같다.

θ	0	$\frac{\pi}{6}$	$\frac{\pi}{4}$	$\frac{\pi}{3}$	$\frac{5\pi}{12}$	$\frac{\pi}{2}$	$\frac{2\pi}{3}$	$\frac{3\pi}{4}$	$\frac{5\pi}{6}$	π
r	4	3.5	2.8	2	0	0	−2	−2.8	−3.5	−4

이들 점을 바탕으로 그래프를 그리면 다음을 얻는다.

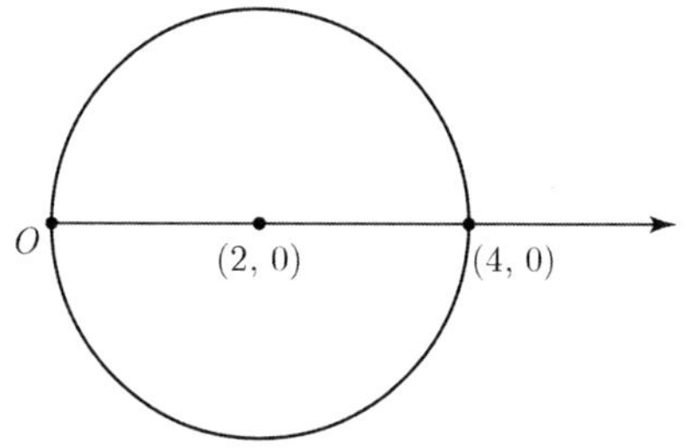

$r=4\cos\theta$

이것은 원이다. 실제로 직교좌표로 바꾸면 $(x-2)^2+y^2=4$이다.

극방정식의 그래프를 그릴 때 다음과 같은 사항을 조사하면 이 과정을 많이 줄일 수 있다.

(i) θ의 변화에 따른 r의 변화를 알아본다.

극방정식은 주기함수인 삼각함수를 많이 사용하므로 방정식이 주기함수인 경우가 많다. 이 경우 θ의 변화 범위를 주기 내에서 조사하면 충분하다. 그리고 함수의 증가, 감소 등을 알아본다. 예를 들면 극방정식

$$r=3(1+\sin\theta)$$

는 1, 2사분면에서 증가하고 3, 4사분면에서 감소한다. 그리고 주기가 2π이므로 θ는 0에서 2π까지만 조사하면 된다.

(ii) 대칭성을 알아본다.

삼각함수의 부호는 주기적으로 변하므로 극좌표가 대칭인 경우가 많다. 극방정식 $r=$

$f(\theta)$의 대칭성은 다음 표로부터 조사할 수 있다.

원점에 대해서 대칭	$-r=f(\theta)$, 또는 $r=f(\pi+\theta)$
x에 대해서 대칭	$r=f(-\theta)$, 또는 $-r=f(\pi-\theta)$
y축에 대해서 대칭	$-r=f(-\theta)$, 또는 $r=f(\pi-\theta)$

(iii) 정의역, 치역을 조사한다.

극방정식에서 r, θ의 값이 제한되는 경우가 있다. 예를 들면,

$$r^2 = a^2\sin\theta, \quad r^2 = a^2\cos\theta \quad (a \geq 0)$$

는 $-a \leq r \leq a$이고 θ는 특정 사분면의 값을 취할 수 없다.

(iv) 절편을 조사한다.

(v) 특별한 함수의 극방정식을 이용한다.

예를 들면, 극방정식

$$r = a\sin n\theta, \ r = a\cos n\theta \quad (n > 1)$$

는 n이 홀수이면 n**엽 장미**(n-leaved rose), n이 짝수이면 $2n$**엽 장미**라고 부르는 도형이다. 예를 들어 4엽 장미 $r=\sin 2\theta$의 그래프를 그려보자. 이것은 주기함수이고 원점과 x축에 대칭이라는 것을 쉽게 알 수 있다. 따라서 θ의 0에서 $\frac{\pi}{2}$까지 변화만 알아보면 된다. θ가 0에서 $\frac{\pi}{4}$까지 변할 때 r은 0에서 1까지 변하고 θ가 $\frac{\pi}{4}$에서 $\frac{\pi}{2}$까지 변할 때 r은 1에서 0까지 변한다. 이를 바탕으로 그래프를 그리면 다음과 같다.

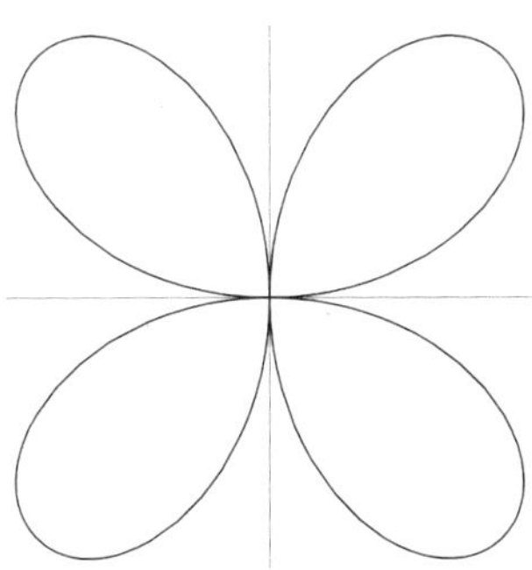

$r=\sin 2\theta$(**4엽 장미**)

$r=\cos 3\theta$(**3엽 장미**)

같은 방법으로 3엽 장미 $r=\cos 3\theta$의 그래프를 그리면 위와 같다.

극방정식

$$r^2 = a^2\sin2\theta,\quad r^2 = a^2\cos2\theta$$

의 그래프는 **연주형**(lemniscate)이라고 부르는데, 예를 들어 $r^2 = 9\cos2\theta$의 그래프를 그려보자. 방정식에서 $-3 \le r \le 3$이고, θ는 1, 3사분면의 값만 취함을 알 수 있다. 또한 주기함수이고, 원점과 x축에 대칭이다. 그래프를 그리면 다음과 같다.

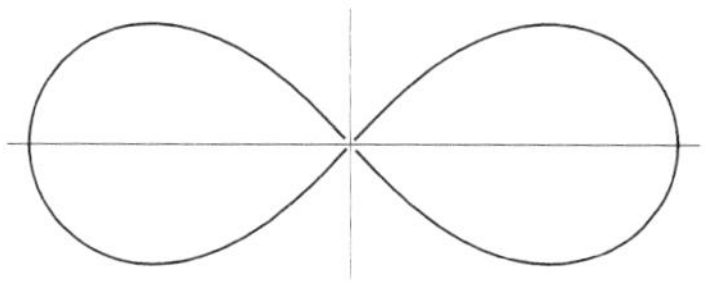

$r^2 = 9\cos2\theta$(lemniscate)

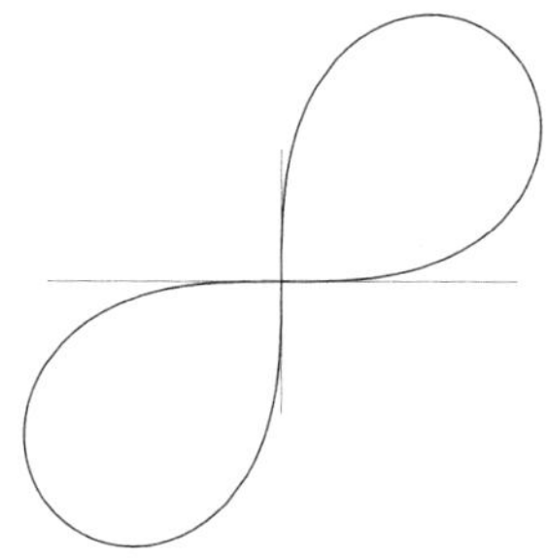

$r^2 = 9\sin2\theta$(lemniscate)

같은 방법으로 $r^2 = 9\sin2\theta$의 그래프를 그리면 위와 같다.

이 밖에 다음과 같은 극방정식의 그래프가 있다.

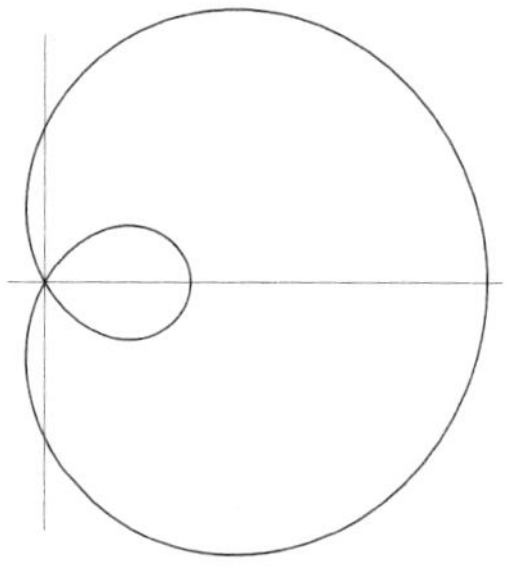

$r = 2 + 4\cos\theta$(limacon)

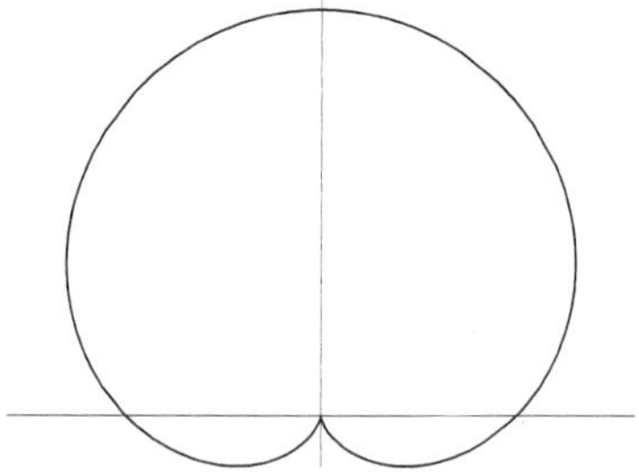

$r = 2 + 2\sin\theta$(cardioid)

직선의 벡터방정식

(1) a를 지나고 $b(b \neq (0,\ 0))$에 평행인 직선의 벡터방정식

직선 위의 점 $\mathbf{x}$를 잡으면 $\mathbf{x} - a$는 b와 평행이므로, 적당한 실수 t에 대하여 $\mathbf{x} - a = tb$이다. 그러므로 직선의 벡터방정식은 $\mathbf{x} = a + tb$이다.

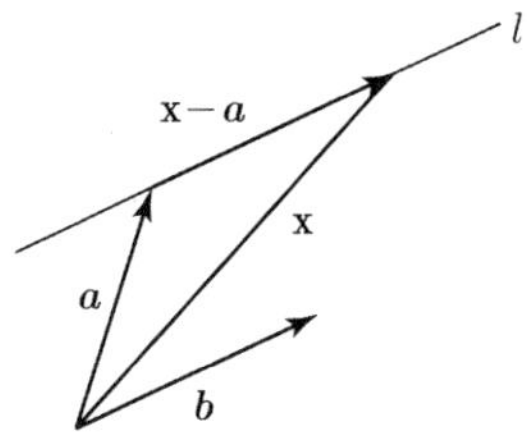

예 1.9

(2, −1)에 평행이고 (3, 1)을 지나는 직선의 벡터방정식은

$$\mathbf{x} = (3,\ 1) + t(2,\ -1) = (3+2t,\ 1-t)$$

이다.

---

(2) a, $b(a \neq b)$를 지나는 직선의 벡터방정식

$a \neq b$이므로 $b-a \neq (0,\ 0)$이다. 직선은 $b-a$에 평행이고 a를 지나므로 방정식은

$$\mathbf{x} = a + t(b-a) = (1-t)a + tb$$

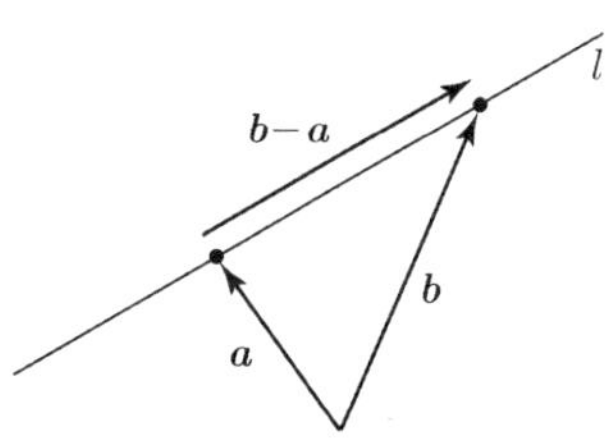

이다.

벡터 $\dfrac{mb+na}{m+n}$는 $b-a$를 $m:n$으로 나누는 벡터이므로, $(1-t)a+tb$는 $b-a$를 $t:1-t$로 나누는 벡터이다.

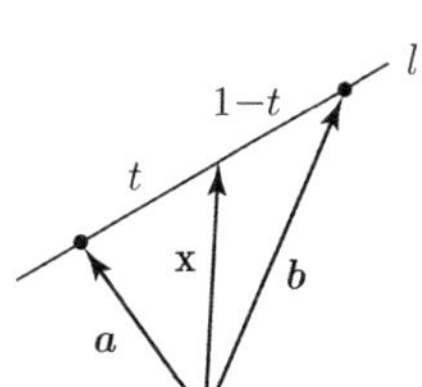

그러므로 t값에 따른 벡터 $\mathbf{x} = (1-t)a + tb$의 직선에서 위치는

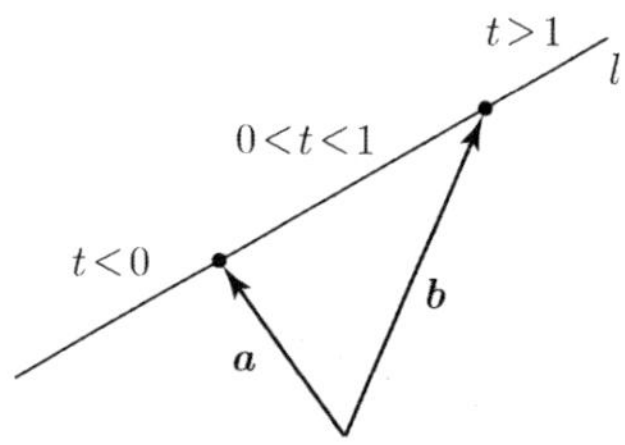

(i) $t < 0 \Rightarrow 1-t > 0$ $\Rightarrow$ $\mathbf{x}$는 $\boldsymbol{b}-\boldsymbol{a}$를 $-t:1-t$로 나누는 외분점

$\Rightarrow$ $\mathbf{x}$는 $\boldsymbol{a}$까지의 점

(ii) $t=0 \Rightarrow \mathbf{x} = \boldsymbol{a}$

(iii) $0 < t < 1 \Rightarrow t,\ 1-t > 0$ $\Rightarrow$ $\mathbf{x}$는 $\boldsymbol{b}-\boldsymbol{a}$를 $t:1-t$로 나누는 내분점

$\Rightarrow$ $\mathbf{x}$는 $\boldsymbol{a}$, $\boldsymbol{b}$ 사이의 점

(iv) $t=1 \Rightarrow \mathbf{x} = \boldsymbol{b}$

(v) $t > 1 \Rightarrow 1-t < 0$ $\Rightarrow$ $\mathbf{x}$는 $\boldsymbol{b}-\boldsymbol{a}$를 $t:-(1-t)$로 나누는 외분점

$\Rightarrow$ $\mathbf{x}$는 $\boldsymbol{b}$ 다음의 점

이다.

그리고 $\boldsymbol{a}$, $\boldsymbol{b}$를 잇는 선분을 집합으로 표시하면

$$\{(1-t)\boldsymbol{a}+t\boldsymbol{b} \mid 0 \le t \le 1\}$$

이다.

(3) $\boldsymbol{a}$를 지나고 $\boldsymbol{b}(\boldsymbol{b} \neq (0,\ 0))$에 수직인 직선의 벡터방정식

직선 위의 점 $\mathbf{x}$를 잡으면 $\mathbf{x}-\boldsymbol{a}$는 $\boldsymbol{b}$와 수직이므로,

$$(\mathbf{x}-\boldsymbol{a}) \cdot \boldsymbol{b} = 0$$

이다.

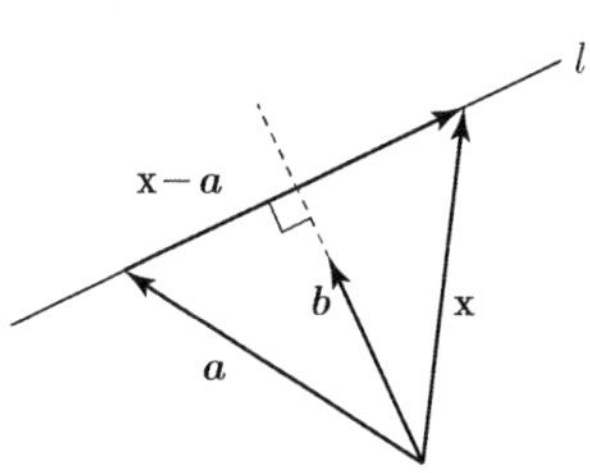

예 1.10

$\boldsymbol{a}=(2,\ -1)$, $\boldsymbol{b}=(3,\ 1)$에 대해서

(1) $\boldsymbol{a}$, $\boldsymbol{b}$를 지나는 직선의 방정식은

$$\begin{aligned}\mathbf{x} &= (1-t)\boldsymbol{a}+t\boldsymbol{b}=(1-t)(2,\ -1)+t(3,\ 1)\\ &=(2-2t,\ -1+t)+(3t,\ t)=(2+t,\ -1+2t)\end{aligned}$$

이다.

(2) $\boldsymbol{a}$를 지나고 $\boldsymbol{b}$에 수직인 직선은 $\mathbf{x}=(x,\ y)$라고 두면

$$(\mathbf{x}-\boldsymbol{a})\cdot\boldsymbol{b}=(x-2,\ y+1)\cdot(3,\ 1)=0 \Rightarrow 3x+y-5=0$$

(3) $3m+4n=12$일 때, 방정식 $m\boldsymbol{a}+n\boldsymbol{b}$의 자취를 구해보면

$$3m+4n=12 \Rightarrow \frac{m}{4}+\frac{n}{3}=1,$$

$$m\boldsymbol{a}+n\boldsymbol{b}=\frac{m}{4}(4\boldsymbol{a})+\frac{n}{3}(3\boldsymbol{b})$$

이고, $m\boldsymbol{a}+n\boldsymbol{b}$는 $4\boldsymbol{a}=(8,\ -4)$, $3\boldsymbol{b}=(9,\ 3)$를 지나는 직선 위에 있으므로

$$\begin{aligned}\mathbf{x} &= (1-t)(8,\ -4)+t(9,\ 3)\\ &=(8-8t,\ -4+4t)+(9t,\ 3t)\\ &=(8+t,\ -4+7t)\end{aligned}$$

연습문제 2.1

1. $P(1,\ -2)$를 지나고 다음 조건을 만족하는 직선의 방정식을 구하라.

(1) $Q(-1,\ 3)$을 지나는 직선
(2) 방향비가 $2:-1$인 직선
(3) 방향 코사인이 $1,\ 0$인 직선
(4) 기울기가 2인 직선
(5) y절편이 -2인 직선
(6) $\overrightarrow{OP}$에 수직인 직선

2. 다음 직선의 방향, 기울기, x절편, y절편을 구하라.

(1) $2x-3y+1=0$
(2) $(1,\ 4),\ (-2,\ 1)$을 지나는 직선
(3) $x=1$
(4) $y=0$

3. 다음 방정식을 헤세 표준형으로 바꾸고 원점에서 거리를 구하라.

(1) $x-\sqrt{3}y+2=0$
(2) $-4x+3y-10=0$
(3) $2x=-3$
(4) $y+1=0$

4. 원점과 두 점 $P_1(1,\ -3),\ P_2(-2,\ 1)$이 만드는 삼각형의 면적을 구하라.

5. 다음 직선의 직교방정식을 구하라.

(1) $x=1+3t,\ y=-2-t$
(2) $x=2-3t,\ y=-t$

6. 다음 직선의 매개방정식을 구하라.

(1) $x-\sqrt{3}y+2=0$
(2) $-4x+3y-5=0$

7. 다음에서 직선의 직교방정식을 구하라.

(1) $r=\dfrac{4}{\sin\theta-2\cos\theta}$
(2) $r=\dfrac{2}{5\sin\theta}$

8. 다음 직선의 극방정식을 구하라.

(1) $x-\sqrt{3}y+2=0$
(2) $-4x+3y-5=0$

9. 벡터 $\boldsymbol{a}=(1,\ -3)$, $\boldsymbol{b}=(-1,\ 4)$에 대해서 다음 도형의 방정식을 구하라.

(1) $\boldsymbol{a}$, $\boldsymbol{b}$를 지나는 직선

(2) $\boldsymbol{a}$를 지나고 $\boldsymbol{b}$에 평행인 직선

(3) $\boldsymbol{a}$를 지나고 $\boldsymbol{b}$에 수직인 직선

(4) $3m-2n=6$일 때, $m\boldsymbol{a}+n\boldsymbol{b}$의 자취

2.2 두 직선의 관계

직선 $ax+by+c=0$의 방향비는 $-b:a$이므로 위치벡터 $(-b,\ a)$는 이 직선의 방향을 나타내고

$$(a,\ b)\cdot(-b,\ a) = -ab+ab=0$$

이므로 x, y의 계수벡터 $(a,\ b)$는 직선의 수직 방향을 나타낸다.

$\lambda \neq 0$이면

$$\lambda(ax+by+c)=0$$

는 $ax+by+c=0$와 동치인 방정식이므로 같은 직선을 나타낸다. 즉, 계수의 비가 같은 방정식의 그래프는 같다. 평면 위의 서로 다른 두 직선은 한 점에서 만나거나 아니면 만나지 않는다. 만나지 않는 두 직선을 서로 **평행**이라고 한다.

두 직선

$$l_1 : a_1x+b_1y+c_1=0,\ l_2 : a_2x+b_2y+c_2=0$$

에 대해서 다음의 관계가 성립한다.

(1) $l_1 = l_2 \Leftrightarrow$ 계수의 비가 같다. $\Leftrightarrow \dfrac{a_1}{a_2}=\dfrac{b_1}{b_2}=\dfrac{c_1}{c_2}$

(2) $l_1 /\!/ \, l_2 \Leftrightarrow l_1 \neq l_2$, 같은 방향비 $\Leftrightarrow \dfrac{a_1}{a_2}=\dfrac{b_1}{b_2}\neq\dfrac{c_1}{c_2}$

(3) $l_1 \cap l_2$는 한 점 $\Leftrightarrow$ 다른 방향비 $\Leftrightarrow \dfrac{a_1}{a_2}\neq\dfrac{b_1}{b_2}$

예 2.1

다음 두 직선의 관계를 a, b의 값에 따라 분류하라.

$$l_1 : ax+4y-3=0,\ l_2 : x+ay+b=0$$

풀이 두 직선의 방향비가 같을 조건은

$$\frac{a}{1}=\frac{4}{a} \Rightarrow a^2=4 \Rightarrow a=\pm 2$$

(1) $l_1 = l_2 \Leftrightarrow \dfrac{a}{1} = \dfrac{4}{a} = \dfrac{-3}{b} \Leftrightarrow a = 2,\ b = -\dfrac{3}{2}$ 또는 $a = -2,\ b = \dfrac{3}{2}$

(2) $l_1 /\!/ l_2 \Leftrightarrow \dfrac{a}{1} = \dfrac{4}{a} \neq \dfrac{-3}{b} \Leftrightarrow a = 2,\ b \neq -\dfrac{3}{2}$ 또는 $a = -2,\ b \neq \dfrac{3}{2}$

(3) $l_1 \cap l_2$는 한 점 $\Leftrightarrow$ $a \neq \pm 2$

예 2.2

직선 $l : 2x + y - 3 = 0$과 $P_0(3,\ -2)$에 대해서 다음을 계산하라.

(1) P_0을 지나고 l에 평행인 직선　　　　(2) P_0을 지나고 l에 수직인 직선

풀이 (1) l과 평행이므로 구하는 직선의 방정식을

$$2x + y + c = 0$$

이라 두고, $(3,\ -2)$를 대입하면

$$6 - 2 + c = 0 \Rightarrow c = -4$$

이다. 그러므로 구하는 직선은

$$2x + y - 4 = 0$$

이다.

(2) l의 수직 방향은 $(2,\ 1)$이므로 구하는 직선의 방정식을

$$-x + 2y + c = 0$$

이라 두고, $(3,\ -2)$를 대입하면

$$-3 - 4 + c = 0 \Rightarrow c = 7$$

이다. 그러므로 구하는 직선은

$$-x + 2y + 7 = 0$$

이다.

교점과 교각

한 점에서 만나는 두 직선

$$l_1 : a_1x + b_1y + c_1 = 0,\ \ l_2 : a_2x + b_2y + c_2 = 0$$

의 교점은 두 방정식을 만족하므로, 교점의 좌표는 연립방정식의 해이다.

한편 두 직선의 교각은 두 직선의 방향벡터$(-b_1,\ a_1)$, $(-b_2,\ a_2)$가 만드는 각을 의미한다. 그 교각을 θ라고 하면

$$\begin{aligned} a_1a_2 + b_1b_2 &= (-b_1,\ a_1)\cdot(-b_2,\ a_2) \\ &= \sqrt{a_1^2+b_1^2}\sqrt{a_2^2+b_2^2}\cos\theta \end{aligned}$$

$$\Rightarrow \cos\theta = \frac{a_1a_2+b_1b_2}{\sqrt{a_1^2+b_1^2}\sqrt{a_2^2+b_2^2}}$$

이다. 그러므로

$$l_1 \perp l_2 \Leftrightarrow \theta = \frac{\pi}{2} \Leftrightarrow \cos\theta = 0 \Leftrightarrow a_1a_2 + b_1b_2 = 0$$

이다.

예 2.3

두 직선 $y = m_1x + b_1$, $y = m_2x + b_2$의 교각이 θ일 때, $\tan\theta$를 계산하고 직교할 조건을 구하라.

풀이 방정식을 고쳐 쓰면 $m_1x - y + b_1 = 0$, $m_2x - y + b_2 = 0$이므로, 직교할 조건은 $(m_1,\ -1)\cdot(m_2,\ -1) = 1 + m_1m_2 = 0$이다.

$$\sin^2\theta = 1 - \cos^2\theta = 1 - \frac{(1+m_1m_2)^2}{(1+m_1^2)(1+m_2^2)}$$

$$\Rightarrow \sin\theta = \pm\frac{m_1-m_2}{\sqrt{1+m_1^2}\sqrt{1+m_2^2}}$$

$$\Rightarrow \tan\theta = \frac{\sin\theta}{\cos\theta} = \pm\frac{m_1-m_2}{1+m_1m_2}$$

이다. 부호는 θ의 값에 따라 적절히 취하면 된다.

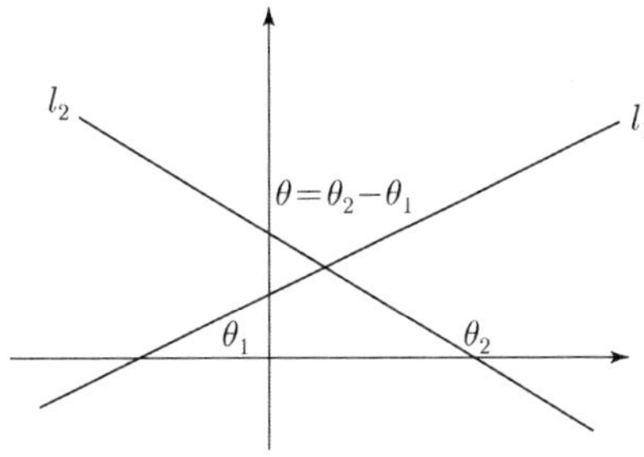

위의 그림에서 l_1, l_2의 경사각을 θ_1, θ_2라고 하면

$$\theta = \theta_2 - \theta_1,\ m_1 = \tan\theta_1,\ m_2 = \tan\theta_2$$

$$\Rightarrow \tan(\theta_2 - \theta_1) = \frac{m_2 - m_1}{1 + m_1 m_2} = \frac{\tan\theta_2 - \tan\theta_1}{1 + \tan\theta_1 \tan\theta_2}$$

와 같이 탄젠트 덧셈정리가 유도된다.

예 2.4

두 직선 $\sqrt{3}x + y - 2 = 0$, $x - y + 1 = 0$의 교점과 교각을 구하라.

풀이 연립방정식의 해를 계산하면 교점의 좌표는 $\left(\frac{\sqrt{3}-1}{2},\ \frac{\sqrt{3}+1}{2}\right)$이다. 교각을 θ라고 하면

$$\cos\theta = \frac{\sqrt{3} + (-1)}{\sqrt{3+1}\sqrt{1+1}} = \frac{\sqrt{3}-1}{2\sqrt{2}}$$

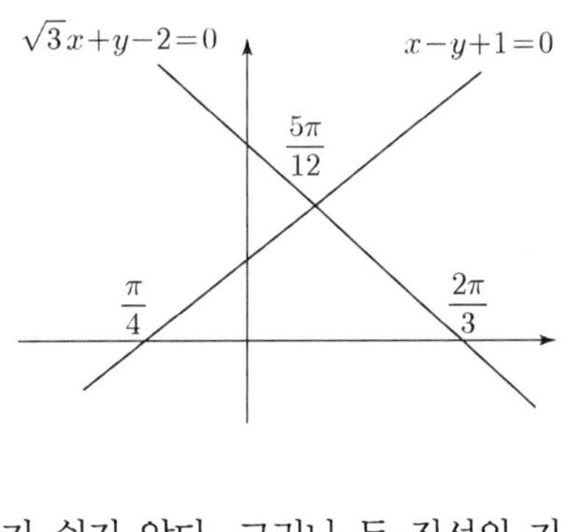

이지만 여기서 θ를 구하기 쉽지 않다. 그러나 두 직선의 기울기가 각각 $-\sqrt{3}$, 1이라는 사실에서 직접 경사각을 계산하면 x축과 만드는 각은 각각 $\frac{2\pi}{3}$, $\frac{\pi}{4}$이므로, 구

하는 각은 $\frac{2\pi}{3}-\frac{\pi}{4}=\frac{5\pi}{12}$이다.

두 직선의 교점을 지나는 직선군

두 직선

$$l_1 : a_1x+b_1y+c_1=0,\ l_2 : a_2x+b_2y+c_2=0$$

의 교점을 $P_0(x_0,\ y_0)$이라 하면

$$a_1x_0+b_1y_0+c_1=0,\ a_2x_0+b_2y_0+c_2=0$$

이다. 그러므로 $(t_1,\ t_2)\neq(0,\ 0)$에 대해서 직선

$$t_1(a_1x+b_1y+c_1)+t_2(a_2x+b_2y+c_2)=0 \qquad \cdots\ (*)$$

는 점 P_0을 지난다. 그러므로 (*)는 점 P_0을 지나는 직선군을 나타낸다.

역으로 $l: ax+by+c=0$이 P_0을 지나는 직선이라 하면, l_1, l_2가 한 점에서 만나므로 $(a_1,\ b_1)$, $(a_2,\ b_2)$는 평행이 아니다. 따라서 평면의 기저가 되므로

$$(a,\ b)=\lambda_1(a_1,\ b_1)+\lambda_2(a_2,\ b_2)$$

가 되는 λ_1, λ_2가 존재한다. 이때 직선

$$\lambda_1(a_1x+b_1y+c_1)+\lambda_2(a_2x+b_2y+c_2)=0$$

은 P_0을 지나고 l과 방향이 같으므로 직선 l이다. 그러므로 P_0을 지나는 직선은 (*)의 방정식으로 표시된다.

한편 (*)는 양변을 t_1, 또는 t_2로 나누면

$$(a_1x+b_1y+c_1)+t(a_2x+b_2y+c_2)=0,\ \text{또는}$$
$$t(a_1x+b_1y+c_1)+(a_2x+b_2y+c_2)=0$$

로 표시할 수 있고 이렇게 하면 변수가 1개이므로 계산이 간단해진다.

예 2.5

두 직선 $3x+y-2=0$, $2x+y+1=0$에 대해서

(1) 두 직선의 교점과 $(1,\ -2)$를 지나는 직선을 구하라.

(2) 두 직선의 교점을 지나고 $2x+3y-2=0$에 평행인 직선을 구하라.

풀이 (1) 교점을 지나는 직선의 방정식

$$(3x+y-2)+t(2x+y+1)=0$$

에 $(1,\ -2)$를 대입하면

$$3-2-2+t(2-2+1)=0 \Rightarrow t=1$$

이므로 구하는 방정식은

$$\begin{aligned}&(3x+y-2)+1(2x+y+1)=0\\ \Rightarrow\ &5x+2y-1=0\end{aligned}$$

이다.

(2) 교점을 지나는 방정식을 정리하면

$$\begin{aligned}&(3x+y-2)+t(2x+y+1)=0\\ \Rightarrow\ &(3+2t)x+(1+t)y-2+t=0\end{aligned}$$

이고, 이 직선은 $2x+3y-2=0$와 평행이므로

$$\frac{3+2t}{2}=\frac{1+t}{3} \Rightarrow t=-\frac{7}{4}$$

이다. 그러므로 구하는 방정식은

$$\begin{aligned}&(3x+y-2)+\left(-\frac{7}{4}\right)(2x+y+1)=0\\ \Rightarrow\ &4(3x+y-2)-7(2x+y+1)=0\\ \Rightarrow\ &2x+3y+15=0\end{aligned}$$

이다.

예 2.6

다음의 각 직선은 모든 a에 대해서 같은 점을 지남을 보이고 그 점을 구하라.

(1) $y = ax + 3a + 2$

(2) $(a+2)x + (2a+3)y + 3a + 4 = 0$

풀이 (1)
$$y = ax + 3a + 2 \Rightarrow a(x+3) - y + 2 = 0$$

이므로 이 직선은 a값에 관계없이 두 직선

$$x + 3 = 0,\ -y + 2 = 0$$

의 교점 $(-3,\ 2)$를 지난다.

(2)
$$\begin{aligned} &(a+2)x + (2a+3)y + 3a + 4 = 0 \\ &\Rightarrow a(x + 2y + 3) + (2x + 3y + 4) = 0 \end{aligned}$$

이므로 이 직선은 a값에 관계없이 두 직선

$$x + 2y + 3 = 0,\ 2x + 3y + 4 = 0$$

의 교점 $(1,\ -2)$를 지난다.

서로 다른 세 직선

$$a_1x + b_1y + c_1 = 0,\ a_2x + b_2y + c_2 = 0,\ a_3x + b_3y + c_3 = 0$$

이 한 점에서 만날 조건은 한 직선이 나머지 두 직선의 교점을 지나야 하므로 적당한 t_1, t_2에 대해서

$$a_3x + b_3y + c_3 = t_1(a_1x + b_1y + c_1) + t_2(a_2x + b_2y + c_2)$$

이므로

$$(a_3,\ b_3,\ c_3) = t_1(a_1,\ b_1,\ c_1) + t_2(a_2,\ b_2,\ c_2) \Rightarrow \begin{vmatrix} a_1 & b_1 & c_1 \\ a_2 & b_2 & c_2 \\ a_3 & b_3 & c_3 \end{vmatrix} = 0$$

이다.

예 2.7

세 직선

$$x-2y+3=0,\ 3x+y-5=0,\ x+ay-a=0$$

이 한 점에서 만날 때, a를 구하라.

풀이 $\begin{vmatrix} 1 & -2 & 3 \\ 3 & 1 & -5 \\ 1 & a & -a \end{vmatrix}=0 \Rightarrow 7a+7=0 \Rightarrow a=-1$

점과 직선 사이의 거리

점 $P_0(x_0,\ y_0)$에서 직선 $l : ax+by+c=0$까지 거리는 헤세 표준형을 이용하여 다음과 같이 구할 수 있다. 점 P_0이 원점이 되는 평행이동한 P_0XY 좌표계에서 직선 l의 방정식은

$$a(X+x_0)+b(Y+y_0)+c=0$$
$$\Rightarrow aX+bY+(ax_0+by_0+c)=0$$

이다. 새 좌표계에서 P_0은 원점이므로 원점에서 직선까지 거리 공식에 의해서 구하는 거리 d는

$$d=\frac{|ax_0+by_0+c|}{\sqrt{a^2+b^2}}$$

이다.

평행인 두 직선 l_1, l_2 사이의 거리 d는 우선 두 직선의 방정식에서 x, y의 계수를 일치시키면

$$l_1 : ax+by+c_1=0,\ l_2 : ax+by+c_2=0$$

으로 쓸 수 있다. l_1위의 점 $(x_1,\ y_1)$을 잡으면

$$ax_1+by_1+c_1=0 \Rightarrow ax_1+by_1=-c_1$$

이고 두 직선 사이의 거리는 $(x_1,\ y_1)$에서 l_2까지 거리이므로

$$d = \frac{|ax_1 + by_1 + c_2|}{\sqrt{a^2 + b^2}} = \frac{|c_2 - c_1|}{\sqrt{a^2 + b^2}}$$

이다.

예 2.8

주어진 도형 사이의 거리를 구하라.

(1) $(3,\ -4),\ 3x + y - 2 = 0$ (2) $2x + y + 1 = 0,\ -4x - 2y + 3 = 0$

풀이 (1) $\frac{|9 - 4 - 2|}{\sqrt{9+1}} = \frac{3}{\sqrt{10}}$

(2) 평행인 직선이므로 방정식을 x, y의 계수를 일치시키면

$$2x + y + 1 = 0,\ 2x + y - \frac{3}{2} = 0$$

이므로 구하는 거리는

$$\frac{\left|1 + \frac{3}{2}\right|}{\sqrt{4+1}} = \frac{5}{2\sqrt{5}} = \frac{\sqrt{5}}{2}$$

각이등분선

거리공식을 이용하여 두 직선

$$l_1 : a_1x + b_1y + c_1 = 0,\ l_2 : a_2x + b_2y + c_2 = 0$$

의 교점 $P_0(x_0,\ y_0)$에서 교각의 이등분선을 계산하여 보자.

각 이등분선을 l이라 두면 l위의 각 점 $P(x,\ y)$에 대해서

(P에서 l_1까지 거리)=(P에서 l_2까지 거리)

이므로

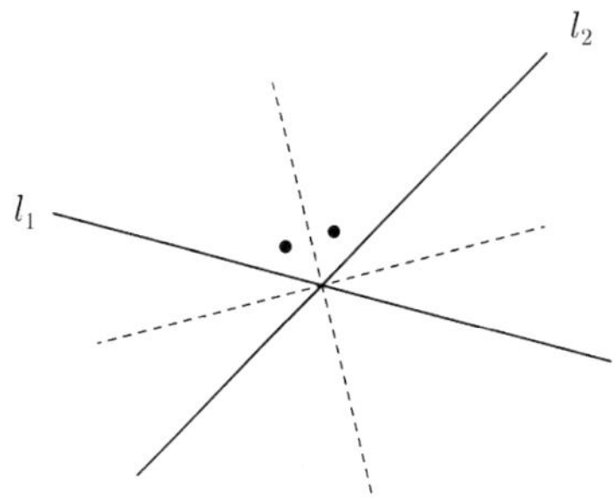

그림 2.1 각 이등분선

$$\frac{|a_1x+b_1y+c_1|}{\sqrt{a_1^2+b_1^2}}=\frac{|a_2x+b_2y+c_2|}{\sqrt{a_2^2+b_2^2}}$$

$$\Rightarrow \frac{a_1x+b_1y+c_1}{\sqrt{a_1^2+b_1^2}}=\pm\frac{a_2x+b_2y+c_2}{\sqrt{a_2^2+b_2^2}}$$

이고, 이는 2개의 각이등분선의 방정식이다.

예 2.9

$3x+4y-2=0$, $12x-5y+1=0$의 교각의 이등분선을 구하라.

풀이

$$\frac{3x+4y-2}{5}=\pm\frac{12x-5y+1}{13}$$

에서

$$13(3x+4y-2)=\pm 5(12x-5y+1)$$
$$\Rightarrow 99x+27y-21=0,\ 21x-77y+31=0$$

연습문제 2.2

1. 직선 $l: 2x-3y+1=0$에 대해서 $(-1,\ 2)$를 지나고

(1) l에 평행인 직선을 구하라.　　(2) l에 수직인 직선을 구하라.

2. 두 직선 $x-\sqrt{3}y-3=0$, $x+\sqrt{3}y+5=0$의 교점과 교각을 구하라.

3. 두 직선 $x-3y+1=0$, $3x-4y+1=0$의 교점을 지나고

(1) $(-1,\ 1)$을 지나는 직선을 구하라.

(2) $x-y+1=0$에 평행인 직선을 구하라.

4. 세 직선

$$x-y+2=0,\ 2x+y-1=0,\ 3x+y+a=0$$

이 한 점에서 만날 때, a를 구하라.

5. 두 직선

$$3x+4y+1=0,\ 4x-3y=0$$

의 각이등분선을 구하라.

6. 점 $(1,\ -3)$에서 다음 직선까지의 거리를 구하라.

(1) $x-3y+4=0$　　(2) $2x-y-1=0$

(3) $x+2y=0$　　(4) $y=-1$

7. 두 직선 $x-3y+4=0$, $2x-6y-6=0$ 사이의 거리를 구하라.

8. 두 점 $(1,\ 3)$, $(-2,\ 2)$까지 거리가 같은 점들의 자취를 구하라.

2.3 직선과 삼각형

삼각형의 면적

서로 다른 세 점은 삼각형 또는 직선을 결정한다. 주어진 세 점 $P_1(x_1, y_1)$, $P_2(x_2, y_2)$, $P_3(x_3, y_3)$이 만드는 $\triangle P_1P_2P_3$의 면적을 구하여 보자. 먼저 P_2, P_3 사이의 거리는

$$|P_2P_3| = \sqrt{(x_3 - x_2)^2 + (y_3 - y_2)^2}$$

이고, 이들 두 점을 지나는 직선 $\overleftrightarrow{P_2P_3}$의 방정식은

$$(y_3 - y_2)x - (x_3 - x_2)y + (x_3y_2 - x_2y_3) = 0$$

이므로 점 P_1에서 이 직선에 내린 수선의 길이는

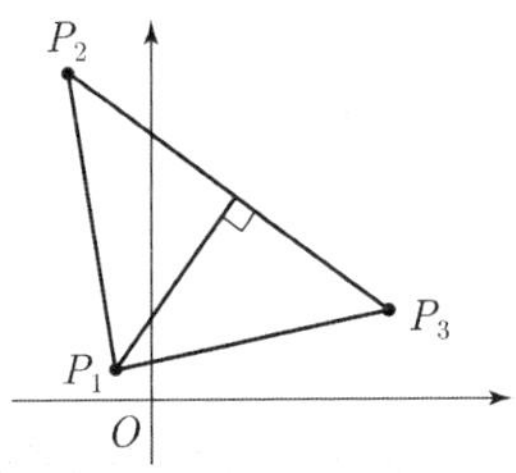

그림 3.1 삼각형의 면적

$$h = \frac{|(y_3 - y_2)x_1 - (x_3 - x_2)y_1 + (x_3y_2 - x_2y_3)|}{\sqrt{(x_3 - x_2)^2 + (y_3 - y_2)^2}}$$

이다.

$$\begin{aligned} \begin{vmatrix} x_1 & y_1 & 1 \\ x_2 & y_2 & 1 \\ x_3 & y_3 & 1 \end{vmatrix} &= x_1\begin{vmatrix} y_2 & 1 \\ y_3 & 1 \end{vmatrix} - y_1\begin{vmatrix} x_2 & 1 \\ x_3 & 1 \end{vmatrix} + \begin{vmatrix} x_2 & y_2 \\ x_3 & y_3 \end{vmatrix} \\ &= -[(y_3 - y_2)x_1 - (x_3 - x_2)y_1 + (x_3y_2 - x_2y_3)], \end{aligned}$$

$$|P_2P_3|h = |(y_3 - y_2)x_1 - (x_3 - x_2)y_1 + (x_3y_2 - x_2y_3)|$$

따라서 $\triangle P_1P_2P_3$의 면적 $\frac{1}{2}|P_2P_3|h$는 $\frac{1}{2}\begin{vmatrix} x_1 & y_1 & 1 \\ x_2 & y_2 & 1 \\ x_3 & y_3 & 1 \end{vmatrix}$의 절댓값이다.

예 3.1

삼각형의 면적을 이용하여 다음을 계산하라.

(1) 세 점 $(4,\ -3)$, $(1,\ 2)$, $(a,\ -1)$이 같은 직선 위에 있을 때 a의 값

(2) 두 점 $(1,\ -1)$, $(3,\ 2)$를 지나는 직선의 방정식

풀이 (1) 세 점이 같은 직선 위에 있으면 세 점이 만드는 삼각형의 면적이 0이므로

$$\begin{vmatrix} 4 & -3 & 1 \\ 1 & 2 & 1 \\ a & -1 & 1 \end{vmatrix} = 0 \Rightarrow a = \frac{14}{5}$$

(2) 두 점을 지나는 직선 위의 한 점 $P(x,\ y)$를 잡으면 $(1,\ -1)$, $(3,\ 2)$, $(x,\ y)$가 만드는 삼각형의 면적은 0이므로

$$\begin{vmatrix} 1 & -1 & 1 \\ 3 & 2 & 1 \\ x & y & 1 \end{vmatrix} = 0 \Rightarrow 3x - 2y - 5 = 0$$

정리 3.2 헤론(Heron)의 공식

세 변의 길이가 a, b, c인 삼각형의 넓이는

$$\sqrt{p(p-a)(p-b)(p-c)},\ (\text{단 } p = \frac{a+b+c}{2})$$

이다.

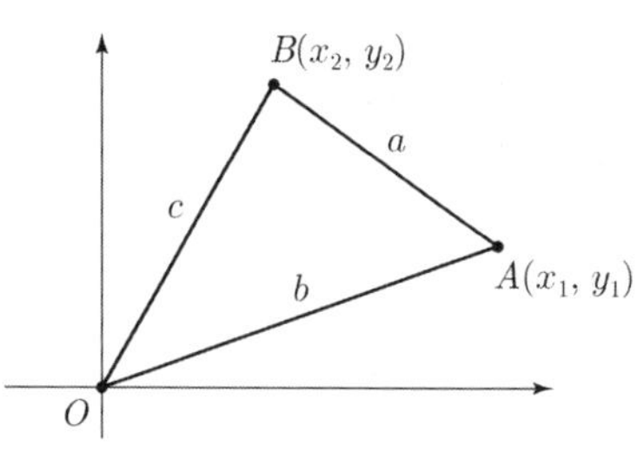

그림 3.2 $\triangle OAB$

증명 위의 그림에서 꼭짓점 중의 하나를 원점으로 잡은 $\triangle OAB$의 넓이를 계산하면

$$\frac{1}{2}\begin{vmatrix} 0 & 0 & 1 \\ x_1 & y_1 & 1 \\ x_2 & y_2 & 1 \end{vmatrix} = \frac{1}{2}(x_1y_2 - x_2y_1)$$

의 절댓값 $\frac{1}{2}|x_1y_2 - x_2y_1|$이다. 한편

$$a^2 = (x_2 - x_1)^2 + (y_2 - y_1)^2,$$
$$b^2 = x_1^2 + y_1^2, \ c^2 = x_2^2 + y_2^2$$

이므로

$$\begin{aligned} p(p-a)(p-b)(p-c) &= \frac{1}{16}(b+c+a)(b+c-a)(a+(b-c))(a-(b-c)) \\ &= \frac{1}{16}[(b+c)^2 - a^2][a^2 - (b-c)^2] \\ &= \frac{1}{16}[2bc + 2(x_1x_2 + y_1y_2)][2bc - 2(x_1x_2 + y_1y_2)] \\ &= \frac{1}{4}[b^2c^2 - (x_1x_2 + y_1y_2)^2] = \frac{1}{4}(x_1y_2 - x_2y_1)^2 \end{aligned}$$

이므로

$$\sqrt{p(p-a)(p-b)(p-c)} = \frac{1}{2}|x_1y_2 - x_2y_1|$$

이다. □

예 3.3

세 점 $O(0,\ 0)$, $A(4,\ 3)$, $B(3,\ 4)$가 만드는 삼각형의 면적을 행렬식을 이용한 방법과 헤론의 공식을 이용하여 각각 구하라.

풀이 행렬식을 이용하면

$$\frac{1}{2}\begin{vmatrix} 0 & 0 & 1 \\ 4 & 3 & 1 \\ 3 & 4 & 1 \end{vmatrix} = \frac{7}{2} \Rightarrow \triangle OAB\text{의 면적은 } \frac{7}{2}$$

이다.

헤론의 공식을 이용하기 위하여 세 변의 길이를 계산하면

$$a = |OA| = 5,\ b = |OB| = 5,\ c = |AB| = \sqrt{2}$$

이다.

$$p = \frac{10+\sqrt{2}}{2},\ p-a = p-b = \frac{\sqrt{2}}{2},\ p-c = \frac{10-\sqrt{2}}{2}$$

이므로 헤론의 공식에 의한 삼각형의 면적은

$$\frac{1}{4}\sqrt{(10+\sqrt{2})(\sqrt{2})^2(10-\sqrt{2})} = \frac{1}{4}\sqrt{98\cdot 2} = \frac{7}{2}$$

삼각형의 5심

(1) 외심(circumcenter)

$\triangle ABC$의 외접원의 중심을 $\triangle ABC$의 **외심**이라고 한다.

$\triangle ABC$의 외접원의 중심 P에서 각 변에 내린 수직선이 만나는 점을 각각 L, M, N이라고 하면, $\triangle PMA \equiv \triangle PMC$이므로 M은 변 $\overline{AC}$의 중점이다. 같은 방법으로 L, N도 변의 중점이 된다. 그러므로 각 변의 수직이등분선은 한 점에서 만난다.

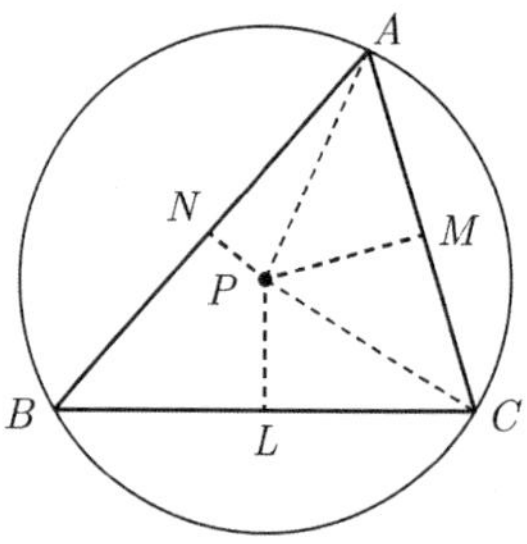

그림 3.3 외심

예 3.4

세 점 $O(0,\ 0)$, $A(4,\ 3)$, $B(-2,\ 4)$에 대해서 $\triangle OAB$의 외심을 구하라.

풀이 $\overline{OA}$의 수직이등분선은 $\overline{OA}$의 중점 $\left(2,\ \frac{3}{2}\right)$을 지나고 $\overrightarrow{OA} = (4,\ 3)$에 수직이다. 따라서

$$4x+3y+c=0$$

에서 $(x,\ y)$에 $\left(2,\ \dfrac{3}{2}\right)$을 대입하면 $c=-\dfrac{25}{2}$이므로 $\overline{OA}$의 수직이등분선은

$$8x+6y-25=0$$

이다. 같은 방법으로 $\overline{OB}$의 수직이등분선은 중점 $(-1,\ 2)$를 지나고 $(-2,\ 4)$에 수직이므로

$$-x+2y-5=0$$

이다. 외심은 이들 두 직선의 교점 $\left(\dfrac{10}{11},\ \dfrac{65}{22}\right)$이다.

---

(2) **수심**(orthocenter)

$\triangle ABC$의 각 꼭짓점 A, B, C에서 대변에 내린 3개의 수직선은 한 점에서 만나는데 이를 $\triangle ABC$의 **수심**이라고 한다.

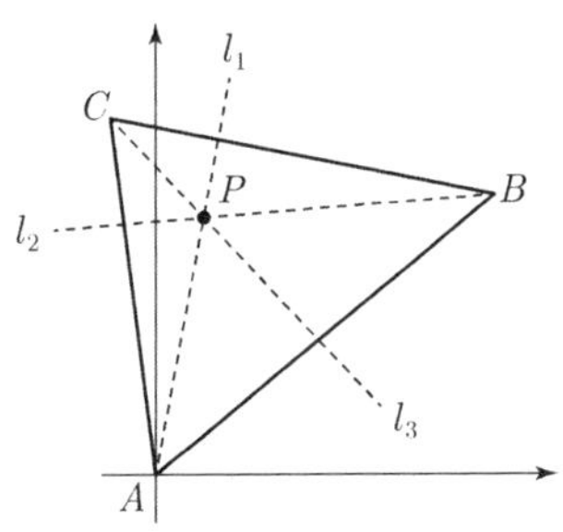

그림 3.4 수심

이들 3개의 수직선이 한 점에서 만난다는 것을 확인해 보자.

$\triangle ABC$를 점 $A(0,\ 0)$, $B(x_1,\ y_1)$, $C(x_2,\ y_2)$가 되도록 평면에 배치하고 꼭짓점 A, B, C에서 대변에 내린 수선을 각각 l_1, l_2, l_3이라고 하자. B, C를 지나는 직선의 방정식은

$$y-y_1=\frac{y_2-y_1}{x_2-x_1}(x-x_1)$$

이고, l_1은 이것에 수직이고 원점을 지나므로 l_1의 방정식은

$$y = -\frac{x_2 - x_1}{y_2 - y_1}x \Rightarrow (x_2 - x_1)x + (y_2 - y_1)y = 0$$

이다. 직선 $\overleftrightarrow{AB}$, $\overleftrightarrow{AC}$는 원점을 지나므로 방정식이

$$\overleftrightarrow{AB}:\ y = \frac{y_1}{x_1}x, \quad \overleftrightarrow{AC}:\ y = \frac{y_2}{x_2}x$$

이다.

$$\begin{aligned} l_2 \perp \overleftrightarrow{AC},\ B \in l_2 &\Rightarrow l_2 : y - y_1 = -\frac{x_2}{y_2}(x - x_1) \\ &\Rightarrow l_2 : x_2 x + y_2 y - x_1 x_2 - y_1 y_2 = 0 \\ l_3 \perp \overleftrightarrow{AB},\ C \in l_3 &\Rightarrow l_3 : y - y_2 = -\frac{x_1}{y_1}(x - x_2) \\ &\Rightarrow l_3 : x_1 x + y_1 y - x_1 x_2 - y_1 y_2 = 0 \end{aligned}$$

이다. 그리고

$$\begin{aligned} &(x_2 - x_1)x + (y_2 - y_1)y \\ &= (x_2 x + y_2 y - x_1 x_2 - y_1 y_2) - (x_1 x + y_1 y - x_1 x_2 - y_1 y_2) \end{aligned}$$

이므로 l_1은 l_2, l_3의 교점을 지나는 직선이다. 그러므로 $\triangle ABC$의 꼭짓점에서 대변에 내린 세 수직선은 한 점에서 만난다.

예 3.5

세 점 $O(0,\ 0)$, $A(4,\ 3)$, $B(-2,\ 4)$에 대해 $\triangle OAB$의 수심을 구하라.

풀이 A에서 $\overline{OB}$에 내린 수선 l

$$l \perp (-2,\ 4),\ (4,\ 3) \in l \Rightarrow -x + 2y - 2 = 0$$

B에서 $\overline{OA}$에 내린 수선 m

$$m \perp (4,\ 3),\ (-2,\ 4) \in m \Rightarrow 4x + 3y - 4 = 0$$

이다. l, m의 교점을 구하면 수심은 $\left(\frac{2}{11},\ \frac{12}{11}\right)$이다.

(3) 내심(incenter)

$\triangle ABC$의 내접원의 중심을 $\triangle ABC$의 **내심**이라고 한다.

$\triangle ABC$에서 $\angle A$의 이등분선과 $\angle B$의 이등분선의 교점을 P라고 하면 각이등분선의 성질에 의해서 각 변에 이르는 거리가 같다. 따라서

$$|PL| = |PM| = |PN|$$

이므로 $\angle C$의 이등분선도 P를 지난다. 그러므로 $\triangle ABC$의 각이등분선 3개는 한 점 P에서 만나고 P는 내심원의 중심, 즉 내심이다.

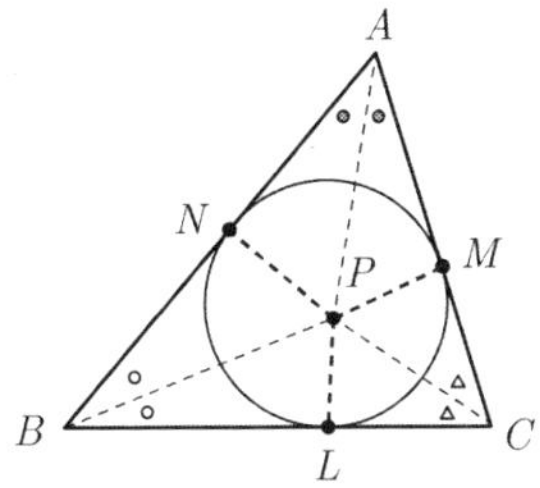

그림 3.5 내심

(4) 방심(excenter)

$\triangle ABC$의 한 내각의 이등분선과 나머지 두 외각의 이등분선도 내심의 경우와 같은 원리로 한 점에서 만난다. 이를 $\triangle ABC$의 **방심**이라고 한다. 방심은 각 꼭짓점마다 생기므로 3개 존재한다.

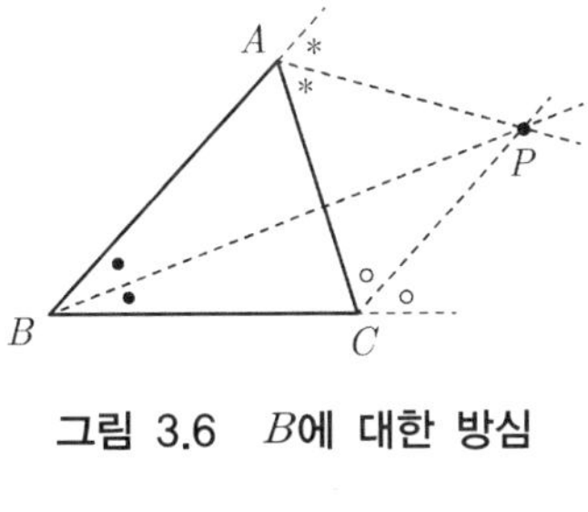

그림 3.6 B에 대한 방심

예 3.6

세 점 $O(0,\ 0)$, $A(4,\ 3)$, $B(3,\ 4)$에 대해 $\triangle OAB$의 내심과 방심을 구하라.

풀이 삼각형의 꼭짓점이 만드는 직선은

$$\overleftrightarrow{OA}: 3x-4y=0$$
$$\overleftrightarrow{OB}: 4x-3y=0$$
$$\overleftrightarrow{AB}: x+y-7=0$$

이므로 각이등분선은

$$A\text{에서}\ \ \sqrt{2}\,(3x-4y)= \pm 5(x+y-7)$$
$$B\text{에서}\ \ \sqrt{2}\,(4x-3y)= \pm 5(x+y-7)$$
$$O\text{에서}\ \ 4x-3y= \pm (3x-4y)$$

이다. 따라서 내각의 이등분선은

$$A\text{에서}\ \ (5-3\sqrt{2})x+(5+4\sqrt{2})y-35=0$$
$$B\text{에서}\ \ (5+4\sqrt{2})x+(5-3\sqrt{2})y-35=0$$
$$O\text{에서}\ \ x-y=0$$

이고 외각의 이등분선은

$$A\text{에서}\ \ (5+3\sqrt{2})x+(5-4\sqrt{2})y-35=0$$
$$B\text{에서}\ \ (5-4\sqrt{2})x+(5+3\sqrt{2})y-35=0$$
$$O\text{에서}\ \ x+y=0$$

이다. 이들의 교점을 구하면 내심은 $\left(\dfrac{35}{10+\sqrt{2}}, \dfrac{35}{10+\sqrt{2}}\right)$이고, 방심은

$$A\text{에서}\ \left(\frac{-5}{\sqrt{2}}, \frac{5}{\sqrt{2}}\right),$$
$$B\text{에서}\ \left(\frac{5}{\sqrt{2}}, \frac{-5}{\sqrt{2}}\right),$$
$$O\text{에서}\ \left(\frac{35}{10-\sqrt{2}}, \frac{35}{10-\sqrt{2}}\right)$$

이다.

---

(5) 무게중심(centroid)

$\triangle ABC$의 각 꼭짓점의 대변의 이등분선은 한 점에서 만난다. 이를 $\triangle ABC$의 **무게중심**이라고 한다.

$\triangle ABC$의 각 꼭짓점의 대변의 이등분선은 한 점에서 만난다는 것을 확인해 보자. $\triangle ABC$의 각 꼭짓점을 $A(x_1, y_1)$, $B(x_2, y_2)$, $C(x_3, y_3)$가 되도록 평면에 배치하면 대변의 중점 A_1, B_1, C_1의 좌표는 각각

$$\left(\frac{x_2+x_3}{2}, \frac{y_2+y_3}{2}\right), \left(\frac{x_3+x_1}{2}, \frac{y_3+y_1}{2}\right), \left(\frac{x_1+x_2}{2}, \frac{y_1+y_2}{2}\right)$$

이다. 그러므로 선분 $\overrightarrow{AA_1}$, $\overrightarrow{BB_1}$, $\overrightarrow{CC_1}$을 $2:1$로 내분하는 점의 좌표는 모두

$$\left(\frac{x_1+x_2+x_3}{3}, \frac{y_1+y_2+y_3}{3}\right)$$

이므로 $\triangle ABC$의 각 꼭짓점에서 대변의 이등분선은 한 점에서 만난다.

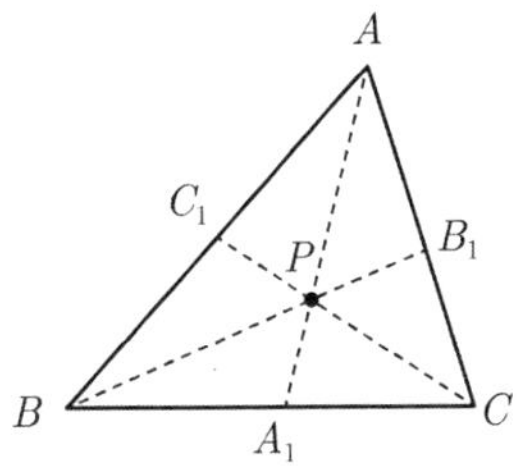

그림 3.7 무게중심

예 3.7

세 점 $O(0, 0)$, $A(4, 3)$, $B(-2, 4)$에 대해 $\triangle OAB$의 무게중심을 구하라.

풀이

$$\left(\frac{0+4-2}{3}, \frac{0+3+4}{3}\right) = \left(\frac{2}{3}, \frac{7}{3}\right)$$

연습문제 2.3

1. 세 점 $(1, 2)$, $(3, 0)$, $(0, -1)$이 만드는 삼각형에 대해서 다음을 구하라.

(1) 면적 (2) 무게중심

2. 세 점 $A(0, 4)$, $B(-3, 0)$, $C(3, 0)$이 만드는 삼각형에 대해서 다음을 구하라.

(1) 면적 (2) 무게중심

(3) 외심 (4) 수심

(5) 내심

2.4 원의 방정식

점 P_0에서 거리가 a인 점들의 집합을 **중심**(center) P_0, **반지름**(radius) a인 **원**(circle)이라고 한다. 중심이 원점 O인 경우 **표준형의 원**이라고 하는데, 표준형의 원의 방정식을 구하기 위하여 표준형의 원 위의 점 $P(x,\ y)$를 잡으면 O에서 거리가 반지름 a이므로

$$x^2 + y^2 = a^2$$

이고, 그래프는 다음과 같다.

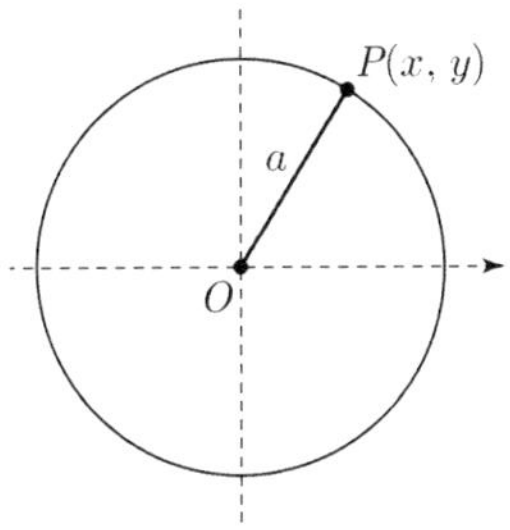

그림 4.1 표준형의 원

중심이 $P_0(x_0,\ y_0)$, 반지름 a인 원은 원점을 P_0으로 평행이동한 좌표계에서 표준형의 원이 되므로 방정식은 다음과 같다.

$$(x - x_0)^2 + (y - y_0)^2 = a^2 \qquad \cdots\ (*)$$

예 4.1

다음 원의 중심과 반지름을 구하라.

(1) $x^2 + y^2 - 2x + 4y - 4 = 0$ (2) $x^2 + y^2 + 6y + 5 = 0$

풀이 (1) 준식 $\Rightarrow (x-1)^2 + (y+2)^2 = 3^2$

$\Rightarrow$ 중심 $(1,\ -2)$, 반지름 3

(2) 준식 $\Rightarrow x^2 + (y+3)^2 = 2^2$

$\Rightarrow$ 중심 $(0,\ -3)$, 반지름 2

원의 방정식 (*)를 전개하면

$$x^2+y^2+2gx+2fy+c=0 \quad \cdots (**)$$

의 모양이 된다. 이를 원의 **일반방정식**이라고 한다. (*)와 비교하면

$$(x_0,\ y_0)=(-g,\ -f),\ x_0^2+y_0^2-a^2=c$$

이므로 (**)의 중심은 $(-g,\ -f)$이고, 반지름은 $\sqrt{g^2+f^2-c}$ 이다.

공선(같은 직선 위에 있는 점)이 아닌 세 점 $P_1(x_1,\ y_1)$, $P_2(x_2,\ y_2)$, $P_3(x_3,\ y_3)$이 주어지면 $2g$, $2f$, c에 관한 연립방정식

$$x_1^2+y_1^2+2gx_1+2fy_1+c=0$$
$$x_2^2+y_2^2+2gx_2+2fy_2+c=0$$
$$x_3^2+y_3^2+2gx_3+2fy_3+c=0$$

의 계수행렬식 $\begin{vmatrix} x_1 & y_1 & 1 \\ x_2 & y_2 & 1 \\ x_3 & y_3 & 1 \end{vmatrix}$은 P_1, P_2, P_3이 공선이 아니므로 $\begin{vmatrix} x_1 & y_1 & 1 \\ x_2 & y_2 & 1 \\ x_3 & y_3 & 1 \end{vmatrix} \neq 0$이다. 따라서 단 하나의 해 $(2g,\ 2f,\ c)$가 존재한다. 즉 공선이 아닌 세 점은 단 하나의 원을 결정한다.

예 4.2

다음 세 점을 지나는 원의 방정식을 구하라.

(1) $(2,\ -2)$, $(1,\ \sqrt{3})$, $(0,\ 0)$ (2) $(1,\ -3)$, $(-1,\ -1)$, $(-3,\ -3)$

풀이 (1) 각 점을 원의 일반식에 대입하면,

$$4g-4f+c+8=0$$
$$2g+2\sqrt{3}f+c+4=0$$
$$c=0$$
$$\Rightarrow (g,\ f,\ c)=(-2,\ 0,\ 0)$$
$$\Rightarrow \text{중심 } (2,\ 0),\ \text{반지름 } 2$$
$$\Rightarrow (x-2)^2+y^2=4$$

(2) 같은 방법으로

$$2g-6f+c+10=0$$
$$-2g-2f+c+2=0$$
$$-6g-6f+c+18=0$$
$$\Rightarrow (g,\ f,\ c)=(1,\ 3,\ 6)$$
$$\Rightarrow \text{중심 } (-1,\ -3),\ \text{반지름 } 2$$
$$\Rightarrow (x+1)^2+(y+3)^2=4$$

예 4.3

서로 다른 두 점 $A(a_1,\ a_2)$, $B(b_1,\ b_2)$에 대해서 $|PA|=2|PB|$인 점 P의 자취를 구하라.

풀이

$$|PA|=2|PB|$$
$$\Rightarrow (x-a_1)^2+(y-a_2)^2=4(x-b_1)^2+4(y-b_2)^2$$
$$\Rightarrow 3x^2+3y^2-2[(4b_1-a_1)x+(4b_2-a_2)y]+4b_1^2+4b_2^2-a_1^2-a_2^2=0$$
$$\Rightarrow 3\left(x-\frac{4b_1-a_1}{3}\right)^2+3\left(y-\frac{4b_2-a_2}{3}\right)^2=\frac{4}{3}(b_1-a_1)^2+\frac{4}{3}(b_2-a_2)^2$$
$$\Rightarrow \left(x-\frac{4b_1-a_1}{3}\right)^2+\left(y-\frac{4b_2-a_2}{3}\right)^2=\frac{4}{9}[(b_1-a_1)^2+(b_2-a_2)^2]$$

이다. $\overrightarrow{AB}$의 $2:1$ 내분점을 C, 외분점을 D라고 하면

$$C\left(\frac{2b_1+a_1}{3},\ \frac{2b_2+a_2}{3}\right),\ D(2b_1-a_1,\ 2b_2-a_2)$$
$$\Rightarrow \frac{1}{2}|CD|=\frac{2}{3}\sqrt{(b_1-a_1)^2+(b_2-a_2)^2}$$

이고 $\overline{CD}$의 중점 M이라 두면

$$M\left(\frac{4b_1-a_1}{3},\ \frac{4b_2-a_2}{3}\right)$$

이므로 구하는 점의 자취는 중심이 $\overline{CD}$의 중점, 반지름이 $\frac{1}{2}|CD|$인 원이다. 즉 $\overrightarrow{AB}$의 $2:1$ 내분점과 외분점 C,D를 지름의 양끝으로 하는 원이다.

원의 매개방정식

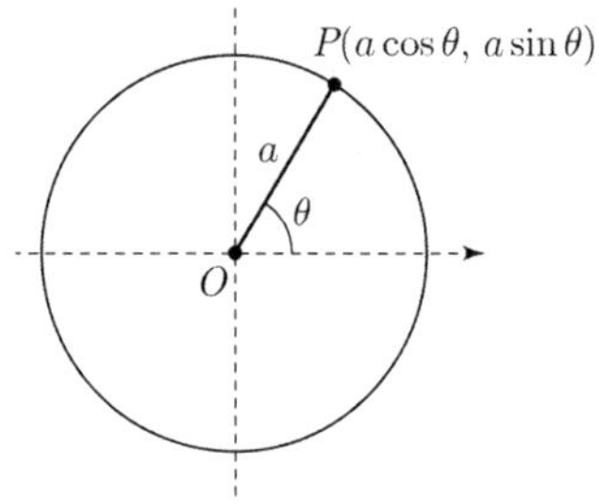

그림 4.2 표준형의 원의 매개방정식

원점 O가 중심이고 반지름 a인 원 위의 점 $P(x,\ y)$에 대해서 $\overrightarrow{OP}$가 x축의 양의 방향과 만드는 각을 θ라고 하면

$$x = a\cos\theta,\ y = a\sin\theta$$

이다.

이를 표준형의 원의 **매개방정식**이라고 한다. 중심이 임의의 점 $P_0(x_0,\ y_0)$이면 원점을 P_0으로 평행이동한 P_0XY좌표계에서

$$X = x - x_0,\ Y = y - y_0$$

이고 매개방정식은

$$X = a\cos\theta,\ Y = a\sin\theta$$
$$\Rightarrow x - x_0 = a\cos\theta,\ y - y_0 = a\sin\theta$$
$$\Rightarrow x = x_0 + a\cos\theta,\ y = y_0 + a\sin\theta$$

이다.

예 4.4

(1) 방정식 $x^2 + y^2 - 2x + 4y - 4 = 0$을 매개방정식으로 표현하라.

(2) 매개방정식 $x = 3 + 2\sin\theta,\ y = -4 + 2\cos\theta$를 직교방정식으로 표현하라.

풀이 (1) 준식 $\Rightarrow (x-1)^2 + (y+2)^2 = 3^2$

$\Rightarrow$ 중심 $(1,\ -2)$, 반지름 3

$\Rightarrow x = 1 + 3\cos\theta,\ y = -2 + 3\sin\theta$

(2) 준식 $\Rightarrow\ x-3=2\sin\theta,\ y+4=2\cos\theta$

$\Rightarrow\ (x-3)^2+(y+4)^2=2^2$

원의 극방정식

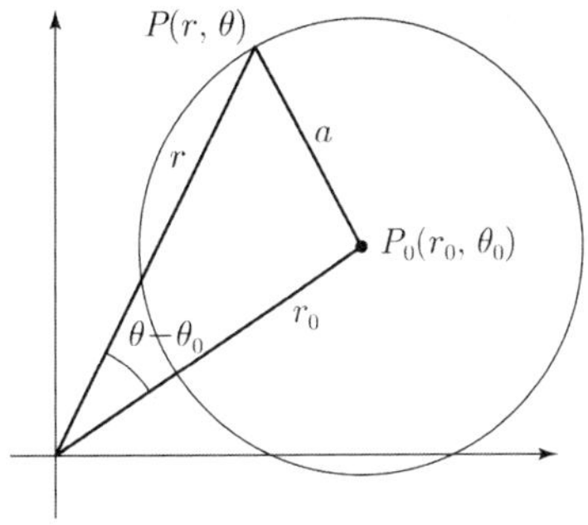

그림 4.3 극좌표와 원

중심이 원점이고 반지름 a인 원의 극방정식은 $r=a$로 간단히 나타낼 수 있다. 일반적으로 중심이 극좌표 $P_0(r_0,\ \theta_0)$이고 반지름이 a인 원 위의 점 $P(r,\ \theta)$에 대해서 코사인 법칙을 이용하면

$$r^2+r_0^2-2r_0r\cos(\theta-\theta_0)=a^2$$

이다. 이를 원의 **극방정식**이라고 한다.

예를 들어 중심이 극좌표 $(a,\ 0)$, 즉 $r_0=a,\ \theta_0=0$이고 반지름이 a인 원의 방정식은

$$r^2+a^2-2ar\cos(\theta-0)=a^2$$
$$\Rightarrow r^2-2ar\cos\theta=0$$
$$\Rightarrow r=2a\cos\theta$$

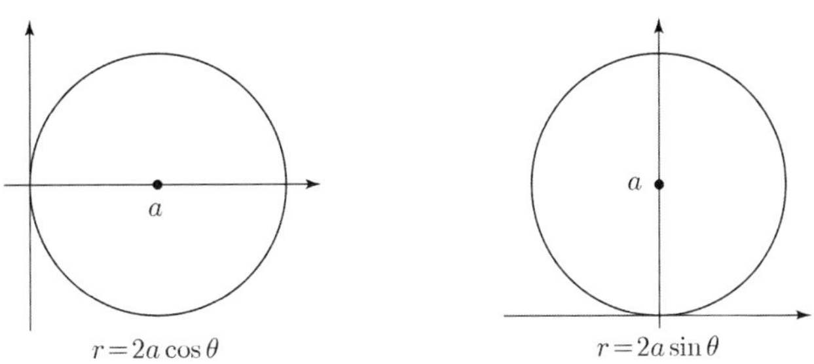

그림 4.4 $r=2a\cos\theta,\ r=2a\sin\theta$

이고, 중심이 $\left(a,\ \frac{\pi}{2}\right)$이고 반지름이 a인 원의 방정식은

$$r^2 + a^2 - 2ar\cos\left(\theta - \frac{\pi}{2}\right) = a^2$$

$$\Rightarrow r^2 - 2ar\sin\theta = 0$$

$$\Rightarrow r = 2a\sin\theta$$

이다.

예 4.5

중심이 $\left(\sqrt{2},\ \frac{\pi}{4}\right)$이고 반지름 1인 원의 극방정식을 구하라.

풀이

$$r_0 = \sqrt{2},\ \theta_0 = \frac{\pi}{4}$$

$$\Rightarrow r^2 + 2 - 2\sqrt{2}\,r\cos\left(\theta - \frac{\pi}{4}\right) = 1$$

$$\Rightarrow r^2 - 2r(\cos\theta + \sin\theta) + 1 = 0$$

$x_0 = r_0\cos\theta_0$, $y_0 = r_0\sin\theta_0$라고 두면 원의 극방정식은

$$r^2 + r_0^2 - 2r_0 r\cos(\theta - \theta_0) = a^2$$

$$\Rightarrow (x^2 + y^2) + (x_0^2 + y_0^2) - 2r_0 r(\cos\theta\cos\theta_0 + \sin\theta\sin\theta_0) = a^2$$

$$\Rightarrow (x^2 + y^2) + (x_0^2 + y_0^2) - 2r\cos\theta r_0\cos\theta_0 - 2r\sin\theta r_0\sin\theta_0 = a^2$$

$$\Rightarrow (x^2 + y^2) + (x_0^2 + y_0^2) - 2xx_0 - 2yy_0 = a^2$$

$$\Rightarrow (x - x_0)^2 + (y - y_0)^2 = a^2$$

의 직교방정식으로 유도할 수 있다.

원의 벡터방정식

벡터의 내적을 활용하면 원의 방정식을 벡터로 표현할 수 있다.

(1) 중심 p, 반지름 a인 원

중심 p, 반지름 a인 원 위의 점 $\mathbf{x}$를 잡으면 벡터 $\mathbf{x}-p$는 중심 p에서 $\mathbf{x}$를 향하는 반지름 벡터이다. 그러므로

$$|\mathbf{x}-p|^2 = a^2$$
$$\Rightarrow (\mathbf{x}-p)\cdot(\mathbf{x}-p) = a^2$$

이다. 이를 원의 **벡터방정식**이라고 한다.

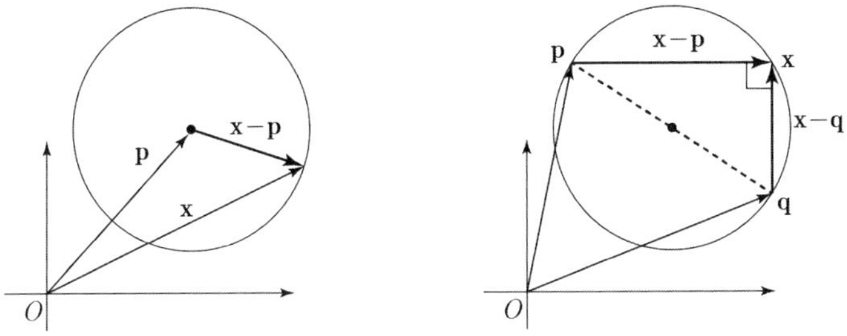

그림 4.5 원의 벡터방정식

(2) p, q를 지름의 양끝으로 하는 원

$q-p$는 원의 지름이므로 $\mathbf{x}-p$, $\mathbf{x}-q$가 만드는 각은 $\frac{\pi}{2}$이다. 그러므로 구하는 벡터방정식은

$$(\mathbf{x}-p)\cdot(\mathbf{x}-q) = 0$$

이다.

(3) $q-p$를 $m:n$으로 내분, 외분하는 점을 지름의 양끝으로 하는 원($m \neq n$)

$q-p$를 $m:n$으로 내분, 외분하는 점은

$$\frac{mq+np}{m+n},\ \frac{mq-np}{m-n}$$

이므로, 구하는 원의 방정식은

$$\left(\mathbf{x}-\frac{mq+np}{m+n}\right)\cdot\left(\mathbf{x}-\frac{mq-np}{m-n}\right)=0$$

$$\Rightarrow (m^2-n^2)(\mathbf{x}\cdot\mathbf{x})-2[m^2q-n^2p]\cdot\mathbf{x}+m^2(q\cdot q)-n^2(p\cdot p)=0$$

$$\Rightarrow m^2[(\mathbf{x}\cdot\mathbf{x})-2q\cdot\mathbf{x}+(q\cdot q)]=n^2[(\mathbf{x}\cdot\mathbf{x})-2p\cdot\mathbf{x}+(p\cdot p)]$$

$$\Rightarrow m^2(\mathbf{x}-q)\cdot(\mathbf{x}-q)=n^2(\mathbf{x}-p)\cdot(\mathbf{x}-p)$$

$$\Rightarrow m|\mathbf{x}-q|=n|\mathbf{x}-p|$$

이다.

예 4.6

다음 방정식이 나타내는 도형을 설명하라.

(1) $(\mathbf{x}\cdot\mathbf{x})-4(a\cdot\mathbf{x})+3(a\cdot a)=0$

(2) $(\mathbf{x}\cdot\mathbf{x})-[(2a-3b)\cdot\mathbf{x}]-6(a\cdot b)=0$

(3) $4[(\mathbf{x}-a)\cdot(\mathbf{x}-a)]-[(\mathbf{x}-b)\cdot(\mathbf{x}-b)]=0$

풀이 (1) $(\mathbf{x}\cdot\mathbf{x})-4(a\cdot\mathbf{x})+3(a\cdot a)=0$

$\Rightarrow (\mathbf{x}-2a)\cdot(\mathbf{x}-2a)=(a\cdot a)$

그러므로 중심 $2a$, 반지름 $|a|$인 원이다.

(2) $(\mathbf{x}\cdot\mathbf{x})-[(2a-3b)\cdot\mathbf{x}]-6(a\cdot b)=0$

$\Rightarrow (\mathbf{x}-2a)\cdot(\mathbf{x}+3b)=0$

그러므로 $2a$, $-3b$를 지름의 양끝으로 하는 원이다.

(3) $4[(\mathbf{x}-a)\cdot(\mathbf{x}-a)]-[(\mathbf{x}-b)\cdot(\mathbf{x}-b)]=0$

$\Rightarrow 4[(\mathbf{x}-a)\cdot(\mathbf{x}-a)]=[(\mathbf{x}-b)\cdot(\mathbf{x}-b)]$

$\Rightarrow 4|\mathbf{x}-a|^2=|\mathbf{x}-b|^2 \Rightarrow 2|\mathbf{x}-a|=|\mathbf{x}-b|$

그러므로 $a-b$를 $2:1$로 내분, 외분하는 점을 지름으로 하는 원이다.

연습문제 2.4

1. 다음 조건을 갖는 원의 직교방정식을 구하라.

(1) 중심 $(2,\ -5)$, 반지름 3　　(2) 중심 $(1,\ -3)$, 통과점 $(1,\ 3)$

(3) 지름의 양끝 $(2,\ -1)$, $(4,\ 1)$　　(4) 1사분면의 x, y축에 접하고, 반지름 2

2. 다음 조건을 갖는 원의 매개방정식을 구하라.

(1) 중심 $(2,\ -5)$, 반지름 3　　(2) 중심 $(1,\ -3)$, 통과점 $(1,\ 3)$

(3) 지름의 양끝 $(2,\ -1)$, $(4,\ 1)$　　(4) 1사분면의 x, y축에 접하고, 반지름 2

3. 다음 방정식이 나타내는 도형을 설명하라.

(1) $(\mathbf{x} \cdot \mathbf{x}) + 4(\boldsymbol{a} \cdot \mathbf{x}) - 5(\boldsymbol{a} \cdot \boldsymbol{a}) = 0$

(2) $(\mathbf{x} \cdot \mathbf{x}) - [(\boldsymbol{a} - 2\boldsymbol{b}) \cdot \mathbf{x}] - 2(\boldsymbol{a} \cdot \boldsymbol{b}) = 0$

(3) $9[(\mathbf{x} - \boldsymbol{a}) \cdot (\mathbf{x} - \boldsymbol{a})] - 4[(\mathbf{x} - \boldsymbol{b}) \cdot (\mathbf{x} - \boldsymbol{b})] = 0$

4. 다음 직교방정식을 극방정식으로 바꾸어라.

(1) $x^2 + y^2 + 2x - 2y - 3 = 0$　　(2) $x^2 + y^2 - 4x - 6y + 9 = 0$

5. 다음 원의 방정식에서 중심과 반지름을 구하라.

(1) $x^2 + y^2 + 6x + 2y - 6 = 0$　　(2) $x^2 + y^2 - 2x - 4y - 11 = 0$

(3) $r^2 - 2r(\sqrt{3}\cos\theta + \sin\theta) + 3 = 0$　　(4) $r^2 - 2\sqrt{2}\,r(\cos\theta + \sin\theta) - 5 = 0$

2.5 원의 접선과 극선

직선과 원의 교점은 직선의 매개 방정식을 원의 방정식에 대입하여 계산하면 된다.

예 5.1

원 $x^2+y^2=5$와 직선 $x=-1+t,\ y=1+2t$의 교점은

$$(-1+t)^2+(1+2t)^2=5$$
$$\Rightarrow 5t^2+2t-3=0 \Rightarrow t=\frac{3}{5},\ -1$$

이므로 이를 매개방정식에 대입하면 $\left(-\frac{2}{5},\ \frac{11}{5}\right)$, $(-2,\ -1)$이다.

접선

직선이 원과 한 점에서 만날 때, 이 직선을 원의 **접선**(tangent line)이라고 한다. 표준형의 원 $x^2+y^2=a^2$ 위의 점 $P_1(x_1,\ y_1)$을 지나고, 방향 코사인이 λ, μ인 직선 l의 매개방정식은

$$x=x_1+\lambda t,\ y=y_1+\mu t$$

이다. 이를 원의 방정식에 대입하면

$$(x_1+\lambda t)^2+(y_1+\mu t)^2-a^2=0$$

을 얻는다.

$$x_1^2+y_1^2=a^2,\ \lambda^2+\mu^2=1$$

을 이용해서 정리하면 교점방정식

$$t^2+2(\lambda x_1+\mu y_1)t=0$$

을 얻는다. 이 방정식의 근을 l의 매개방정식에 대입하면 원과 l의 교점이고 $t=0$에 해당하는 점은 P_1이다. 따라서

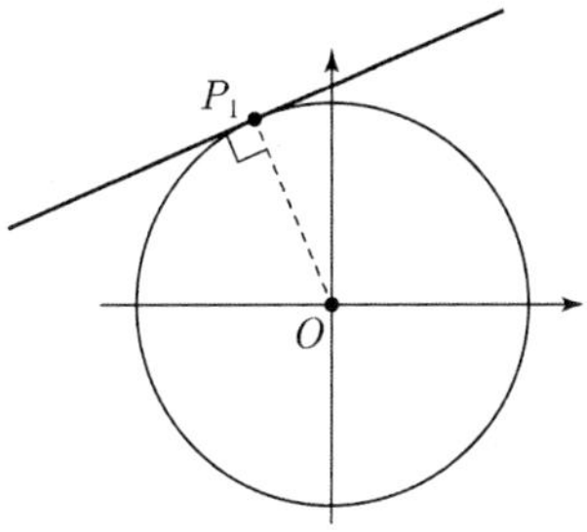

그림 5.1 표준형의 원의 접선

$$\begin{aligned} l\text{이 원의 접선} &\Leftrightarrow t=0\text{은 교점방정식의 중근} \\ &\Leftrightarrow \lambda x_1 + \mu y_1 = 0 \\ &\Leftrightarrow (\lambda,\ \mu) \perp (x_1,\ y_1) \end{aligned}$$

이다. P_1에서 접선의 수직 방향이 $(x_1,\ y_1)$이므로 접선의 방정식을

$$x_1 x + y_1 y + c = 0$$

으로 두면, 접선은 P_1을 지나므로

$$x_1 x_1 + y_1 y_1 + c = 0 \Rightarrow c = -a^2$$

이다. 따라서 표준형의 원 $x^2 + y^2 = a^2$ 위의 점 P_1에서 접선의 방정식은

$$x_1 x + y_1 y = a^2$$

이다.

접점에서 접선과 수직으로 만나는 직선을 **법선**이라고 한다. 우리는 접선의 계산과정에서 중심과 접점을 지나는 직선은 법선이 된다는 사실을 밝혔다. 따라서 $(x_1,\ y_1)$에서 법선의 방정식은 원점과 $(x_1,\ y_1)$을 지나므로 $y = \dfrac{y_1}{x_1}x$이다.

중심이 $P_0(x_0,\ y_0)$이고 반지름이 a인 원 Γ 위의 점 $P_1(x_1,\ y_1)$에 대해서 원점을 P_0으로 평행이동한 P_0XY 좌표계에서 Γ는 표준형의 원이 되므로 접선은

$$X_1 X + Y_1 Y = a^2$$

이고

$$X = x - x_0,\ Y = y - y_0$$
$$X_1 = x_1 - x_0,\ Y_1 = y_1 - y_0$$

이므로 접선은

$$(x_1 - x_0)(x - x_0) + (y_1 - y_0)(y - y_0) = a^2 \qquad \cdots (*)$$

이다.

원의 일반방정식

$$x^2 + y^2 + 2gx + 2fy + c = 0$$

은 중심 $(-g,\ -f)$, 반지름 $\sqrt{g^2 + f^2 - c}$ 이므로, 원 위의 점 $P_1(x_1,\ y_1)$에서 접선의 방정식은 (*)에 대입하면

$$(x_1 + g)(x + g) + (y_1 + f)(y + f) = g^2 + f^2 - c$$
$$\Rightarrow x_1 x + y_1 y + g(x + x_1) + f(y + y_1) + c = 0$$

이다. 이 공식은 기억하기 쉬울 뿐 아니라 앞으로 소개할 다른 개념에도 적용되는 유용한 공식이다.

예 5.2

원 $x^2 + y^2 - 2x + 4y - 20 = 0$에 대해서

(1) 원 위의 점 $(4,\ 2)$에서 접선의 방정식을 구하라.

(2) $(4,\ 2)$에서 법선을 구하라.

풀이 (1) $(x_1,\ y_1) = (4,\ 2)$이므로, 접선은

$$4x + 2y - (x + 4) + 2(y + 2) - 20 = 0$$
$$\Rightarrow 3x + 4y - 20 = 0$$

이다.

(2) $3x + 4y - 20 = 0$에 수직이므로

$$-4x + 3y + c = 0$$

이고, $(4,\ 2)$를 지나므로 $c = 10$이다. 그러므로 법선은

$$-4x+3y+10=0$$

이다.

직선 $l: ax+by+c=0$이 원 $\Gamma: (x-x_0)^2+(y-y_0)^2=r^2$의 접선이면 원의 중심 (x_0, y_0)에서 접점을 잇는 선분은 접선과 수직으로 만나므로 중심에서 접선까지의 거리는 반지름이다.

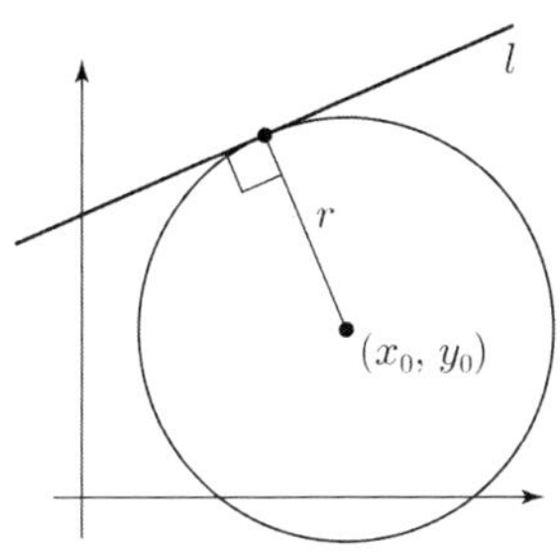

그림 5.2 중심에서 접선까지 거리

따라서 중심 (x_0, y_0), 반지름 r인 원에 직선 $ax+by+c=0$이 접할 조건은

$$\frac{|ax_0+by_0+c|}{\sqrt{a^2+b^2}}=r$$

이다.

표준형의 원 $x^2+y^2=a^2$의 기울기가 m인 접선은

$$y=mx+b \Rightarrow mx-y+b=0$$

에서

$$\frac{|b|}{\sqrt{1+m^2}}=a \Rightarrow b= \pm a\sqrt{1+m^2}$$

이다. 따라서 기울기 m인 접선의 방정식은

$$y=mx\pm a\sqrt{1+m^2}$$

이다.

좌표계의 평행이동을 이용하면 중심 (x_0, y_0), 반지름 a인 원의 기울기 m인 접선의

방정식은

$$y-y_0=m(x-x_0)\pm a\sqrt{1+m^2}$$

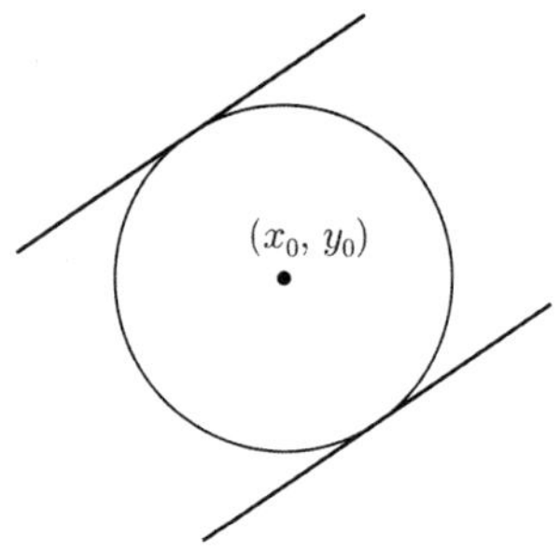

그림 5.3 기울기 m인 접선

이다. 역으로 중심 $(x_0,\ y_0)$인 원이 직선 $ax+by+c=0$에 접하면 원은

$$(x-x_0)^2+(y-y_0)^2=\frac{(ax_0+by_0+c)^2}{a^2+b^2}$$

이다.

원 $\Gamma:(x-x_0)^2+(y-y_0)^2=a^2$에 대해서 다음과 같이 주어진 점을 지나는 접선을 구하는 방법이 있다.

(1) 접선의 기울기를 m이라 하고 접선의 방정식

$$y-y_0=m(x-x_0)\pm a\sqrt{1+m^2}$$

에 주어진 점을 대입하여 m의 방정식을 계산하면 된다. 기울기 m인 접선은 2개이지만 주어진 점을 지나는 기울기 m인 접선은 1개이므로 ± 중의 하나는 버려야 한다. 실제로 주어진 점을 지나는 접선은 기울기가 다른 2개이다.

(2) 접점을 $(x_1,\ y_1)$이라 하고 접선의 방정식

$$x_1x+y_1y+g(x+x_1)+f(y+y_1)+c=0$$

에 주어진 점을 대입한 $x_1,\ y_1$의 관계식과 원의 방정식을 이용하여 접점을 구한다.

예 5.3

원 $x^2+y^2-2x+4y-20=0$에 대해서

(1) 기울기가 3인 접선을 구하라.

(2) 직선 $x+2y+b=0$이 접선일 때, b를 구하라.

(3) $(1,\ 8)$을 지나는 접선을 구하라.

풀이 (1) 중심이 $(1,\ -2)$이고 반지름이 5이므로, 접선의 방정식은

$$\begin{aligned} & y+2=3(x-1)\pm 5\sqrt{1+9} \\ \Rightarrow\ & y=3x-5\pm 5\sqrt{10} \end{aligned}$$

이다.

(2) 중심 $(1,\ -2)$에서 직선까지 거리가 반지름 5이므로

$$\frac{|1-4+b|}{\sqrt{1+4}}=5 \Rightarrow b=3\pm 5\sqrt{5}$$

이다.

(3) 접선의 기울기를 m이라고 하면 접선은

$$y+2=m(x-1)\pm 5\sqrt{1+m^2}$$

이고, 접선이 $(1,\ 8)$을 지나므로

$$\begin{aligned} & 8+2=m(1-1)\pm 5\sqrt{1+m^2} \\ \Rightarrow\ & 10=\ \pm 5\sqrt{1+m^2} \\ \Rightarrow\ & 2=\ \sqrt{1+m^2} \leftarrow \text{양의 값만 성립한다.} \\ \Rightarrow\ & m=\ \pm\sqrt{3} \\ \Rightarrow\ & \text{접선 } y+2=\ \pm\sqrt{3}(x-1)+10 \end{aligned}$$

다른 방법으로 계산하면, 접점이 $(x_1,\ y_1)$일 때, 접선은

$$x_1x+y_1y-(x+x_1)+2(y+y_1)-20=0$$

에서 $(1,\ 8)$을 대입하면

$$x_1 + 8y_1 - (1 + x_1) + 2(8 + y_1) - 20 = 0$$

$$\Rightarrow (x_1,\ y_1) = \left(\frac{2 \pm 5\sqrt{3}}{2},\ \frac{1}{2}\right)$$

$$\Rightarrow \text{접선 } y = \pm\sqrt{3}(x-1) + 8$$

예 5.4

직선 $-3x + 4y - 5 = 0$이 $(x-3)^2 + (y-1)^2 = a^2$의 접선일 때, 반지름 a를 구하라.

풀이 중심 $(3,\ 1)$에서 직선까지 거리가 반지름 a이므로

$$a = \frac{|-9 + 4 - 5|}{\sqrt{9 + 16}} = 2$$

이다.

극선

원

$$F(x,\ y) = x^2 + y^2 + 2gx + 2fy + c = 0$$

위에 있지 않은 점 $P_1(x_1,\ y_1)$을 잡고, P_1을 지나는 직선 l과 원의 교점을 Q, R이라고 하자. 이때 네 점 P_1, P, Q, R이 조화점렬이 되는, 즉

$$\frac{2}{P_1P} = \frac{1}{P_1Q} + \frac{1}{P_1R}$$

이 되는 점 P의 자취에 대해서 생각해 보자.

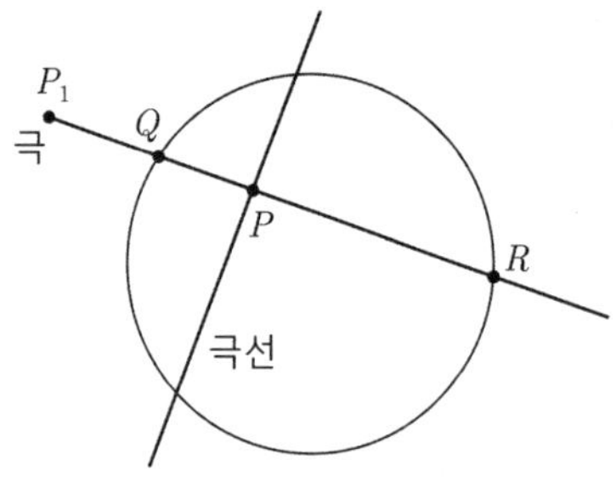

그림 5.4 극과 극선

P_1을 지나는 직선 l의 방향 코사인을 λ, μ라고 하면, l의 매개방정식은

$$x = x_1 + \lambda t,\ y = y_1 + \mu t$$

이다. 이를 원의 방정식 $F(x,\ y) = 0$에 대입해서 계산하면, 교점방정식

$$t^2 + 2[\lambda(x_1 + g) + \mu(y_1 + f)]t + F(x_1,\ y_1) = 0$$

을 얻는다. 교점방정식의 해 t_1, t_2는 l의 매개방정식에 대입하면 점 Q, R의 좌표가 된다. 여기서 점 P에 대응하는 값을 t라고 하면, t, t_1, t_2는 각각 점 P_1에서 P, Q, R까지 유향거리이므로

$$\frac{2}{t} = \frac{1}{t_1} + \frac{1}{t_2} = \frac{t_1 + t_2}{t_1 t_2}$$

이다. 근과 계수의 관계에서

$$t_1 + t_2 = -2[\lambda(x_1 + g) + \mu(y_1 + f)],$$
$$t_1 t_2 = F(x_1,\ y_1)$$

이므로

$$\frac{2}{t} = -\frac{2[\lambda(x_1 + g) + \mu(y_1 + f)]}{F(x_1,\ y_1)}$$
$$\Rightarrow [\lambda(x_1 + g) + \mu(y_1 + f)]t + F(x_1,\ y_1) = 0$$

를 얻고, 여기에

$$\lambda t = x - x_1,\ \mu t = y - y_1$$

을 대입하면

$$x_1 x + y_1 y + g(x + x_1) + f(y + y_1) + c = 0$$

이고 1차식이므로 직선이다. 이 직선을 점 $P_1(x_1,\ y_1)$에서 원 $F(x,\ y) = 0$의 **극선**, 점 P_1을 극선의 **극**이라고 한다.

직선 l이 원의 접선이 되면 P, Q, R은 같은 점이고 이 점은 접선의 접점이므로 접선이 존재할 때, 극선은 점 P_1을 지나는 원의 두 접선의 접점을 지나는 직선이다. P_1이 내부에 있을 경우는 독자에게 맡긴다.

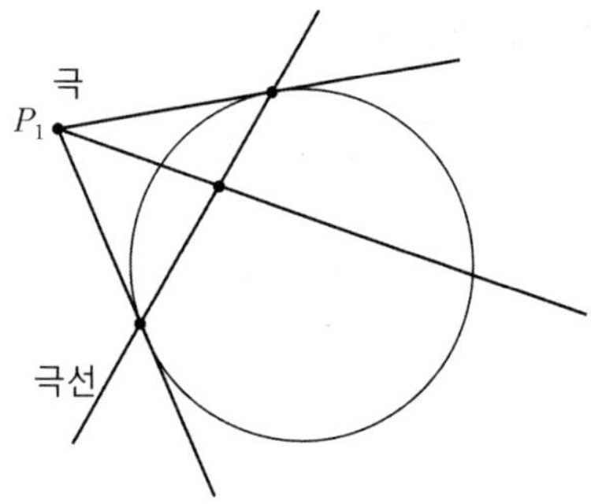

그림 5.5 극선과 접점

주의

P_1에서 원의 극선의 방정식은 P_1이 원 위에 있을 때, P_1을 지나는 접선의 식과 일치한다.

점 $P_1(x_1,\ y_1)$에서 원 $x^2+y^2=a^2$의 극선 l_1은

$$x_1x+y_1y=a^2$$

이고 l_1위의 점 $P_2(x_2,\ y_2)$에서 원의 극선 l_2의 방정식은

$$x_2x+y_2y=a^2$$

이다. $P_2 \in l_1$이므로,

$$x_1x_2+y_1y_2=a^2 \Rightarrow P_1 \in l_2$$

이다. 즉 P_1의 극선 위의 점을 극으로 하는 극선은 P_1을 지난다. 이러한 이유로 l_1, l_2을 원 $x^2+y^2=a^2$에 대하여 서로 **공액**이라고 한다.

예 5.5

원 $x^2+y^2-2x+4y+4=0$에 대해서

(1) 점 $(-4,\ 1)$에서 극선 l을 구하고 $(2,\ 0) \in l$임을 보여라.

(2) $(2,\ 0)$에서 공액직선을 구하고 $(-4,\ 1)$을 지남을 보여라.

(3) 직선 $2x-y-5=0$의 극을 구하라.

풀이 점 $(-4,\ 1)$에서 극선의 방정식은

$$\begin{aligned} & -4x+y-(x-4)+2(y+1)+4=0 \\ \Rightarrow\ & -5x+3y+10=0 \end{aligned}$$

이고, 점 $(2,\ 0)$을 지난다. 이 점에서 공액직선은

$$\begin{aligned} & 2x+0y-(x+2)+2(y+0)+4=0 \\ \Rightarrow\ & x+2y+2=0 \end{aligned}$$

이고, 이것은 $(-4,\ 1)$을 지난다.

직선 $2x-y-5=0$의 극을 $(a,\ b)$라고 두면 극선의 방정식은

$$\begin{aligned} & ax+by-(x+a)+2(y+b)+4=0 \\ \Rightarrow\ & (a-1)x+(b+2)y-a+2b+4=0 \end{aligned}$$

이므로, 주어진 직선의 방정식과 비교하면 $a=3,\ b=-3$이다. 그러므로 직선의 극은 $(3,\ -3)$이다.

점 $P_1(x_1,\ y_1)$에서 원

$$(x-x_0)^2+(y-y_0)^2=a^2 \qquad \cdots (*)$$

까지 최단거리 d를 구하여 보자.

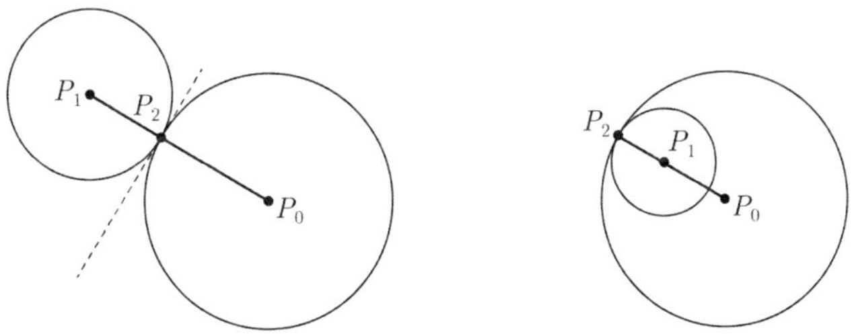

그림 5.6 점에서 원까지 거리

원 $(*)$에 접하는 중심이 P_1인 원을 그리면 이 원의 반지름 $|P_1P_2|$가 구하는 거리 d이다. 따라서 원 위에 있으면 $d=0$이고,

$$P_1\text{이 원의 외부에 있을 때 } d = |P_0P_1| - a,$$
$$P_1\text{이 원의 내부에 있을 때 } d = a - |P_0P_1|$$

이다.

예 5.6

다음의 점 P_1에서 원 $(x-1)^2+(y+2)^2=9$까지 거리를 구하라.

(1) $P_1(-4,\ 10)$ (2) $P_1(1,\ -1)$

풀이 원의 중심이 $(1,\ -2)$, 반지름이 3이다.

(1) P_1에서 중심 $(1,\ -2)$까지 거리는 $\sqrt{25+144}=13$이므로 원 외부의 점이다. 그러므로 P_1에서 원까지 거리는 $13-3=10$이다.

(2) P_1에서 중심 $(1,\ -2)$까지 거리는 $\sqrt{0+1}=1$이므로 원 내부의 점이다. 그러므로 P_1에서 원까지 거리는 $3-1=2$이다.

여러 가지 형태의 조건하에서 원의 방정식을 구하여 보자.

예 5.7

반지름 2, 중심은 $x-2y-1=0$ 위에 있고, $5x-12y-1=0$에 접하는 원의 방정식을 구하라.

풀이 원의 중심을 $(x,\ y)$라고 하면

$$\begin{aligned} & x = 2y+1,\ \frac{|5x-12y-1|}{\sqrt{25+144}} = 2 \\ \Rightarrow\ & 5x-12y-1 = \pm 26 \\ \Rightarrow\ & 5(2y+1)-12y-1 = \pm 26 \\ \Rightarrow\ & (x,\ y) = (-21,\ -11),\ (31,\ 15) \end{aligned}$$

이므로 원의 방정식은

$$(x+21)^2+(y+11)^2=4,\ (x-31)^2+(y-15)^2=4$$

이다.

예 5.8

x, y축에 접하면서 $(2,\ 1)$을 지나는 원의 방정식을 구하라.

풀이 점 $(2,\ 1)$을 지나고 x, y축에 접하므로 중심은 1사분면에 있다. 원의 반지름을 a라고 하면 중심은 $(a,\ a)$이고

$$(2-a)^2+(1-a)^2=a^2$$
$$\Rightarrow a^2-6a+5=0 \Rightarrow a=1,\ 5$$

이므로 원의 방정식은

$$(x-1)^2+(y-1)^2=1,\ (x-5)^2+(y-5)^2=25$$

이다.

예 5.9

$(-1,\ 1)$에서 $2x-y+3=0$에 접하면서 $(2,\ -1)$을 지나는 원의 방정식을 구하라.

풀이 점 $(-1,\ 1)$에서 법선은 $x+2y-1=0$이다. 두 점 $(-1,\ 1)$, $(2,\ -1)$이 만드는 선분의 수직이등분선은 중점 $\left(\frac{1}{2},\ 0\right)$을 지나고 수직 방향이

$$(2,\ -1)-(-1,\ 1)=(3,\ -2)$$

이므로

$$6x-4y-3=0$$

이다. 따라서 중심은 이들 두 직선의 교점인 $\left(\frac{5}{8},\ \frac{3}{16}\right)$이다. 반지름은 중심에서 $(-1,\ 1)$까지 거리 $\frac{13\sqrt{5}}{16}$이므로 원의 방정식은

$$\left(x-\frac{5}{8}\right)^2+\left(y-\frac{3}{16}\right)^2=\left(\frac{13\sqrt{5}}{16}\right)^2$$

이다.

연습문제 2.5

1. 다음에서 원과 직선의 교점을 구하라.

(1) $x^2+y^2-3x-y-6=0$, $x-4y+9=0$

(2) $x^2+y^2-4x-y-2=0$, $3x-y-3=0$

2. 다음 조건을 만족하는 원을 구하라.

(1) 반지름 5, $(-1, 0)$에서 $3x-4y+3=0$에 접하는 원

(2) 반지름 1, $x-y-1=0$위에 중심, $3x-4y+1=0$에 접하는 원

(3) x, y축에 접하고 $(1, -2)$를 지나는 원

(4) 세 점 $(1, -2)$, $(-1, 0)$, $(2, 4)$를 지나는 원

3. 원 $x^2+y^2-2x-4y-20=0$에 대해서

(1) 원 위의 점 $(4, 6)$에서 접선과 법선의 방정식을 구하라.

(2) $(1, -8)$에서 원에 그은 접선의 방정식을 구하라.

(3) 기울기가 2인 접선의 방정식을 구하라.

(4) $3x+y-a=0$이 원에 접할 때, a의 값을 구하라.

4. 다음 직선의 원 $x^2+y^2=4$에 대한 극을 구하라.

(1) $x+y+1=0$

(2) $x-y+1=0$

5. 점 $(1, -1)$에서 다음 원에 대한 극선을 구하라.

(1) $x^2+y^2+6x+2y-6=0$

(2) $x^2+y^2-2x-4y-11=0$

2.6 두 원의 관계

만나는 두 원

$$F_1(x,\ y) = x^2 + y^2 + 2g_1x + 2f_1y + c_1 = 0$$

$$F_2(x,\ y) = x^2 + y^2 + 2g_2x + 2f_2y + c_2 = 0$$

과 $(t_1,\ t_2) \neq (0,\ 0)$에 대해서

$$t_1F_1(x,\ y) + t_2F_2(x,\ y) = 0 \qquad \cdots (*)$$

을 계산하면

$$(t_1 + t_2)(x^2 + y^2) + 2(t_1g_1 + t_2g_2)x + 2(t_1f_1 + t_2f_2)y + t_1c_1 + t_2c_2 = 0$$

이다.

(1) $t_1 + t_2 \neq 0$인 경우

방정식 (*)는 두 원의 교점을 지나는 원이다.

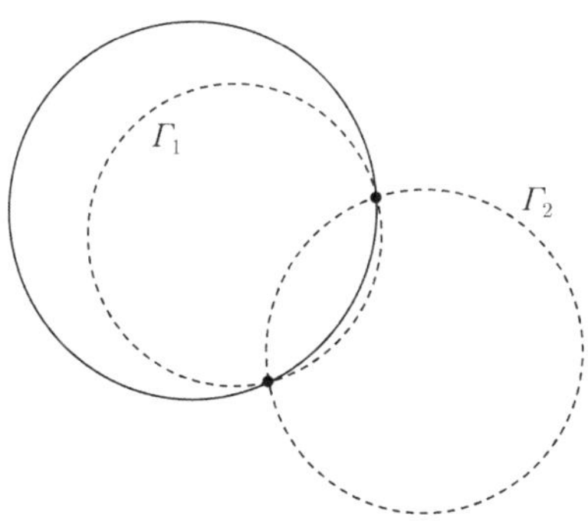

그림 6.1 두 원의 교점을 지나는 원

한편 (*)는 양변을 t_1, 또는 t_2로 나누면

$$F_1(x,\ y) + tF_2(x,\ y) = 0,\ 또는\ tF_1(x,\ y) + F_2(x,\ y) = 0$$

으로 표시할 수 있고 이렇게 하면 변수가 1개이므로 계산이 간단해진다.

(2) $t_1 + t_2 = 0$인 경우

$t_2 = -t_1$이므로 방정식 (*)는

$$2(g_1 - g_2)x + 2(f_1 - f_2)y + c_1 - c_2 = 0 \qquad \cdots (**)$$

이다. 이것은 1차 방정식이므로 두 원의 교점을 지나는 직선이다. 이 직선을 두 원의 **근축** (radical axis)이라고 한다. 근축의 방정식은 두 원이 만나지 않아도 중심이 다르면 정의된다.

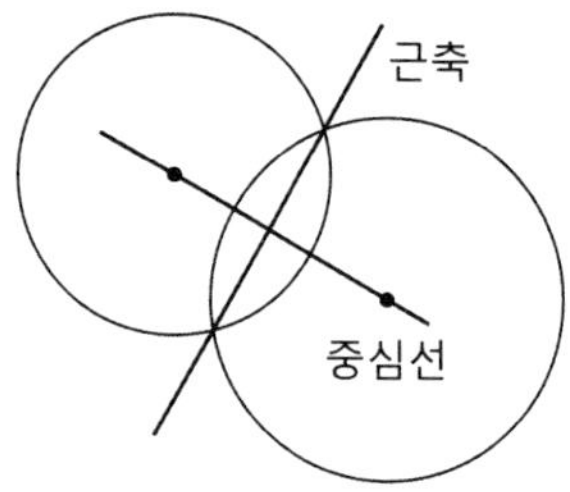

그림 6.2 근축과 중심선

두 원의 중심 $(-g_1, -f_1)$, $(-g_2, -f_2)$를 지나는 직선을 **중심선**이라고 하는데 중심선

$$(f_1 - f_2)x - (g_1 - g_2)y + f_1 g_2 - f_2 g_1 = 0$$

은 근축과 직교한다.

예 6.1

두 원

$$x^2 + y^2 - 2x + 4y - 2 = 0, \ x^2 + y^2 + 3x - 5y - 1 = 0$$

에 대해서

(1) 두 원의 교점과 (1, 1)을 지나는 원의 방정식을 구하라.

(2) 두 원의 근축의 방정식을 구하라.

풀이 (1) 교점을 지나는 원의 방정식

$$(x^2 + y^2 - 2x + 4y - 2) + t(x^2 + y^2 + 3x - 5y - 1) = 0$$

에 (1, 1)을 대입하면 $t = 2$이므로 구하는 원의 방정식은

$$3x^2+3y^2+4x-6y-4=0$$

이다.

(2) $$(2g_1,\ 2f_1,\ c_1)=(-2,\ 4-2),\ (2g_2,\ 2f_2,\ c_2)=(3,\ -5,\ -1)$$

이므로, 근축의 방정식은 다음과 같다.

$$\begin{aligned}&(-2-3)x+(4+5)y+(-2+1)=0\\ \Rightarrow\ &-5x+9y-1=0\end{aligned}$$

예 6.2

두 원

$$F_1(x,\ y)=x^2+y^2+2g_1x+2f_1y+c_1=0$$

$$F_2(x,\ y)=x^2+y^2+2g_2x+2f_2y+c_2=0$$

의 근축 위의 점에서 두 원의 접점까지의 거리는 같음을 증명하라.

풀이 근축 위의 한 점 $P_0(x_0,\ y_0)$에서 두 원의 접점을 Q_1, Q_2라고 하면,

$$\begin{aligned}|P_0Q_1|^2&=(P_0\text{에서 중심까지 거리})^2-(\text{반지름})^2\\ &=(x_0+g_1)^2+(y_0+f_1)^2-(g_1^2+f_1^2-c_1)\\ |P_0Q_2|^2&=(x_0+g_2)^2+(y_0+f_2)^2-(g_2^2+f_2^2-c_2)\end{aligned}$$

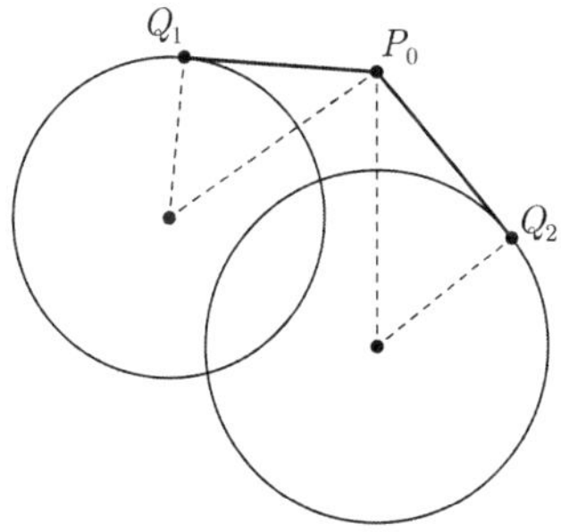

그림 6.3 접점까지 거리

$$\Rightarrow |P_0Q_1|^2-|P_0Q_2|^2=2(g_1-g_2)x_0+2(f_1-f_2)y_0+c_1-c_2=0$$

$$\Rightarrow |P_0Q_1|^2=|P_0Q_2|^2$$

두 원의 교점은 근축과 원의 교점이다. 따라서 직선과 원의 교점을 구하는 방법을 사용하거나 중심선과 근축의 교점을 이용해서 공통현의 길이를 구하여 계산하는 방법이 있다.

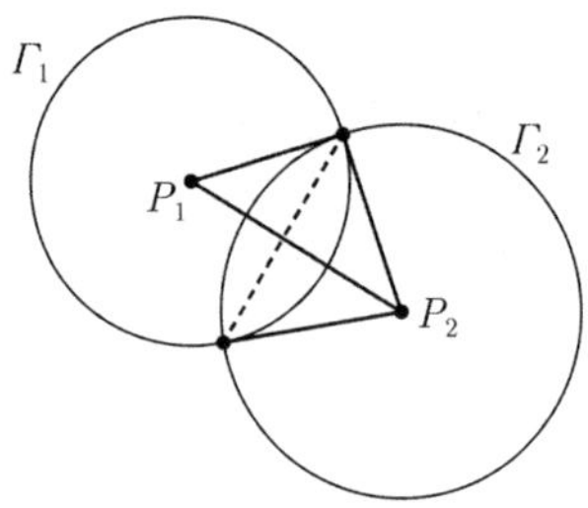

그림 6.4 교점과 공통현

예 6.3

두 원

$$\Gamma_1 : x^2+y^2-2x+4y+1=0,\ \Gamma_2 : x^2+y^2+2x-2y-7=0$$

의 교점과 공통현의 길이를 구하라.

풀이

$$\Gamma_1 : (x-1)^2+(y+2)^2=4 \Rightarrow \text{중심 } P_1(1,\ -2),\ \text{반지름 } 2$$

$$\Gamma_2 : (x+1)^2+(y-1)^2=9 \Rightarrow \text{중심 } P_2(-1,\ 1),\ \text{반지름 } 3$$

$\Rightarrow$ 근축: $4x-6y-8=0$, 중심선: $3x+2y+1=0$

$\Rightarrow$ 근축과 중심선의 교점: $P_3\left(\frac{5}{13},\ -\frac{14}{13}\right)$

$\Rightarrow$ $|P_1P_3|^2=\frac{16}{13}$, $|P_2P_3|^2=\frac{81}{13}$

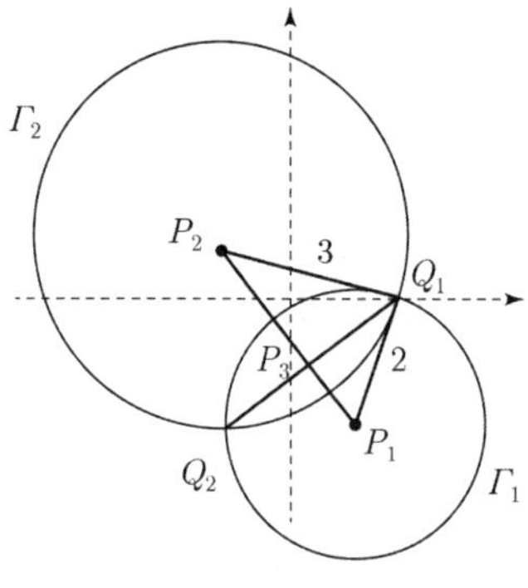

두 원의 교점을 Q_1, Q_2라고 두면

$$|Q_1P_3| = |Q_2P_3| = \frac{6}{\sqrt{13}}$$

$$\Rightarrow (\text{공통현의 길이}) = |Q_1Q_2| = 2|Q_1P_3| = \frac{12}{\sqrt{13}}$$

이고 교점 Q_1, Q_2의 좌표는

$$\left(P_3\text{에서 } \pm\left(\frac{3}{\sqrt{13}},\ \frac{2}{\sqrt{13}}\right)\text{방향으로 거리 } \frac{6}{\sqrt{13}}\text{인 점}\right)$$

$$= \left(\frac{5}{13},\ -\frac{14}{13}\right) \pm \frac{6}{\sqrt{13}}\left(\frac{3}{\sqrt{13}},\ \frac{2}{\sqrt{13}}\right)$$

$$\Rightarrow \left(\frac{23}{13},\ -\frac{2}{13}\right),\ (-1,\ -2)$$

이다.

근축과 원의 교점을 이용하는 방법으로 계산하면 다음과 같다.

근축 $4x-6y-8=0$은 방향 $(3,\ 2)$, 통과점 $(2,\ 0)$이므로 매개방정식

$$x = 2+3t,\ y = 2t$$

를 원 Γ_1에 대입하면

$$(3t+1)^2 + (2t+2)^2 = 4 \Rightarrow t = -1,\ -\frac{1}{13}$$

$$\Rightarrow \begin{cases} t = -1 & \Rightarrow (x,\ y) = (-1,\ -2) \\ t = -\dfrac{1}{13} & \Rightarrow (x,\ y) = \left(\dfrac{23}{13},\ -\dfrac{2}{13}\right) \end{cases}$$

이다. 원 Γ_2에 대입해도 같은 결과를 얻는다.

원과 농도(power)

원 $F(x,\ y)=0$ 위에 있지 않은 점 P_0이 주어졌을 때, P_0을 지나고 방향 코사인이 λ, μ인 직선

$$l : x = x_0 + \lambda t,\ y = y_0 + \mu t$$

이 원 $F(x,\ y)=0$와 만나는 교점방정식

$$F(x_0 + \lambda t,\ y_0 + \mu t) = 0$$

의 두 근을 t_1, t_2라 하자. P_1, P_2가 이들에 의한 교점, 즉

$$P_1(x_0 + \lambda t_1,\ y_0 + \mu t_1),\ P_2(x_0 + \lambda t_2,\ y_0 + \mu t_2)$$

이면, P_0에서 P_1, P_2까지 유향거리는 $P_0P_1 = t_1$, $P_0P_2 = t_2$이고 교점방정식의 상수항이 $F(x_0,\ y_0)$이므로 근과 계수의 관계에서

$$(P_0P_1)(P_0P_2) = t_1t_2 = F(x_0,\ y_0)$$

이다. 즉 P_0에서 P_1, P_2까지 유향거리의 곱은 일정하다. 이 일정한 값을 원 $F(x,\ y) = 0$에 대한 점 P_0의 **농도**라고 한다.

(1) P_0이 원의 외부점일 때

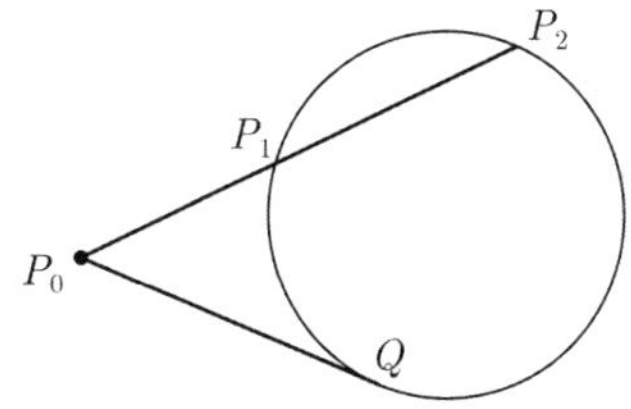

그림 6.5 외부점의 농도

$\overrightarrow{P_0P_1}$, $\overrightarrow{P_0P_2}$는 같은 방향이므로 농도는 양의 값이다. 그리고 $P_1 = P_2$인 경우는 접점이므로 농도는 P_0에서 원의 접점까지 거리의 제곱이다.

(2) P_0이 원의 내부점일 때

$\overrightarrow{P_0P_1}$, $\overrightarrow{P_0P_2}$는 반대 방향이므로 농도는 음의 값이다. 이것은 원의 성질

$$|P_0P_1||P_0P_2| = |P_0Q_1||P_0Q_2|$$

를 증명하고 있다. 특히 반지름이 a일 때, 중심의 농도는 $-a^2$이다.

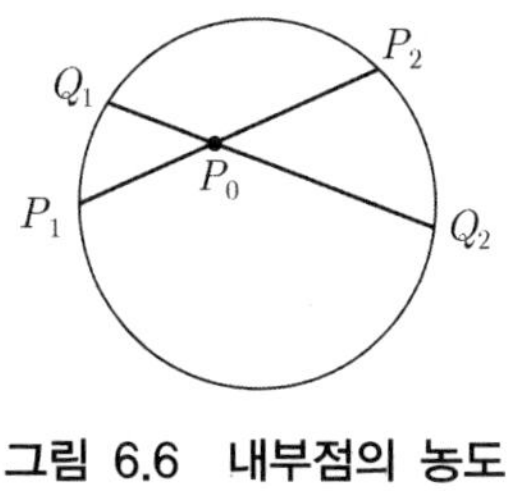

그림 6.6 내부점의 농도

위의 사실을 이용하면 점 $P_0(x_0,\ y_0)$은

$$F(x_0,\ y_0) > 0 \Rightarrow \text{원 외부의 점}$$
$$F(x_0,\ y_0) = 0 \Rightarrow \text{원 위의 점}$$
$$F(x_0,\ y_0) < 0 \Rightarrow \text{원 내부의 점}$$

임을 알 수 있다.

두 원의 근축의 일반적인 정의는 두 원에 대한 농도가 같은 점들의 자취를 의미하는데, 예 6.2에서 이 사실을 밝힌 바 있다.

예 6.4

원 $x^2+y^2-2x+4y-4=0$에 대해서

(1) 점 $(-4,\ 1)$, $(1,\ -2)$에서 농도를 구하라.

(2) $(-4,\ 1)$에서 원의 접점까지 거리를 구하라.

풀이

$$F(x,\ y) = x^2+y^2-2x+4y-4$$
$$\Rightarrow F(-4,\ 1) = 16+1+8+4-4 = 25$$
$$F(1,\ -2) = 1+4-2-8-4 = -9$$
$$\Rightarrow (-4,\ 1)\text{에서 농도 } 25,\ \text{접점까지 거리는 } 5$$
$$(1,\ -2)\text{에서 농도 } -9$$

두 원의 공통접선

두 원에 동시에 접하는 직선을 **공통접선**, 공통접선의 같은 쪽에 두 원이 있을 때 **공통외접선**, 반대쪽에 두 원이 있을 때 **공통내접선**이라고 한다. 공통접선의 길이는 접점 사이의 거리를 의미한다.

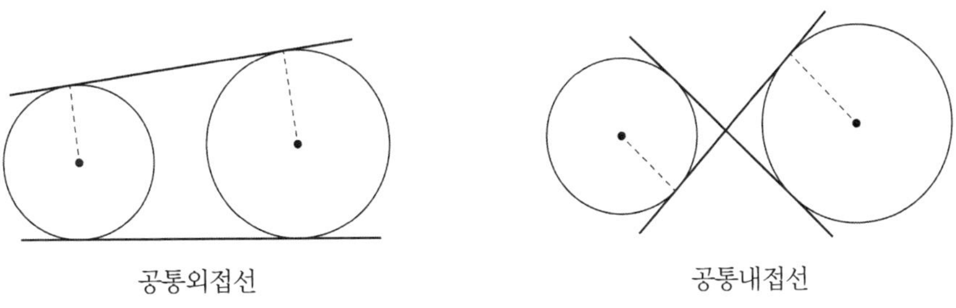

그림 6.7 공통접선

공통접선의 길이는 다음 공식에서 구할 수 있다.

(i) (공통외접선의 길이)^2 = (중심거리)^2 − (반지름의 차이)^2

(ii) (공통내접선의 길이)^2 = (중심거리)^2 − (반지름의 합)^2

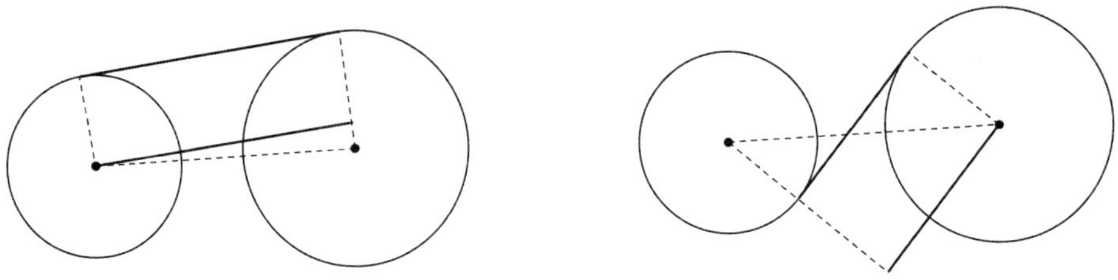

그림 6.8 공통접선의 길이

공통접선은 접선의 기울기를 m이라고 두고, 두 원의 기울기 m인 접선의 식에서 y절편이 일치하는 m에 대한 방정식의 해를 구하면 된다.

예 6.5

두 원

$$\Gamma_1 : x^2 + y^2 - 6x + 2y + 6 = 0,$$

$$\Gamma_2 : x^2 + y^2 + 4x - 6y + 12 = 0$$

에 대해서 다음을 구하라.

(1) 공통외접선의 길이 (2) 공통내접선의 길이

풀이

$$\Gamma_1 : (x-3)^2 + (y+1)^2 = 4 \Rightarrow \text{중심 } (3,\ -1),\ \text{반지름 } 2$$

$$\Gamma_2 : (x+2)^2 + (y-3)^2 = 1 \Rightarrow \text{중심 } (-2,\ 3),\ \text{반지름 } 1$$

$\Rightarrow$ (중심거리)$^2 = 5^2 + (-4)^2 = 41$

(반지름의 합)$^2 = 9$, (반지름의 차이)$^2 = 1$

$\Rightarrow$ 공통외접선의 길이$= \sqrt{41-1} = \sqrt{40}$

$\Rightarrow$ 공통내접선의 길이$= \sqrt{41-9} = \sqrt{32}$

이다.

예 6.6

두 원

$$\Gamma_1 : x^2 + y^2 + 4y = 0,$$
$$\Gamma_2 : x^2 + y^2 - 4y + 3 = 0$$

에 대해서 다음을 구하라.

(1) 공통외접선 (2) 공통내접선

풀이

$$\Gamma_1 : x^2 + (y+2)^2 = 4 \Rightarrow \text{중심 } (0,\ -2),\ \text{반지름 } 2$$
$$\Gamma_2 : x^2 + (y-2)^2 = 1 \Rightarrow \text{중심 } (0,\ 2),\ \text{반지름 } 1$$

공통접선 l의 기울기를 m이라고 하면

$$\begin{aligned} l\text{은 } \Gamma_1\text{의 접선} &\Rightarrow l : y+2 = mx \pm 2\sqrt{1+m^2} \\ &\Rightarrow l : y = mx - 2 \pm 2\sqrt{1+m^2} \quad \leftarrow (*) \\ l\text{은 } \Gamma_2\text{의 접선} &\Rightarrow l : y-2 = mx \pm \sqrt{1+m^2} \\ &\Rightarrow l : y = mx + 2 \pm \sqrt{1+m^2} \end{aligned}$$

$$\Rightarrow -2 \pm 2\sqrt{1+m^2} = 2 \pm \sqrt{1+m^2}$$

$$\Rightarrow 4 = 3\sqrt{1+m^2},\ 4 = \sqrt{1+m^2} \quad \leftarrow [(*)\text{에서 } +\text{만 가능}]$$

$$\Rightarrow 1+m^2 = \begin{cases} 16 & \Rightarrow m = \pm\sqrt{15} \\ \dfrac{16}{9} & \Rightarrow m = \pm\dfrac{\sqrt{7}}{3} \end{cases}$$

원의 위치에서 절편을 비교하면,

$$\text{공통외접선 } y = \pm\sqrt{15}\,x + 6,\ \text{공통내접선 } y = \pm\frac{\sqrt{7}}{3}x + \frac{2}{3}$$

공통접선의 존재와 반지름의 관계는 다음과 같다. 두 원

$$\Gamma_1 : \text{중심 } P_1,\ \text{반지름 } a_1,\quad \Gamma_2 : \text{중심 } P_2,\ \text{반지름 } a_2$$

에 대해서 $a_1 < a_2$이고, 중심거리를 $|P_1P_2| = d$라고 두자.

(1) $d > a_1 + a_2$일 때, 두 원은 분리되어 서로의 외부에 있다. 따라서 공통내접선, 공통

외접선은 각각 2개씩 있다.

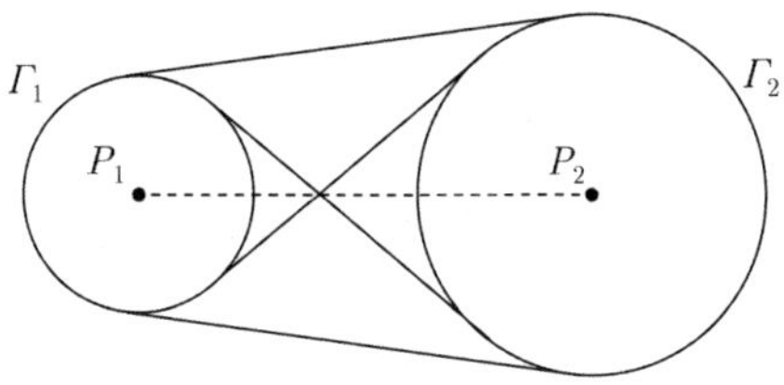

(2) $d = a_1 + a_2$일 때, 두 원은 외접한다. 따라서 공통내접선은 1개, 공통외접선은 2개 있다.

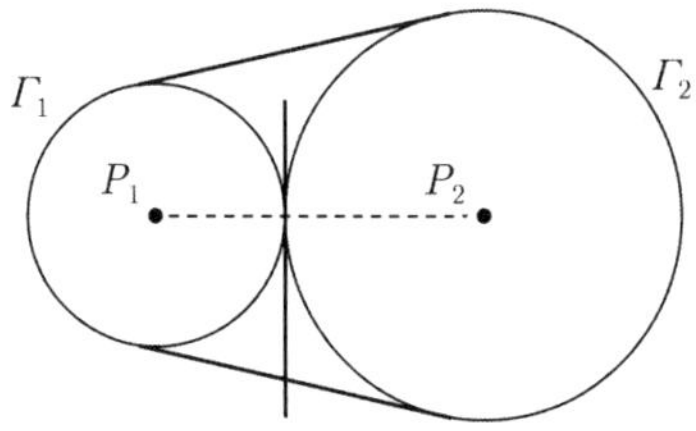

(3) $a_2 - a_1 < d < a_1 + a_2$일 때, 두 원은 두 점에서 만난다. 따라서 공통내접선은 없고, 공통외접선은 2개 있다.

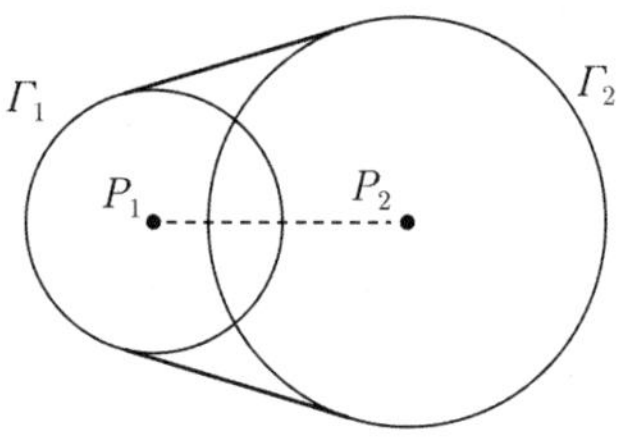

(4) $d = a_2 - a_1$일 때, 두 원은 내접한다. 따라서 공통내접선은 없고, 공통외접선은 1개 있다.

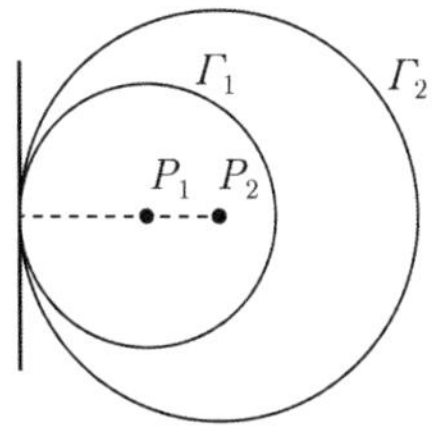

(5) $d < a_2 - a_1$일 때, Γ_1은 Γ_2의 내부에 포함된다. 공통접선은 없다.

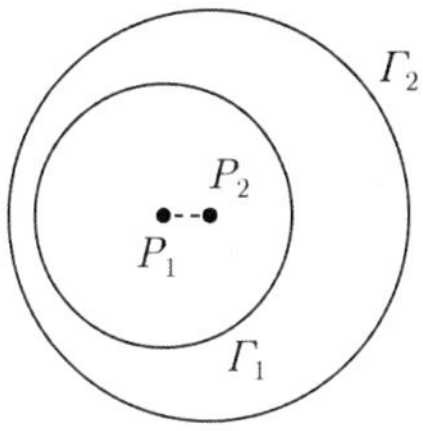

$a_1 = a_2$인 경우는 독자에게 맡긴다.

연습문제 2.6

1. 다음에서 두 원의 교점을 구하라.

(1) $x^2+y^2-4x+2y=0,\ x^2+y^2+4x-2y-8=0$

(2) $x^2+y^2-10=0,\ x^2+y^2+2x-3y-7=0$

2. 다음에서 두 원의 근축을 구하라.

(1) $x^2+y^2-4x+6y-1=0,\ x^2+y^2+4x-6y-1=0$

(2) $x^2+y^2-4=0,\ x^2+y^2+2x-4y-1=0$

3. 다음에서 두 원의 공통현의 길이를 구하라.

(1) $x^2+y^2-4x+2y=0,\ x^2+y^2+4x-2y-8=0$

(2) $x^2+y^2-10=0,\ x^2+y^2+2x-3y-7=0$

4. 공통내접선, 외접선의 길이를 구하라.

(1) $x^2+y^2-4x+6y-3=0,\ x^2+y^2+4x-6y+4=0$

(2) $x^2+y^2-4=0,\ x^2+y^2+10x-24y-120=0$

5. 다음에서 두 원의 교점과 P_0을 지나는 원을 구하라.

(1) $x^2+y^2-4x+6y-1=0,\ x^2+y^2+4x-6y-1=0,\ P_0(1,\ 2)$

(2) $x^2+y^2-4=0,\ x^2+y^2+2x-4y-1=0,\ P_0(-2,\ 1)$

제 2 장 보충자료

(*) 반사변환

원점을 지나는 직선 $l: ax+by=0$은 평면을 두 영역으로 나눈다. 평면 위의 점 $P(x, y)$가

(1) 직선 위에 있으면 $ax+by=0$

(2) (a, b) 방향에 있으면 $\angle(\overrightarrow{OP}, (a, b)) < \frac{\pi}{2}$

$\Rightarrow ax+by=(a, b)\cdot(x, y)>0$

(3) $-(a, b)$ 방향에 있으면 $\angle(\overrightarrow{OP}, (a, b)) > \frac{\pi}{2}$

$\Rightarrow ax+by=(a, b)\cdot(x, y)<0$

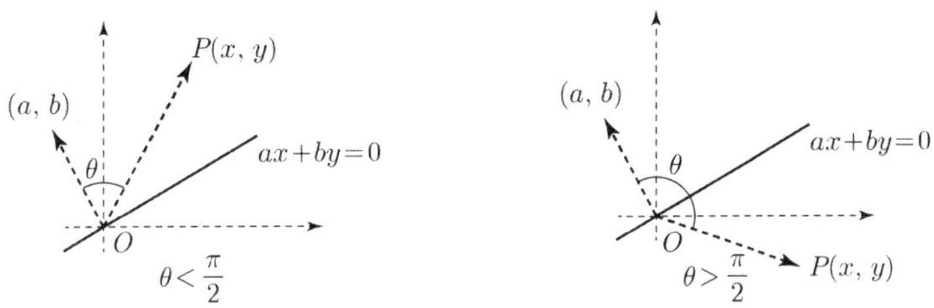

그림 1 $\angle((a, b), (x, y))$

일반적으로 직선 $ax+by+c=0$는 평면을 두 영역으로 나누고 한 영역의 점들은 $ax+by+c>0$이고 다른 영역의 점들은 $ax+by+c<0$이다. 영역을 $ax+by+c$의 부호에 따라 **양의 영역** 또는 **음의 영역**이라고 부른다.

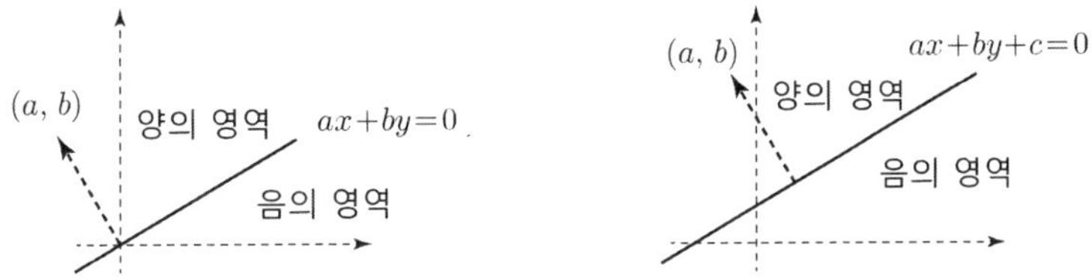

그림 2 양의 영역과 음의 영역

점 $P(x, y)$에서 직선 $ax+by+c=0$까지 유향거리는

$$\frac{ax+by+c}{\sqrt{a^2+b^2}}$$

를 의미한다. 그러므로 유향거리는 점과 직선 사이의 거리이지만, 양의 영역에서는 양수, 음의 영역에서는 음수가 된다.

예 1

다음 직선까지 $P_1(-1, 2)$, $P_2(1, -4)$의 유향거리를 구하라.

(1) $3x+4y+5=0$　　　　(2) $-3x-4y-5=0$

풀이 (1) P_1의 유향거리는 $\frac{-3+8+5}{5}=2$,

P_2의 유향거리는 $\frac{3-16+5}{5}=-\frac{8}{5}$

(2) P_1의 유향거리는 $\frac{3-8-5}{5}=-2$,

P_2의 유향거리는 $\frac{-3+16-5}{5}=\frac{8}{5}$

위의 예에서 보는 것과 같이 같은 직선이라도 표현방법에 따라 양의 영역, 음의 영역이 바뀔 수 있다.

직선 l이 주어졌을 때, 점 $P(x, y)$의 l에 대한 대칭점 $P'(x', y')$를 대응시키는 변환을 l에 대한 **반사변환**(reflection)이라고 한다. l의 방정식을

$$ax+by+c=0, \ (\sqrt{a^2+b^2}=1)$$

이라고 두면, 점 P에서 l까지 유향거리는 $ax+by+c$이다. 그리고

P가 양의 영역의 점 $\Rightarrow$ $ax+by+c>0$, (a, b), $\overrightarrow{PP'}$은 반대방향,
P가 음의 영역의 점 $\Rightarrow$ $ax+by+c<0$, (a, b), $\overrightarrow{PP'}$은 같은 방향,
$|PP'|=2|ax+by+c|$

이므로

$$\overrightarrow{PP'} = -2(ax+by+c)(a,\ b),\ \ \overrightarrow{OP'} = \overrightarrow{OP} + \overrightarrow{PP'}$$
$$\Rightarrow (x',\ y') = (x,\ y) - 2(ax+by+c)(a,\ b)$$

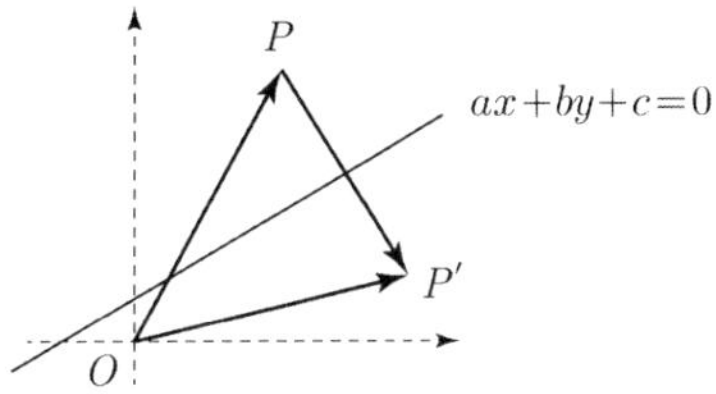

그림 3 반사변환

이다.

예 2

(1) x축에 대한 대칭점은 직선 $y=0$에 대한 반사점이다. 이 경우 $(a,\ b,\ c)=(0,\ 1,\ 0)$이므로, 점 $P(x,\ y)$의 x축에 대한 대칭점은

$$(x',\ y') = (x,\ y) - 2(0x+y+0)(0,\ 1) = (x,\ -y)$$

이다.

(2) 직선 $x+4y-1=0$의 $y=\frac{3}{4}x$에 대한 대칭직선을 구하여 보자.

두 직선의 교점은 $\left(\frac{1}{4},\ \frac{3}{16}\right)$이고, $x+4y-1=0$상의 점 $(1,\ 0)$의 $y=\frac{3}{4}x$에 대한 대칭점은

$$y=\frac{3}{4}x \Rightarrow 3x-4y=0 \Rightarrow \frac{3}{5}x-\frac{4}{5}y=0$$
$$\Rightarrow (a,\ b,\ c)=\left(\frac{3}{5},\ -\frac{4}{5},\ 0\right)\text{이므로}$$
$$\Rightarrow (1,\ 0)-2\left(\frac{3}{5}+0+0\right)\left(\frac{3}{5},\ -\frac{4}{5}\right)=\left(\frac{7}{25},\ \frac{24}{25}\right)$$

이다. 따라서 대칭직선은 $\left(\frac{1}{4},\ \frac{3}{16}\right)$, $\left(\frac{7}{25},\ \frac{24}{25}\right)$을 지나므로

$$103x-4y-25=0$$

이다. 이것은 1장 보충자료에서 다룬 결과와 일치한다.

(3) 원 $x^2+y^2+6x-8y=0$의 $y=\dfrac{3}{4}x$에 대한 대칭도형을 구하여 보자.

$$x^2+y^2+6x-8y=0 \Rightarrow (x+3)^2+(y-4)^2=25$$

이므로 중심 $(-3,\ 4)$, 반지름 5이다. $(-3,\ 4)$의 대칭점은

$$(-3,\ 4)-2\left(\frac{-9}{5}-\frac{16}{5}+0\right)\left(\frac{3}{5},\ -\frac{4}{5}\right)=(-3,\ 4)+(6,\ -8)=(3,\ -4)$$

이다. 따라서 대칭원은 중심 $(3,\ -4)$, 반지름 5인 원이므로

$$(x-3)^2+(y+4)^2=25 \Rightarrow x^2+y^2-6x+8y=0$$

이다. 이것도 제1장 보충자료에서 다룬 결과와 일치한다.

표준형의 원 $\alpha: x^2+y^2=a^2$에서 중심이 아닌 점 $P(x,\ y)$에 대해서

$$|OP||OP'|=a^2 \qquad \cdots (*)$$

인 $\overrightarrow{OP}$방향의 반직선 위의 점 $P'(x',\ y')$를 원 α에 대한 P의 **반점**(反點, inverse)이라고 한다. 이러한 대응관계를 원 α에 대한 P의 **반전**(inversion)이라고 한다. (*)에서

$$\sqrt{x^2+y^2}\,\sqrt{(x')^2+(y')^2}=a^2$$

이므로, 그림 3에서 삼각형의 닮은비를 이용하면

$$\frac{x'}{x}=\frac{\sqrt{(x')^2+(y')^2}}{\sqrt{x^2+y^2}}=\frac{a^2}{x^2+y^2}=\frac{y'}{y}$$

을 얻는다. 그러므로 P'의 좌표는

$$x'=\frac{xa^2}{x^2+y^2},\ y'=\frac{ya^2}{x^2+y^2}$$

이다.

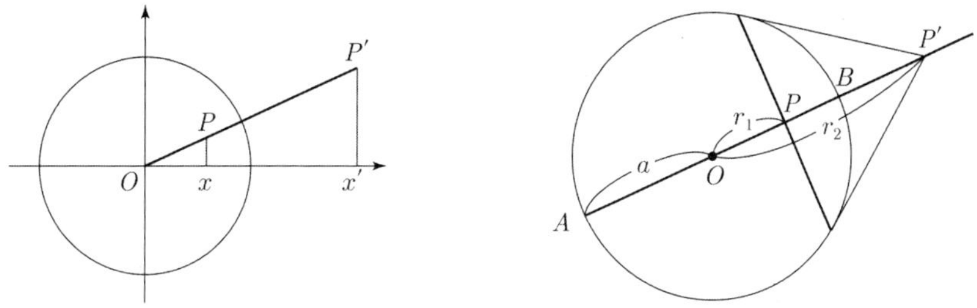

그림 4 원의 반전과 조화공액점

한편 P'의 작도를 알아보면, 점 P가 원 α의 내부의 점일 때, P를 지나는 직경을 $\overline{AB}$라고 하자. P에서 이 직경의 수선 l과 원의 두 교점에서 접선은 직선 l의 극에서 만난다. 조화공액점의 비를 이용하면, 위의 그림에서

$$a+r_1 : a-r_1 = a+r_2 : r_2-a$$

이므로 $r_1r_2 = a^2$이다. 따라서 이 점은 바로 P의 반점 P'임을 알 수 있다. 즉, 선분 $\overline{AB}$에 대해서 P와 그 반점 P'는 서로 조화공액점이 된다. 점 P가 원 α의 외부의 점일 때에도 조화공액점을 이용하면 된다. 그리고 P가 원 위의 점이면 $P=P'$이다.

제 3 장

2차 곡선

제3장에서는 별다른 말이 없으면 $F(x,\ y)$는 다음 $x,\ y$의 2차식

$$ax^2+by^2+2hxy+2gx+2fy+c$$

를 의미한다.

방정식 $F(x,\ y)=0$의 그래프를 2차 곡선이라고 한다.

3.1 표준형의 2차 곡선

일반적인 2차 곡선을 다루기 전에 표준형의 2차 곡선에 대해서 알아보자.

(I) 타원(ellipse)

$$\frac{x^2}{a^2}+\frac{y^2}{b^2}=1,\ (a \geq b > 0) \qquad \cdots (*)$$

의 그래프는 다음과 같다.

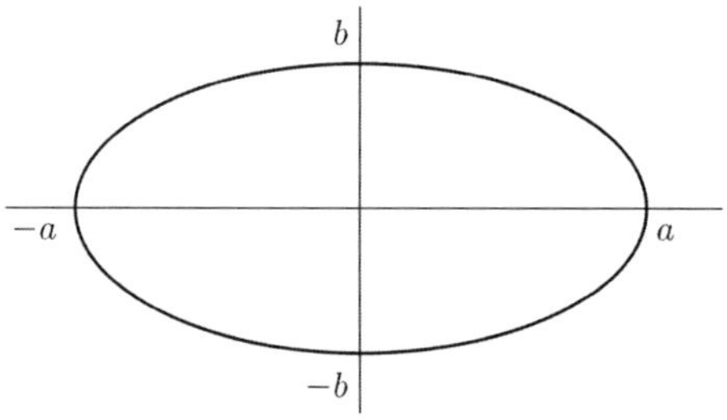

그림 1.1 표준형의 타원

이를 표준형의 **타원**, 대칭축인 x축과 y축을 **장축**과 **단축**, 이들과 만나는 점 $(\pm a,\ 0)$, $(0,\ \pm b)$를 **꼭지점**이라고 한다. **장축의 길이**는 장축에 있는 꼭짓점 사이의 거리 즉 $2a$, **단축의 길이**는 $2b$를 의미한다. 이 타원은 원점에 대칭인데, 이러한 점을 **중심**이라고 한다

$c=\sqrt{a^2-b^2}$일 때 $e=\dfrac{c}{a}$를 타원 (*)의 **이심율**(eccentricity)이라고 한다. $c<a$이므로 $0\le e<1$이다. $e=0$인 경우는 $a=b$이기 때문에 반지름 a인 원이다. 그리고 $a,\ b$의 차이가 클수록, 즉 타원이 납작할수록 이심율이 커진다. 그러므로 이심율은 타원이 원에 가까운 정도를 나타내는 수로 볼 수 있다. 이제부터 원을 제외한 타원의 성질을 알아보자.

두 점 $F(c,\ 0)$, $F'(-c,\ 0)$을 타원 (*)의 **초점**(focus)이라고 한다. 점 $P(x,\ y)$가 타원 위의 점이기 위한 조건은

$$|PF|+|PF'|=2a$$

이다. 즉 타원은

"두 점에서 거리의 합이 일정한 점들의 집합"

이다. 곡선 위의 점 P에서 초점까지 거리를 P의 **초점거리**라고 한다. 표준형의 타원은 초점이 x축 상에 원점에 대칭으로 있어야 한다.

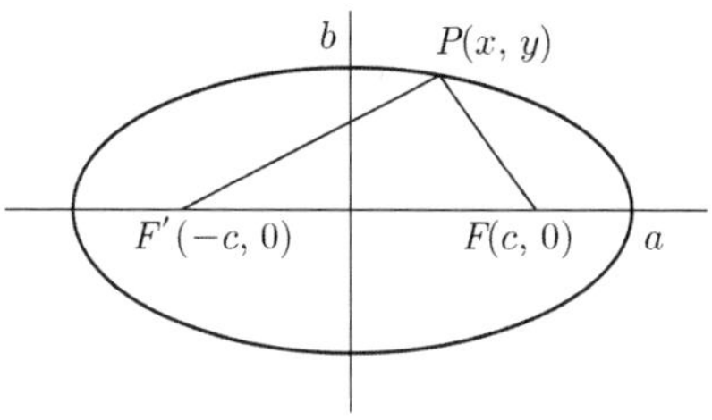

그림 1.2 타원의 초점거리

예 1.1

두 점 $(\pm 2,\ 0)$에서 거리의 합이 6인 점 $P(x,\ y)$의 자취에 대한 방정식과 이심율을 구하라.

풀이 거리의 합이 일정하므로 타원이다. $(\pm 2,\ 0)$는 x축 위에 원점에 대칭으로 있어서 표준형의 타원의 초점이고 $c=2$이다.

$$2a=6 \Rightarrow a=3 \Rightarrow b^2=a^2-c^2=5$$

그러므로 구하는 방정식과 이심율은

$$\frac{x^2}{9}+\frac{y^2}{5}=1, \quad e=\frac{c}{a}=\frac{2}{3}$$

이다.

주어진 조건에서 직접 계산하면

$$\begin{aligned} &\sqrt{(x-2)^2+y^2}+\sqrt{(x+2)^2+y^2}=6 \\ \Rightarrow\ &(x-2)^2+y^2=[6-\sqrt{(x+2)^2+y^2}]^2 \\ \Rightarrow\ &2x+9=3\sqrt{(x+2)^2+y^2} \\ \Rightarrow\ &(2x+9)^2=9(x^2+4x+4+y^2) \\ \Rightarrow\ &5x^2+9y^2=45 \ \Rightarrow\ \frac{x^2}{9}+\frac{y^2}{5}=1 \end{aligned}$$

과 같이 앞의 방법과 같은 결과이다.

---

y축에 평행인 두 직선

$$l: x=\frac{a}{e}, \quad l': x=-\frac{a}{e}$$

를 타원의 **준선**(directrix)이라고 한다. 점 $P(x,\ y)$가 타원 (*) 위의 점이기 위한 조건은

$$\frac{|PF|}{|Pl|}=e\left(\frac{|PF'|}{|Pl'|}=e\text{와 동치이다}\right)$$

이다. 그러므로 타원은

주어진 점과 직선까지 거리의 비가 0과 1사이의 일정한 값인 점들의 집합

이다.

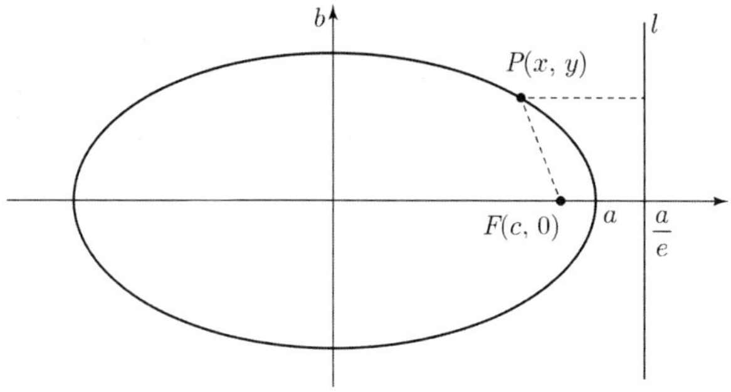

그림 1.3 타원의 준선

예 1.2

점 $(1, 0)$과 직선 $x=4$에서 거리의 비가 $\frac{1}{2}$인 점 $P(x, y)$의 자취의 방정식을 구하라.

풀이

$$|PF| = e|Pl|$$

$$\Rightarrow (x-1)^2 + y^2 = \left(\frac{1}{2}\right)^2 (x-4)^2$$

$$\Rightarrow 3x^2 + 4y^2 = 12$$

$$\Rightarrow \frac{x^2}{4} + \frac{y^2}{3} = 1$$

표준형의 타원에서 $a < b$인 경우는 타원이 y축으로 길쭉한 모양이 되어 y축에 초점이 있고 y축이 장축, x축이 단축이 된다. 표준형에서 a와 b의 역할이 바뀌어 나머지 식들은 다음과 같이 바뀐다.

$$c = \sqrt{b^2 - a^2}, \text{ 초점 } (0, \pm c),$$

$$\text{이심율 } e = \frac{c}{b}, \text{ 준선 } y = \pm\frac{b}{e}$$

예 1.3

다음 타원의 초점, 이심율, 준선을 구하라.

(1) $\frac{x^2}{9}+\frac{y^2}{4}=1$ (2) $\frac{x^2}{4}+\frac{y^2}{16}=1$

풀이 (1)

$$a=3,\ b=2 \Rightarrow c=\sqrt{9-4}=\sqrt{5}$$

이다. 그러므로

$$\text{초점}\quad (\pm c,\ 0)=(\pm\sqrt{5},\ 0),$$

$$\text{이심율}\ e=\frac{c}{a}=\frac{\sqrt{5}}{3},$$

$$\text{준선}\quad x=\pm\frac{a}{e}=\pm\frac{9}{\sqrt{5}}$$

(2)

$$a=2,\ b=4 \Rightarrow c=\sqrt{16-4}=2\sqrt{3}$$

이다. $a<b$이므로

$$\text{초점}\quad (0,\ \pm c)=(0,\ \pm 2\sqrt{3}),$$

$$\text{이심율}\ e=\frac{c}{b}=\frac{\sqrt{3}}{2},$$

$$\text{준선}\quad y=\pm\frac{b}{e}=\pm\frac{8}{\sqrt{3}}$$

중심과 대칭축인 장축, 단축이 이동한 경우를 살펴보자. 중심이 $(x_0,\ y_0)$이고 대칭축이 $x=x_0,\ y=y_0$인 타원의 방정식은 원점을 $(x_0,\ y_0)$로 평행이동하면 표준형이 되므로 방정식은

$$\frac{(x-x_0)^2}{a^2}+\frac{(y-y_0)^2}{b^2}=1$$

이다. $a>b$일 경우 $c=\sqrt{a^2-b^2}$,

$$\text{초점}\ (\pm c+x_0,\ y_0),\ \text{이심율}\ e=\frac{c}{a},$$

$$\text{준선}\ x-x_0=\pm\frac{a}{e},\ \text{즉}\ x=\pm\frac{a}{e}+x_0$$

이고, $a<b$인 경우 $c=\sqrt{b^2-a^2}$,

$$\text{초점 } (x_0,\ \pm c+y_0),\ \text{이심율 } e=\frac{c}{b},$$

$$\text{준선 } y-y_0=\pm\frac{b}{e},\ \text{즉 } y=\pm\frac{b}{e}+y_0$$

이다.

이 방정식을 전개하면

$$Ax^2+By^2+Cx+Dy+E=0$$

이 모양인데, 완전제곱꼴로 고치면 중심을 구할 수 있다.

예 1.4

다음 타원의 초점, 이심율, 준선의 방정식을 구하라.

(1) $\dfrac{(x-1)^2}{9}+\dfrac{(y+2)^2}{4}=1$ (2) $4x^2+y^2-16x+6y=0$

풀이 (1)

$$a=3,\ b=2\ \Rightarrow c=\sqrt{9-4}=\sqrt{5}$$

이다. 그러므로 이심율 $e=\dfrac{\sqrt{5}}{3}$,

$$\text{초점}(\pm\sqrt{5}+1,\ -2),\quad \text{준선 } x=\pm\frac{9}{\sqrt{5}}+1$$

이다.

(2)

$$\begin{aligned}\text{준식} &\Rightarrow 4(x-2)^2+(y+3)^2=25\\ &\Rightarrow \frac{(x-2)^2}{25/4}+\frac{(y+3)^2}{25}=1\\ &\Rightarrow a=\frac{5}{2},\ b=5\Rightarrow c=\frac{5\sqrt{3}}{2}\\ &\Rightarrow \text{이심율 } e=\frac{c}{b}=\frac{\sqrt{3}}{2},\quad \text{초점 }\left(2,\ \pm\frac{5\sqrt{3}}{2}-3\right)\\ &\quad\ \text{준선 } y=\pm\frac{10}{\sqrt{3}}-3\end{aligned}$$

예 1.5

다음 조건을 갖는 타원의 방정식을 구하라.

(1) x절편 ± 2, y절편 ± 4

(2) 초점 $(0,\ 0)$, $(2,\ 0)$, 초점거리의 합 3

(3) 이심율 $\frac{1}{2}$, 준선 $x=1$, 초점 $(0,\ 0)$

풀이 (1) x, y절편이 원점에 대칭이므로 원점이 중심인 타원이다. 절편을 고려하면 $a=2$, $b=4$이므로 방정식은 $\frac{x^2}{4}+\frac{y^2}{16}=1$이다.

(2) 타원 위의 점 $(x,\ y)$를 잡으면

$$
\begin{aligned}
&\sqrt{x^2+y^2}+\sqrt{(x-2)^2+y^2}=3 \\
\Rightarrow\ & x^2+y^2=[3-\sqrt{(x-2)^2+y^2}]^2 \\
\Rightarrow\ & 20x^2+36y^2-40x-25=0
\end{aligned}
$$

이다. 다른 방법으로 풀면, 초점의 위치에서 x축이 대칭축이고 중심이 $(1,\ 0)$, $c=1$이다. 초점거리의 합이 $2a=3$이므로 $a=\frac{3}{2}$이고, $b^2=a^2-c^2=\frac{5}{4}$이다. 따라서 타원의 방정식은 다음과 같다.

$$\frac{(x-1)^2}{9/4}+\frac{y^2}{5/4}=1$$

(3) 타원 위의 점 $P(x,\ y)$를 잡고 $|PF|=e|Pl|$로부터

$$
\begin{aligned}
&x^2+y^2=\frac{1}{4}(x-1)^2 \\
\Rightarrow\ & 3x^2+4y^2+2x-1=0
\end{aligned}
$$

(II) 쌍곡선(hyperbola)

방정식

$$\frac{x^2}{a^2}-\frac{y^2}{b^2}=1,\ (a,\ b>0) \qquad \cdots\ (**)$$

의 그래프를 그려보면 다음과 같다.

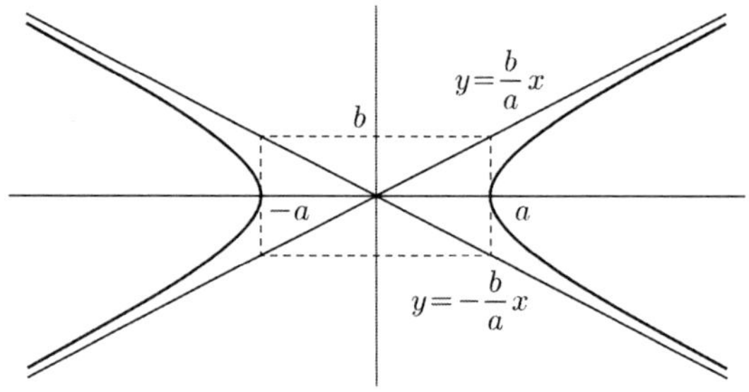

그림 1.4 표준형의 쌍곡선

이 도형을 표준형의 **쌍곡선**, 대칭축인 x축과 y축을 **주축**과 **공액축**, $(\pm a,\ 0)$을 **꼭지점**이라고 한다. 이 쌍곡선은 원점에 대칭이다. 이러한 점을 **중심**이라고 한다. 직선 $y = \pm\frac{b}{a}x$는 쌍곡선의 **점근선**이라고 하며 x, y의 값이 커지면 쌍곡선은 점근선에 가까이 간다.

예 1.6

표준형의 쌍곡선 $x^2 - y^2 = 1$은 $a = b = 1$이므로 점근선은 $y = \pm x$이다. 1사분면에서 쌍곡선상의 점 $(x_0,\ y_0)$을 잡으면

$$x_0^2 - y_0^2 = 1 \ \Rightarrow\ (x_0 - y_0)(x_0 + y_0) = 1$$

$$\Rightarrow x_0 - y_0 = \frac{1}{x_0 + y_0}$$

이고 $(x_0,\ y_0)$에서 점근선 $x - y = 0$까지 거리는

$$\frac{|x_0 - y_0|}{\sqrt{2}} = \frac{1}{\sqrt{2}\,(x_0 + y_0)} \to 0\,(x_0 \to \infty)$$

이므로 쌍곡선은 x값이 커지면 점근선에 가까이 간다.

$c = \sqrt{a^2 + b^2}$으로 둘 때 $e = \frac{c}{a}$를 쌍곡선의 **이심율**이라고 한다. $a < c$이므로 $e > 1$이다. a가 고정되어 있을 때, a, b 차이가 커지면 이심율이 커지면서 쌍곡선이 상하로 더 벌어지고, 이심율이 1에 가까워지면 납작하게 된다.

점 $F(c,\ 0)$, $F'(-c,\ 0)$를 쌍곡선 (**)이 **초점**(focus)이라고 하며 점 $P(x,\ y)$가 쌍곡선 (**) 위의 점이 될 조건은

$$||PF| - |PF'|| = 2a$$

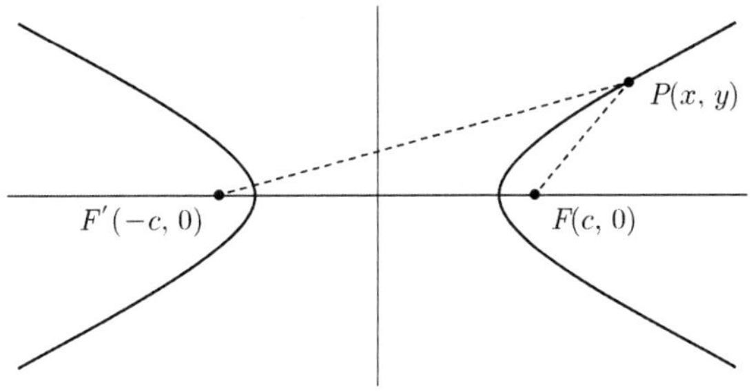

그림 1.5 쌍곡선의 초점거리

이다. 즉, 쌍곡선은

두 점에서 거리의 차이가 일정한 점들의 집합

이다. 표준형의 쌍곡선은 중심이 원점이고 초점이 x축 위에 원점에 대칭으로 있어야 한다.

예 1.7

두 점 $(\pm 1,\ 0)$에서 거리의 차이가 1인 점 $P(x,\ y)$들의 집합이 표준형의 쌍곡선임을 보이고 이심율을 구하라.

풀이

$$\sqrt{(x-1)^2+y^2}-\sqrt{(x+1)^2+y^2}=\pm 1$$
$$\Rightarrow (x-1)^2+y^2=[\pm 1+\sqrt{(x+1)^2+y^2}\,]^2$$
$$\Rightarrow (4x+1)^2=4(x+1)^2+4y^2$$
$$\Rightarrow 4x^2-\frac{4}{3}y^2=1$$

이므로 $a=\dfrac{1}{2},\ b=\dfrac{\sqrt{3}}{2}$인 표준형의 쌍곡선이다. 이심율은

$$c=\sqrt{\frac{1}{4}+\frac{3}{4}}=1\Rightarrow e=\frac{c}{a}=2$$

이다.

y축에 평행인 두 직선

$$l: x=\frac{a}{e},\quad l': x=-\frac{a}{e}$$

를 쌍곡선 (**)의 준선(directrix)이라 한다. 점 $P(x,\ y)$가 쌍곡선 (**) 위의 점이기 위한 조건은

$$\frac{|PF|}{|Pl|}=e\left(\frac{|PF'|}{|Pl'|}=e\text{와 동치이다}\right)$$

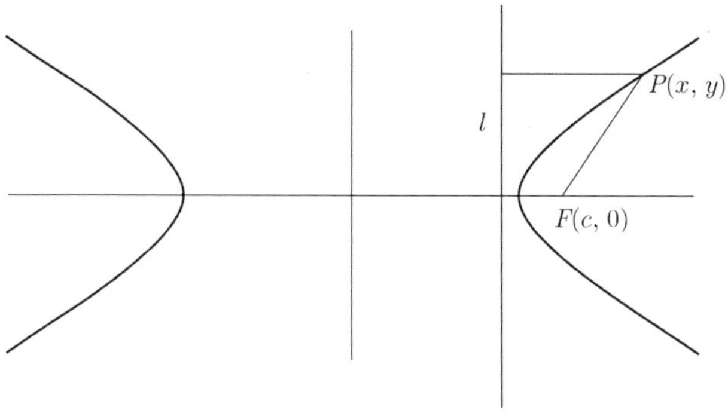

그림 1.6 쌍곡선의 준선

이다. 그러므로 쌍곡선은

주어진 점과 직선까지 거리의 비가 1보다 큰 일정한 값인 점들의 집합

이다.

예 1.8

점 $(\sqrt{5},\ 0)$과 직선 $x=\frac{4}{\sqrt{5}}$에서 거리의 비가 $\frac{\sqrt{5}}{2}$인 점 $P(x,\ y)$의 집합이 표준형의 쌍곡선임을 보여라.

풀이 $|PF|=e|Pl|$에서

$$(x-\sqrt{5})^2+y^2=\frac{5}{4}\left(x-\frac{4}{\sqrt{5}}\right)^2 \Rightarrow \frac{x^2}{4}-y^2=1$$

이므로 $a=2,\ b=1$인 표준형의 쌍곡선이다.

방정식

$$\frac{x^2}{a^2} - \frac{y^2}{b^2} = -1 \left(\text{또는 동치인 방정식 } \frac{y^2}{b^2} - \frac{x^2}{a^2} = 1\right)$$

의 그래프를 그려보면 다음 그림과 같다.

이 쌍곡선을 $\frac{x^2}{a^2} - \frac{y^2}{b^2} = 1$의 **공액쌍곡선**이라고 한다. 공액쌍곡선은 y축이 주축이 되고 표준형에서 x와 y의 역할이 바뀌고 a와 b의 역할이 바뀌므로 나머지 식들은 다음과 같이 바뀐다.

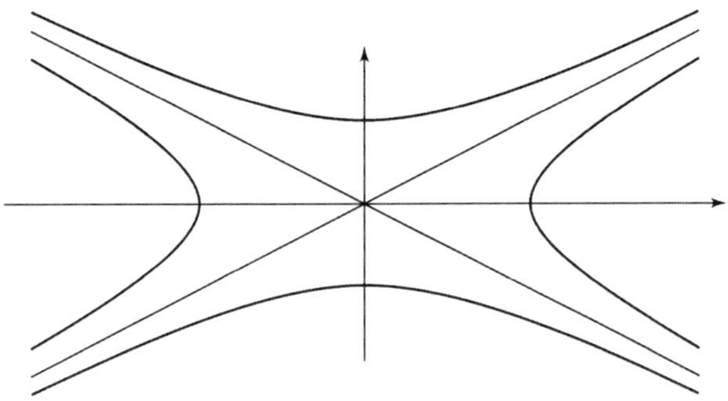

그림 1.7 공액쌍곡선

$$c = \sqrt{b^2 + a^2}, \text{ 초점 } (0, \ \pm c),$$

$$\text{이심율 } e = \frac{c}{b}, \text{ 준선 } y = \pm \frac{b}{e}$$

$$\text{점근선 } y = \pm \frac{b}{a} x$$

예 1.9

다음 쌍곡선의 초점, 이심율, 준선을 구하라.

(1) $\frac{x^2}{9} - \frac{y^2}{4} = 1$ (2) $\frac{x^2}{4} - \frac{y^2}{16} = -1$

풀이 (1)

$$a = 3, \ b = 2 \Rightarrow c = \sqrt{9+4} = \sqrt{13}$$

$$\therefore \text{ 초점 } (\pm c, \ 0) = (\pm \sqrt{13}, \ 0), \ e = \frac{c}{a} = \frac{\sqrt{13}}{3},$$

$$\text{준선 } x = \pm \frac{a}{e} = \pm \frac{9}{\sqrt{13}}$$

(2) $a=2,\ b=4\ \Rightarrow c=\sqrt{4+16}=2\sqrt{5}$

$$\therefore\ \text{초점}\ (0,\ \pm c)=(0,\ \pm 2\sqrt{5}),\ e=\frac{c}{b}=\frac{\sqrt{5}}{2},$$

$$\text{준선}\ y=\pm\frac{b}{e}=\pm\frac{8}{\sqrt{5}}$$

이다.

중심이 $(x_0,\ y_0)$이고 대칭축이 $x=x_0,\ y=y_0$인 쌍곡선의 방정식은

$$\frac{(x-x_0)^2}{a^2}-\frac{(y-y_0)^2}{b^2}=1\ (\text{또는}\ -1) \tag{2.4}$$

로 주어지며, $c=\sqrt{a^2+b^2}$이고

$$\text{초점}\ (\pm c+x_0,\ y_0),\ \text{이심율}\ e=\frac{c}{a},$$

$$\text{준선}\ x-x_0=\pm\frac{a}{e},\ \text{즉}\ x=\pm\frac{a}{e}+x_0$$

이다. 우변이 -1인 경우 $c=\sqrt{b^2+a^2}$이고,

$$\text{초점}\ (x_0,\ \pm c+y_0),\ \text{이심율}\ e=\frac{c}{b},$$

$$\text{준선}\ y-y_0=\pm\frac{b}{e},\ \text{즉}\ y=\pm\frac{b}{e}+y_0$$

이다.

예 1.10

다음 쌍곡선의 초점, 이심율, 준선의 방정식을 구하라.

(1) $\dfrac{(x-1)^2}{4}-\dfrac{(y+2)^2}{2}=1$ (2) $4x^2-y^2-16x-6y+8=0$

풀이 (1) $a=2,\ b=\sqrt{2}\Rightarrow c=\sqrt{6}\Rightarrow e=\dfrac{\sqrt{6}}{2}$

$$\therefore\ \text{초점}\ (\pm\sqrt{6}+1,\ -2),\ \text{준선}\ x=\pm\frac{4}{\sqrt{6}}+1$$

(2) 준식 $\Rightarrow 4(x-2)^2-(y+3)^2 = -1$

$$\Rightarrow a=\frac{1}{2},\ b=1 \Rightarrow c=\frac{\sqrt{5}}{2}$$

$$\Rightarrow e=\frac{c}{b}=\frac{\sqrt{5}}{2},\ \text{초점} \left(2,\ \pm\frac{\sqrt{5}}{2}-3\right),$$

$$\text{준선 } y = \pm\frac{2}{\sqrt{5}}-3$$

이다.

(III) 포물선(parabola)

방정식

$$y^2 = 4px,\ (p>0)$$

의 그래프는 다음과 같다.

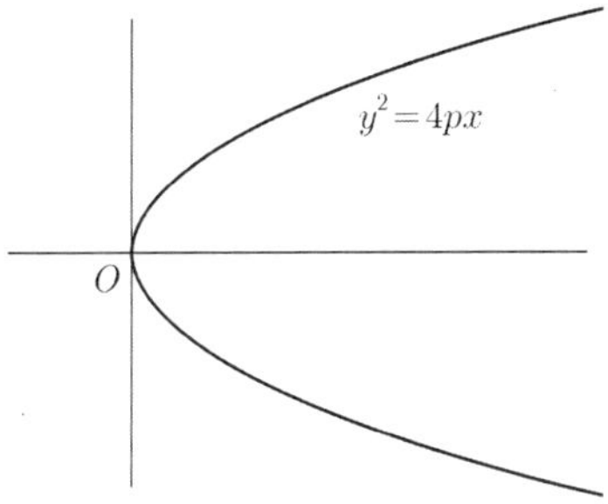

그림 1.8 표준형의 포물선

이 그래프를 표준형의 **포물선**(parabola), x축을 **주축**, 원점을 **꼭지점**이라 한다. 포물선은 점대칭이 아니므로 중심은 없지만 대칭축은 있다.

점 $F(p,\ 0)$을 포물선 $y^2=4px$의 **초점**(focus), y축에 평행인 직선 $l: x=-p$를 포물선의 **준선**(directrix)이라 한다. 점 $P(x,\ y)$가 포물선 위의 점이기 위한 조건은

$$\frac{|PF|}{|Pl|}=1\ (\text{즉, } |PF|=|Pl|)$$

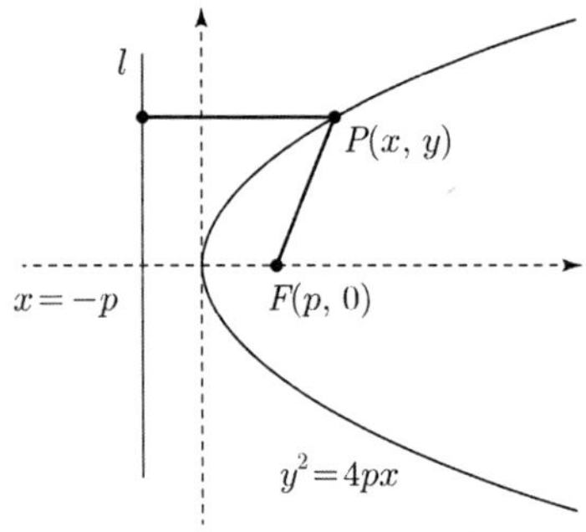

그림 1.9 포물선의 초점과 준선

이다. 그러므로 포물선은

주어진 점과 직선까지 거리가 같은 점들의 집합

이다. 표준형의 포물선은 꼭짓점이 원점이고 주축이 x축이어야 한다.

포물선 $y^2 = 4px$의 초점을 지나는 직선이 포물선과 만나는 점을 P_1, P_2라고 하면 선분 $\overline{P_1P_2}$를 지름으로 하는 원은 준선에 접한다. 왜냐하면 선분 $\overline{P_1P_2}$의 중점을 M, 그리고 P_1, M, P_2에서 준선 l에 내린 수선이 만나는 점을 각각 Q_1, N, Q_2라 할 때, 포물선의 성질에 의해서

$$\begin{aligned} 2|P_1M| &= |P_1P_2| = |P_1F| + |P_2F| \\ &= |P_1Q_1| + |P_2Q_2| = 2|MN| \\ \Rightarrow |P_1M| &= |P_2M| = |MN| \end{aligned}$$

이므로 준선은 $\overline{P_1P_2}$를 지름으로 하는 원에 접한다.

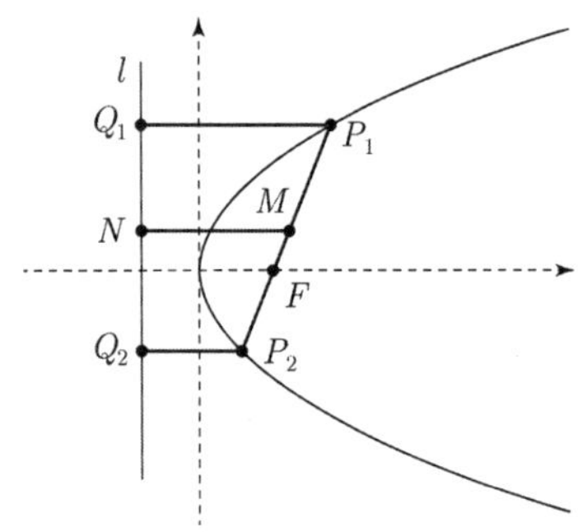

그림 1.10 포물선의 성질

예 1.11

점 (1, 0)과 직선 $x = -1$까지 거리가 같은 점 $P(x, y)$의 집합이 표준형의 포물선임을 보여라.

풀이 $|PF| = |Pl|$에서

$$(x-1)^2 + y^2 = (x+1)^2 \Rightarrow y^2 = 4x$$

는 $p = 1$인 표준형의 포물선이다.

표준형의 포물선을 $\frac{\pi}{2}$씩 회전한 포물선의 초점과 준선은 다음과 같다.

회전각	방정식	초점	준선
$\frac{\pi}{2}$	$x^2 = 4py$	$(0, p)$	$y = -p$
π	$y^2 = -4px$	$(-p, 0)$	$x = p$
$-\frac{\pi}{2}$	$x^2 = -4py$	$(0, -p)$	$y = p$

예 1.12

다음 포물선의 초점, 준선을 구하라.

(1) $x^2 = 2y$　　　(2) $y^2 = -4x$

풀이 (1) $p = \frac{1}{2} \Rightarrow$ 초점 $\left(0, \frac{1}{2}\right)$, 준선 $y = -\frac{1}{2}$

(2) $p = -1 \Rightarrow$ 초점 $(-1, 0)$, 준선 $x = 1$

꼭지점 (x_0, y_0), 주축 $y = y_0$인 포물선의 방정식, 초점, 준선은 다음과 같다.

방정식 $(y - y_0)^2 = 4p(x - x_0)$

초점 $(p + x_0, y_0)$,

준선 $x - x_0 = -p$ 즉, $x = -p + x_0$

예 1.13

다음 포물선의 초점, 준선의 방정식을 구하라.

(1) $(y-1)^2 = x-3$　　　　　　(2) $y = 4x^2 - 4x + 6$

풀이 (1) 준식 $\Rightarrow (y-1)^2 = 4 \cdot \frac{1}{4}(x-3) \Rightarrow p = \frac{1}{4}$, 꼭짓점 $(3,\ 1)$

$\Rightarrow$ 초점 $\left(\frac{1}{4}+3,\ 1\right) = \left(\frac{13}{4},\ 1\right)$, 준선 $x = -\frac{1}{4}+3 = \frac{11}{4}$

(2) 방정식을 변형하면

$$y-5 = 4\left(x-\frac{1}{2}\right)^2 \Rightarrow p = \frac{1}{16},\ \text{꼭짓점}\ \left(\frac{1}{2},\ 5\right)$$

$$\Rightarrow \text{초점}\ \left(0+\frac{1}{2},\ \frac{1}{16}+5\right) = \left(\frac{1}{2},\ \frac{81}{16}\right),\ \text{준선}\ y = \frac{79}{16}$$

(IV) 퇴화 2차 곡선

2차 곡선 중에서 타원, 쌍곡선, 포물선을 제외한 곡선을 **퇴화 2차 곡선**이라 한다. 이들은 공집합, 점, 직선, 평행인 두 직선, 만나는 두 직선이다. 이제 표준형의 퇴화 2차 곡선에 대해서 살펴보자. 아래에서 $a,\ b > 0$이다.

(1) 공집합: $\frac{x^2}{a^2} + \frac{y^2}{b^2} = -1,\ x^2 = -a^2$

위의 방정식을 만족하는 $(x,\ y)$는 존재하지 않으므로 그래프는 공집합이다.

(2) 점: $\frac{x^2}{a^2} + \frac{y^2}{b^2} = 0$

이방정식을 만족하는 점은 원점뿐이므로 그래프는 점이다.

(3) 직선: $x^2 = 0$

이 방정식은 $x = 0$과 동치이므로 그래프는 직선이다.

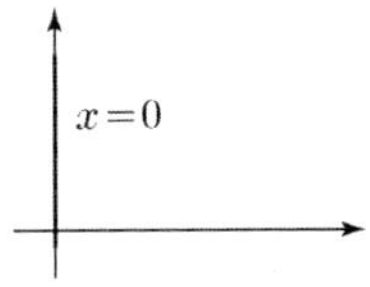

그림 1.11 $x^2=0$**의 그래프**

(4) 평행인 두 직선: $x^2=a^2$

이 방정식을 변형하면 $(x+a)(x-a)=0$이므로 그래프는 $x-a=0$, $x+a=0$에 의한 평행인 두 직선이다.

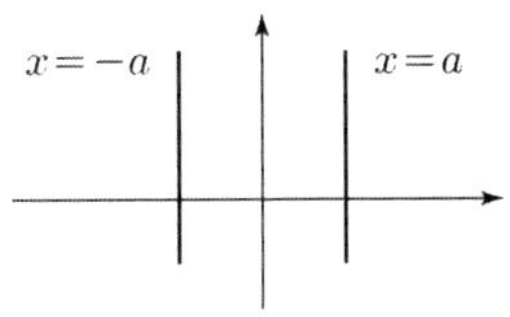

그림 1.12 $x^2=a^2$**의 그래프**

(5) 만나는 두 직선: $\frac{x^2}{a^2}-\frac{y^2}{b^2}=0$

$$\left(\frac{x}{a}+\frac{y}{b}\right)\left(\frac{x}{a}-\frac{y}{b}\right)=0$$

이므로 이것은

$$\frac{x}{a}+\frac{y}{b}=0,\quad \frac{x}{a}-\frac{y}{b}=0$$

이고, 원점에서 만나는 두 직선이다.

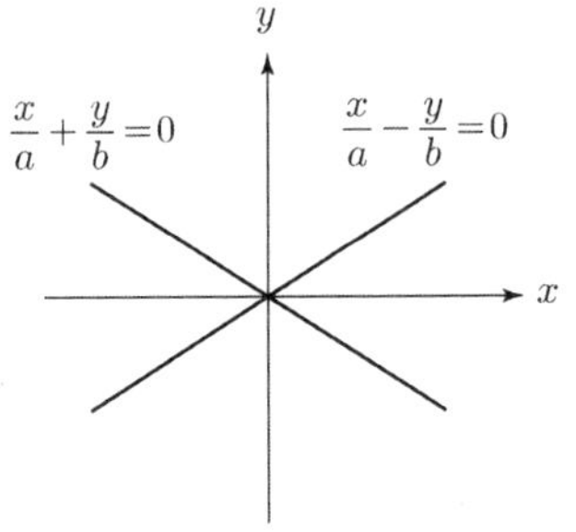

그림 1.13 $\frac{x^2}{a^2}-\frac{y^2}{b^2}=0$**의 그래프**

퇴화 2차 곡선은 이상의 표준형의 그래프 중의 하나를 평행이동과 회전이동을 통하여 얻을 수 있다.

예 1.14

다음 퇴화 2차 곡선의 그래프를 그려라.

(1) $x^2 - xy = 0$

(2) $x^2 + 2xy + y^2 - 4 = 0$

풀이 (1) $x(x-y) = 0$이므로 $x = 0$, $x - y = 0$의 만나는 두 직선이다.

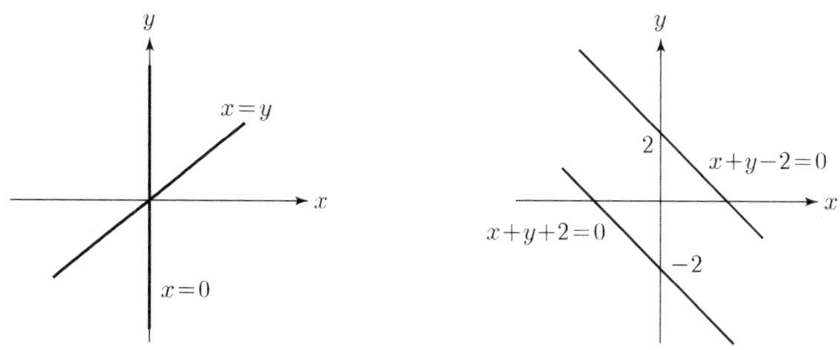

그림 1.14 $x^2 - xy = 0$, $x^2 + 2xy + y^2 - 4 = 0$**의 그래프**

(2) $(x+y+2)(x+y-2) = 0$이므로 $x + y + 2 = 0$와 $x + y - 2 = 0$의 평행인 두 직선이다.

예 1.15

다음 퇴화 2차 곡선의 그래프를 그려라.

(1) $x^2 - 2xy + y^2 + 4 = 0$

(2) $x^2 + 2xy + 2y^2 + 2y + 1 = 0$

풀이 (1) $(x-y)^2 + 4 = 0$이므로 공집합이다.

(2) $(x+y)^2 + (y+1)^2 = 0 \Rightarrow x + y = 0,\ y + 1 = 0 \Rightarrow$ 점 $(1,\ -1)$

일반 2차 곡선 $F(x,\ y)=0$을 평행이동과 회전이동의 좌표변환을 하면 지금까지 다룬 표준형의 2차 곡선 중의 하나가 된다는 것을 2차 곡선의 분류에서 보일 것이다.

이때 사용되는 2차 곡선의 핵심적인 특징은 대칭성이다. 포물선을 제외하고 표준형의 2차 곡선은 모두 점대칭이고, 모든 표준형의 2차 곡선은 대칭축을 갖고 있다.

연습문제 3.1

1. 다음 도형의 초점, 이심률, 준선의 방정식을 구하라.

(1) $x^2+5y^2=25$ (2) $9x^2+4y^2=144$

(3) $x^2-5y^2=25$ (4) $-4x^2+9y^2=144$

2. 다음 도형의 초점, 이심률, 준선의 방정식을 구하라.

(1) $4x^2+9y^2-8x+54y+49=0$ (2) $4x^2+y^2-8y=0$

(3) $4x^2-9y^2-8x+54y-41=0$ (4) $-4x^2+y^2-8y=0$

3. 다음 타원의 방정식을 구하라.

(1) 이심률 $\frac{1}{2}$, 준선 $y=5$, 초점 $(0,\ 2)$

(2) 초점 $(0,\ 5)$, $(0,\ -1)$, 단축의 꼭짓점 $(1,\ 2)$

(3) 꼭짓점 $(\pm 2,\ 2)$,$(0,\ 5)$, $(0,\ -1)$

(4) 초점 $(1,\ 0)$, $(-3,\ 0)$, 초점거리의 합 8

4. 다음 쌍곡선의 방정식을 구하라.

(1) 초점 $(1,\ 0)$, $(-3,\ 0)$, 꼭짓점 $\left(\frac{1}{2},\ 0\right)$, $\left(-\frac{5}{2},\ 0\right)$

(2) 초점 $(\pm 4,\ 0)$, 이심률 $\frac{3}{2}$

(3) 초점 $(1,\ 1)$, 이심률 2, 준선 $y=2$

(4) 초점 $(\pm 5,\ 1)$, 통과점 $(4,\ 1)$

5. 다음 조건을 만족하는 쌍곡선을 구하라.

(1) 점근선 $x+y-1=0$, $x-y-3=0$, 초점 $(3,\ -1)$

(2) 점근선 $2x+y+4=0$, $2x-y+8=0$, 초점 $(-3,\ -3)$

6. 다음 포물선의 초점, 꼭짓점, 준선의 방정식을 구하라.

(1) $y^2=8x-4y$ (2) $y^2-2y+4x+5=0$

7. 다음 조건을 만족하는 포물선의 방정식을 구하라.

(1) 초점 $(1,\ 3)$, 준선 $y=4$　　(2) 꼭짓점 $(1,\ -1)$, 준선 $x=2$

8. 다음 퇴화 2차 곡선의 그래프를 그려라.

(1) $x^2-y^2+2x+1=0$　　(2) $x^2-4xy+4y^2=0$

(3) $x^2+2xy+4y^2=0$　　(4) $x^2+2xy+4y^2+1=0$

9. 두 점 $(2,\ -1)$, $(-2,\ 1)$에 대해서 다음 조건을 만족하는 도형의 방정식을 구하라.

(1) 두 점까지 거리의 합이 6　　(2) 거리의 차이가 2

10. 직선 $l:3x-4y+5=0$과 점 $(1,\ 0)$에 대해서 점과 직선까지 거리의 비가 다음과 같은 도형의 방정식을 구하라.

(1) $\frac{1}{2}$　　(2) 1

(3) 2

11. 다음 $P(a,\ 0)$, $Q(0,\ b)$에 대해서 $\overrightarrow{PQ}$를 $2:1$를 내분하는 점의 자취를 구하라.

(1) $|PQ|=4$　　(2) $a^2-b^2=1$

3.2 극방정식과 매개방정식

극방정식

직선과 원의 극방정식은 이미 다루었고 이제 타원, 쌍곡선, 포물선의 극방정식을 알아보자. 이들 곡선은 초점, 준선, 이심률을 이용하여 정의된다. 즉 초점과 준선에 이르는 거리의 비가 이심률이 되는 점들의 집합이다.

(1) 초점 O, 준선 $l: x = -d(d>0)$, 이심률이 e인 도형의 극방정식

곡선 위의 임의의 점 $P(r, \theta)$를 잡으면

$$r = |OP| = e|Pl| = e(r\cos\theta + d)$$

$$\Rightarrow r = \frac{de}{1 - e\cos\theta}$$

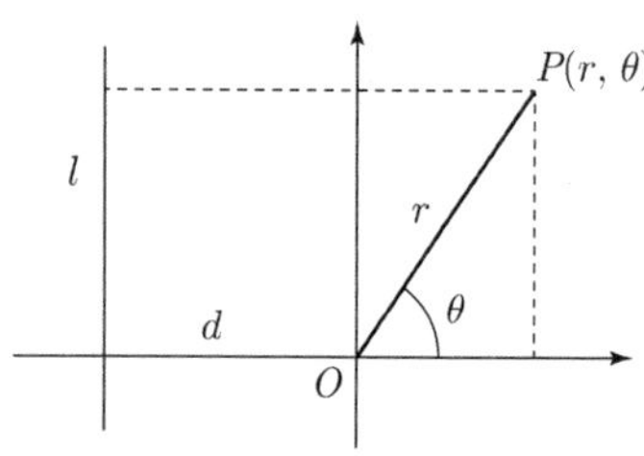

그림 2.1 초점 O, 준선 $x = -d(d>0)$

(2) 초점 O, 준선 $x = d(d>0)$, 이심률이 e인 도형의 극방정식

같은 방법으로 계산하면 $r = \dfrac{de}{1 + e\cos\theta}$이다.

(3) 초점 O, 준선 $y = \pm d(d>0)$, 이심률이 e인 도형의 극방정식

$$r = |OP| = e|Pl| = e(r\sin\theta \mp d)$$

$$\Rightarrow r = \frac{de}{1 \pm e\sin\theta}$$

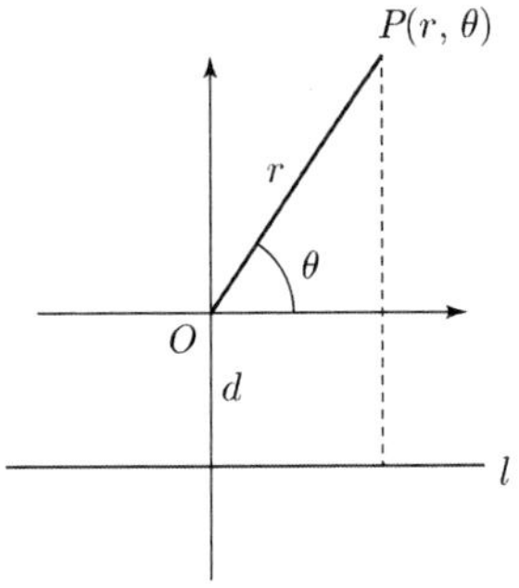

그림 2.2 초점 O, 준선 $y=-d(d>0)$

예 2.1

다음 극방정식의 직교방정식을 구하라.

(1) $r=\dfrac{4}{3+2\sin\theta}$ (2) $r=\dfrac{12}{2-\cos\theta}$

풀이 (1) 준식 $\Rightarrow r=\dfrac{\frac{4}{3}}{1+\frac{2}{3}\sin\theta}=\dfrac{2\cdot\frac{2}{3}}{1+\frac{2}{3}\sin\theta}$

$$\Rightarrow e=\frac{2}{3},\ d=2$$

이므로 곡선은

$$\text{초점 } O,\ \text{준선 } y=2,\ \text{이심율 } e=\frac{2}{3}$$

인 타원이다. 곡선 위의 점 $P(x,\ y)$를 잡으면 방정식은

$$x^2+y^2=\frac{4}{9}(2-y)^2$$
$$\Rightarrow 9x^2+5y^2+16y-16=0$$

이다.

두 좌표 사이의 관계식 $x=r\cos\theta,\ y=r\sin\theta$를 사용해도 변환가능하다.

$$\text{준식} \Rightarrow 3r+2r\sin\theta=4 \Rightarrow 3r=4-2y$$
$$\Rightarrow 9r^2=(4-2y)^2 \Rightarrow 9(x^2+y^2)=(4-2y)^2$$
$$\Rightarrow 9x^2+5y^2+16y-16=0$$

(2) $$\text{준식} \Rightarrow r = \frac{12 \cdot \frac{1}{2}}{1 - \frac{1}{2}\cos\theta} \Rightarrow e = \frac{1}{2},\ d = 12$$

이므로 곡선은

$$\text{초점 } O,\ \text{준선 } x = -12,\ \text{이심율 } e = \frac{1}{2}$$

인 타원이다. 곡선 위의 점 $P(x,\ y)$를 잡으면 방정식은

$$x^2 + y^2 = \frac{1}{4}(x + 12)^2$$
$$\Rightarrow 3x^2 + 4y^2 - 24x - 144 = 0$$

이다.

예 2.2

다음 극방정식의 직교방정식을 구하라.

(1) $r = \dfrac{4}{2 + 3\cos\theta}$ (2) $r = \dfrac{2}{1 - 2\sin\theta}$

(3) $r = \dfrac{6}{1 + \cos\theta}$

풀이 (1) $$\text{준식} \Rightarrow r = \frac{2}{1 + \frac{3}{2}\cos\theta} = \frac{\frac{4}{3} \cdot \frac{3}{2}}{1 + \frac{3}{2}\cos\theta}$$
$$\Rightarrow e = \frac{3}{2},\ d = \frac{4}{3}$$

이므로 곡선은

$$\text{초점 } O,\ \text{준선 } x = \frac{4}{3},\ \text{이심율 } e = \frac{3}{2}$$

인 쌍곡선이다. 곡선 위의 점 $P(x,\ y)$를 잡으면 방정식은

$$x^2 + y^2 = \frac{9}{4}\left(x - \frac{4}{3}\right)^2$$
$$\Rightarrow 5x^2 - 4y^2 - 24x + 16 = 0$$

이다.

(2)
$$\text{준식} \Rightarrow e=2,\ d=1$$

이므로 곡선은

$$\text{초점 } O,\ \text{준선 } y=-1,\ \text{이심율 } e=2$$

인 쌍곡선이다. 곡선 위의 점 $P(x,\ y)$를 잡으면 방정식은

$$x^2+y^2=4(y+1)^2$$
$$\Rightarrow 3y^2-x^2+8y+4=0$$

이다.

(3)
$$\text{준식} \Rightarrow e=1,\ d=6$$

이므로 곡선은

$$\text{초점 } O,\ \text{준선 } x=6$$

인 포물선이다. 곡선 위의 점 $P(x,\ y)$를 잡으면 방정식은

$$x^2+y^2=(x-6)^2 \Rightarrow y^2+12x-36=0$$

이다.

매개방정식

(1) 타원의 매개방정식

표준형의 타원 $\dfrac{x^2}{a^2}+\dfrac{y^2}{b^2}=1$의 매개방정식은

$$x=a\cos\theta,\ y=b\sin\theta$$

이고, 중심을 $P_0(x_0,\ y_0)$으로 평행이동한 타원

$$\frac{(x-x_0)^2}{a^2}+\frac{(y-y_0)^2}{b^2}=1$$

의 매개방정식은

$$x = x_0 + a\cos\theta,\ y = y_0 + b\sin\theta$$

이다.

(2) 쌍곡선의 매개방정식

표준형의 쌍곡선 $\frac{x^2}{a^2} - \frac{y^2}{b^2} = 1$의 매개방정식은

$$x = a\sec\theta,\ y = b\tan\theta$$

이고, 중심을 $P_0(x_0,\ y_0)$으로 평행이동한 쌍곡선

$$\frac{(x - x_0)^2}{a^2} - \frac{(y - y_0)^2}{b^2} = 1$$

의 매개방정식은

$$x = x_0 + a\sec\theta,\ y = y_0 + b\tan\theta$$

이다.

(3) 포물선의 매개방정식

표준형의 포물선 $y^2 = 4px$의 매개방정식은

$$x = pt^2,\ y = 2pt$$

이고, 중심을 $P_0(x_0,\ y_0)$으로 평행이동한 포물선

$$(y - y_0)^2 = 4p(x - x_0)$$

의 매개방정식은

$$x = x_0 + pt^2,\ y = y_0 + 2pt$$

이다.

예 2.3

다음 매개방정식의 직교방정식을 구하라.

(1) $x = -1 + 2\sin t,\ y = 2 + 4\cos t$　　　(2) $x = 3 + \sec t,\ y = \tan t$

(3) $x = 5 + 2t,\ y = -1 + t^2$

풀이 (1) 준식 $\Rightarrow x + 1 = 2\sin t,\ y - 2 = 4\cos t$

$$\Rightarrow \frac{x+1}{2} = \sin t,\ \frac{y-2}{4} = \cos t$$

$$\Rightarrow \frac{(x+1)^2}{4} + \frac{(y-2)^2}{16} = 1$$

(2) 준식 $\Rightarrow x - 3 = \sec t,\ y = \tan t$

$$\Rightarrow (x-3)^2 - y^2 = 1$$

(3) 준식 $\Rightarrow x - 5 = 2t,\ y + 1 = t^2$

$$\Rightarrow (x-5)^2 = 4(y+1)$$

예 2.4

다음 직교방정식의 매개방정식을 구하라.

(1) $x^2 + 2y^2 + 4x - 4y + 2 = 0$　　　(2) $4x^2 - y^2 + 4x + 5 = 0$

(3) $y^2 + x - 2y + 2 = 0$

풀이 (1) 준식 $\Rightarrow (x+2)^2 + 2(y-1)^2 - 4 = 0$

$$\Rightarrow \frac{(x+2)^2}{4} + \frac{(y-1)^2}{2} = 1$$

$$x = -2 + 2\cos t,\ y = 1 + \sqrt{2}\sin t$$

(2) 준식 $\Rightarrow 4\left(x + \frac{1}{2}\right)^2 - y^2 = -4$

$$\Rightarrow \frac{y^2}{4} - \left(x + \frac{1}{2}\right)^2 = 1$$

$$\Rightarrow x = -\frac{1}{2} + \tan t,\ y = 2\sec t$$

(3) 준식 $\Rightarrow (y-1)^2 + x + 1 = 0$

$$\Rightarrow (y-1)^2 = -(x+1)$$

$y-1=t$라고 두면,

$$(y-1)^2=t^2 \Rightarrow x+1=-t^2$$
$$\Rightarrow x=-1-t^2,\ y=1+t$$

연습문제 3.2

1. 다음 극방정식의 직교방정식을 구하라.

(1) $r = -3\sin\theta$

(2) $r = -4$

(3) $r = \dfrac{3}{3+\cos\theta}$

(4) $r = \dfrac{4}{2+3\cos\theta}$

(5) $r = \dfrac{3}{2+2\cos\theta}$

2. 다음 직교방정식의 매개방정식을 구하라.

(1) $x^2 + 4y^2 + 6x - 8y - 3 = 0$

(2) $4x^2 - y^2 + 4x - 2y - 1 = 0$

(3) $y^2 - 4x - 8y = 0$

3. 다음 매개방정식의 직교방정식을 구하라.

(1) $x = 1 + 4\sec\theta,\ y = 2 - 2\tan\theta$

(2) $x = \sin\theta,\ y = 1 - 3\cos\theta$

(3) $x = -1 + t^2,\ y = 3 + 2t$

3.3 접선과 직경

접선

2차 곡선 $F(x,\ y)=0$ 위의 점 $P_1(x_1,\ y_1)$에서 접선의 방정식을 알아보자.

점 $P_1(x_1,\ y_1)$을 지나고 방향 코사인이 $\lambda,\ \mu$인 직선

$$l: x = x_1 + \lambda t,\ y = y_1 + \mu t$$

와 $F(x,\ y)=0$의 교점방정식

$$F(x_1 + \lambda t,\ y_1 + \mu t) = 0$$

을 계산하면

$$pt^2 + 2[\lambda(ax_1 + hy_1 + g) + \mu(hx_1 + by_1 + f)]t = 0$$

이다(p는 적당한 실수). 이 방정식의 근을 l의 매개방정식에 대입하면 2차 곡선과 직선의 교점이 되고, $t=0$에 해당하는 점은 P_1이다. 직선 l이 2차 곡선의 접선이 될 조건은 P_1만 교점이 되어야 하므로

$$\begin{aligned} & t = 0\text{는 중근} \\ \Leftrightarrow\ & \lambda(ax_1 + hy_1 + g) + \mu(hx_1 + by_1 + f) = 0 \\ \Leftrightarrow\ & (\lambda,\ \mu) \perp (ax_1 + hy_1 + g,\ hx_1 + by_1 + f) \end{aligned}$$

이므로 l의 방정식을

$$(ax_1 + hy_1 + g)x + (hx_1 + by_1 + f)y + q = 0$$

이라고 하면, 직선이 P_1을 지나므로

$$\begin{aligned} & (ax_1 + hy_1 + g)x_1 + (hx_1 + by_1 + f)y_1 + q = 0 \\ \Rightarrow\ & ax_1^2 + 2hx_1y_1 + by_2^2 + gx_1 + fy_1 + q = 0 \end{aligned}$$

이다.

$$F(x_1,\ y_1) = 0 \Rightarrow q = gx_1 + fy_1 + c$$

이고, 이를 이용하여 정리하면 곡선 위의 점 $P_1(x_1,\ y_1)$에서 접선의 방정식을 다음과 같다.

$$ax_1x + h(x_1y + xy_1) + by_1y + g(x + x_1) + f(y + y_1) + c = 0$$

2차 곡선이 등위곡선 $F(x,\ y) = 0$으로 주어지므로 접선을 미적분학을 이용해서 구할 수도 있다. 곡선 위의 점 $P_1(x_1,\ y_1)$에서 수직 방향은 그래디언트(gradient) 방향이므로 접선의 수직 방향은

$$\begin{aligned}\nabla F(x_1,\ y_1) &= \left(\frac{\partial F}{\partial x}(x_1,\ y_1),\ \frac{\partial F}{\partial y}(x_1,\ y_1)\right) \\ &= (2ax_1 + 2hy_1 + 2g,\ 2hx_1 + 2by_1 + 2f)\end{aligned}$$

이므로 접선의 수직 방향과 일치함을 알 수 있다.

타원 및 쌍곡선 $\dfrac{x^2}{a^2} \pm \dfrac{y^2}{b^2} = 1$ 위의 점 $P_1(x_1,\ y_1)$에서 접선의 방정식은

$$\frac{x_1x}{a^2} \pm \frac{y_1y}{b^2} = 1$$

이고, 포물선 $y^2 = 4px$ 위의 점 $P_1(x_1,\ y_1)$에서 접선의 방정식은

$$y_1y = 2p(x + x_1)$$

이다.

포물선의 접선이 x축과 만나는 점을 Q라 하면 Q의 좌표는 접선의 방정식에서 $(-x_1,\ 0)$이다.

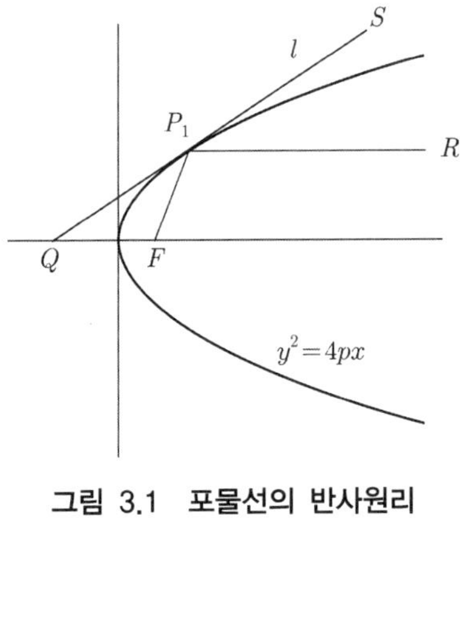

그림 3.1 포물선의 반사원리

한편

$$|QF| = p + x_1 = (P_1\text{에서 준선 } x = -p\text{까지 거리}) = |P_1F|$$

이므로

$$\angle QP_1F = \angle P_1QF = \angle SP_1R$$

이 성립한다.

그러므로 포물선의 축에 평행하게 들어온 빛은 초점에 모이고 역으로 초점에서 나온 빛은 포물선에 반사되어 축에 평행하게 나간다. 자동차의 헤드라이트는 반사면이 포물선으로 되어있고 전구는 포물선의 초점에 위치하여 빛이 곧게 멀리 나가도록 하는 원리를 사용한다.

예 3.1

다음 2차 곡선 위의 점 P_1에서 접선의 방정식을 구하라.

(1) $4x^2 + y^2 = 40$, $P_1(-3,\ 2)$ (2) $xy = 21$, $P_1(3,\ 7)$

(3) $x^2 = 12y$, $P_1(6,\ 3)$

풀이 (1) $4(-3)x + 2y = 40 \Rightarrow -6x + y - 20 = 0$

(2) 방정식의 양변에 2를 곱한 방정식 $2xy = 42$에 공식을 사용하면, 접선의 방정식은

$$7x + 3y - 42 = 0$$

이다.

(3) $$6x = 6(y+3) \Rightarrow x - y - 3 = 0$$

타원, 쌍곡선, 포물선의 기울기 m인 접선의 방정식을 구하여 보자.

(i) 타원 $\dfrac{x^2}{a^2} + \dfrac{y^2}{b^2} = 1$의 기울기 m인 접선의 접점을 $(a\cos\theta,\ b\sin\theta)$라고 두면 접선은

$$\frac{a\cos\theta}{a^2}x + \frac{b\sin\theta}{b^2}y = 1$$

$$\Rightarrow y = -\frac{b\cos\theta}{a\sin\theta}x + \frac{b}{\sin\theta} \Rightarrow m = -\frac{b\cos\theta}{a\sin\theta}$$

$$\Rightarrow \frac{b^2}{\sin^2\theta} = \frac{b^2(\cos^2\theta + \sin^2\theta)}{\sin^2\theta} = \frac{b^2\cos^2\theta}{\sin^2\theta} + b^2 = a^2m^2 + b^2$$

$$\Rightarrow \frac{b}{\sin\theta} = \pm\sqrt{a^2m^2 + b^2}$$

이다. 그러므로 기울기 m인 접선의 방정식은 다음과 같다.

$$y = mx \pm \sqrt{a^2m^2 + b^2}$$

(ii) 쌍곡선 $\frac{x^2}{a^2} - \frac{y^2}{b^2} = 1$의 기울기 m인 접선의 접점을 $(a\sec\theta,\ b\tan\theta)$라고 두면 접선은

$$\frac{a\sec\theta}{a^2}x - \frac{b\tan\theta}{b^2}y = 1$$

$$\Rightarrow y = \frac{b\sec\theta}{a\tan\theta}x - \frac{b}{\tan\theta} \Rightarrow m = \frac{b\sec\theta}{a\tan\theta}$$

$$\Rightarrow \frac{b^2}{\tan^2\theta} = \frac{b^2(\sec^2\theta - \tan^2\theta)}{\tan^2\theta} = \frac{b^2\sec^2\theta}{\tan^2\theta} - b^2 = a^2m^2 - b^2$$

$$\Rightarrow -\frac{b}{\tan\theta} = \pm\sqrt{a^2m^2 - b^2}$$

이다. 그러므로 기울기 m인 접선의 방정식은 다음과 같다.

$$y = mx \pm \sqrt{a^2m^2 - b^2}$$

(iii) 포물선 $y^2 = 4px$의 기울기 m인 접선의 접점을 $(pt^2,\ 2pt)$라고 두면 접선은

$$2pty = 2p(x + pt^2) \Rightarrow y = \frac{1}{t}x + pt \Rightarrow m = \frac{1}{t}$$

이다. 그러므로 기울기 m인 접선의 방정식은 다음과 같다.

$$y = mx + \frac{p}{m}$$

예 3.2

포물선 $y^2 = 4px$의 직교하는 접선의 교점의 자취를 구하라.

풀이 접선 l의 기울기를 m이라고 하면, 직교하는 접선 l'의 기울기는 $-\frac{1}{m}$이므로 방정식은 각각

$$y = mx + \frac{p}{m},\ y = -\frac{1}{m}x - mp$$

이다. 교점을 계산하면 $x = -p$이므로 교점의 자취는 준선이다.

예 3.3

포물선 $y^2 = 4x$와 타원 $2x^2 + y^2 = 1$은 직교한다.

풀이 교점을 $(x_1,\ y_1)$이라 하면 $y_1^2 = 4x_1$이고

포물선의 접선: $y_1 y = 2(x + x_1) \Rightarrow 2x - y_1 y + 2x_1 = 0$

타원의 접선: $2x_1 x + y_1 y = 1$

이므로 x, y 계수벡터의 내적은

$$(2,\ -y_1) \cdot (2x_1,\ y_1) = 4x_1 - y_1^2 = 0$$

이다. 따라서 두 도형은 직교한다.

예 3.4

두 타원 $\frac{x^2}{3} + \frac{y^2}{5} = 1$, $\frac{x^2}{4} + y^2 = 1$의 공통접선을 구하라.

풀이 공통접선의 기울기를 m이라고 하면

$$y = mx \pm \sqrt{3m^2 + 5},\ y = mx \pm \sqrt{4m^2 + 1}$$

은 같은 접선이어야 하므로

$$\sqrt{3m^2 + 5} = \sqrt{4m^2 + 1} \Rightarrow m = \pm 2$$

$$\Rightarrow \text{공통접선은 } y = \pm 2x \pm \sqrt{17}$$

직경

2차 곡선 $F(x,\ y)=0$의 평행현들의 중점의 자취를 알아보자.

점 $P_0(x_0,\ y_0)$을 지나고 방향 코사인이 $\lambda,\ \mu$인 직선

$$l: x = x_0 + \lambda t,\ y = y_0 + \mu t$$

와 $F(x,\ y)=0$의 교점방정식

$$F(x_0 + \lambda t,\ y_0 + \mu t) = 0$$

을 계산하면

$$pt^2 + 2[\lambda(ax_0 + hy_0 + g) + \mu(hx_0 + by_0 + f)]t + F(x_0,\ y_0) = 0$$

이다(p는 적당한 실수). 이 방정식의 근 $t_1,\ t_2$는 P_0에서 교점까지 유향거리이므로 P_0이 l과 2차 곡선이 만드는 현의 중점이 될 조건은

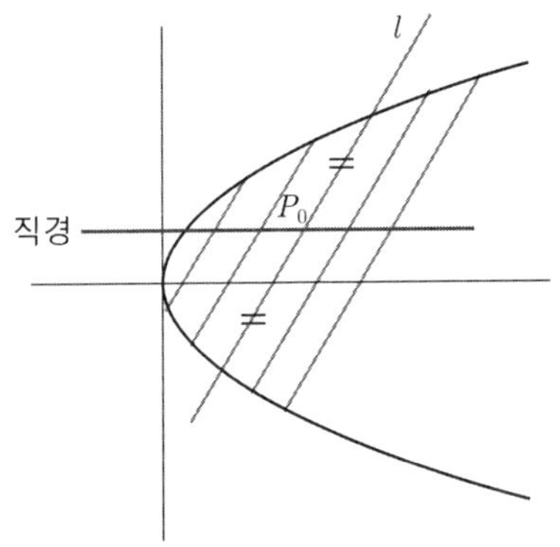

그림 3.2 직경

$$\begin{aligned} & t_1 = -t_2 \\ \Leftrightarrow\ & \lambda(ax_0 + hy_0 + g) + \mu(hx_0 + by_0 + f) = 0 \end{aligned}$$

이다. 따라서 방향이 $(\lambda,\ \mu)$인 평행현들의 중점의 자취는

$$\lambda(ax + hy + g) + \mu(hx + by + f) = 0$$

이고, 이것은 직선이다. 이 직선을 방향 $(\lambda,\ \mu)$인 평행현에 대한 2차 곡선의 **직경**이라고 한다. 그리고 평행현들을 **종선**, 직경과 2차 곡선의 교점을 **직경의 끝**이라고 한다. 여기서

(λ, μ)는 단위벡터일 필요는 없다.

기울기 m인 종선의 방향은 $(1, m)$이므로 이에 대한 직경의 방정식은

$$(ax+hy+g)+m(hx+by+f)=0$$

이다.

(1) 타원 $\frac{x^2}{a^2}+\frac{y^2}{b^2}=1$의 기울기 m인 종선에 대한 직경의 방정식은

$$\frac{x}{a^2}+\frac{my}{b^2}=0 \Rightarrow y=-\frac{b^2}{a^2m}x$$

이고, 이 직경 방향의 종선에 대한 직경의 방정식은 m 대신에 $-\frac{b^2}{a^2m}$을 대입하면 $y=mx$이다. 이 직선의 방향은 원래 종선의 방향이다. 이러한 두 직경을 서로 **공액직경**이라고 한다. 기울기 m_1, m_2인 직경이 서로 공액직경일 조건은 $m_1m_2=-\frac{b^2}{a^2}$이다.

타원 위의 점 $P_1(x_1, y_1)$을 지나는 직경은 원점과 P_1을 지나므로 $y=\frac{y_1}{x_1}x$이고, 공액직경은 $y=-\frac{b^2x_1}{a^2y_1}x$이다. 그리고 공액직경과 타원의 교점은

$$\pm\left(-\frac{a}{b}y_1, \frac{b}{a}x_1\right)$$

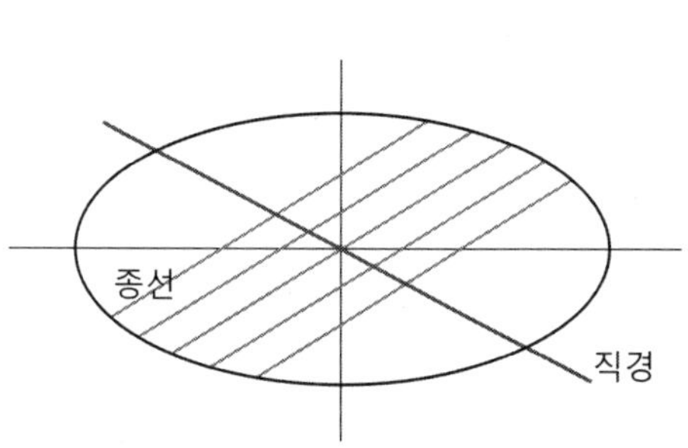

그림 3.3 타원의 직경과 종선

이다. 여기서 원점 O에서 직경의 한 끝 P가 만드는 선분 $\overline{OP}$를 **반경**이라 하고 공액직경의 반경을 **공액반경**이라고 한다.

예 3.5

타원에서 $|반경|^2 + |공액반경|^2$을 구하라.

풀이 표준형의 타원 위의 점 $P(a\cos\theta,\ b\sin\theta)$를 지나는 직경의 공액직경과 타원의 한 교점 Q는

$$\left(-\frac{a}{b}b\sin\theta,\ \frac{b}{a}a\cos\theta\right) = (-a\sin\theta,\ b\cos\theta)$$

이다. 반경의 길이는 각각 $|OP|$, $|OQ|$이므로, 이들의 제곱의 합은

$$(a^2\cos^2\theta + b^2\sin^2\theta) + (a^2\sin^2\theta + b^2\cos^2\theta) = a^2 + b^2$$

이다.

---

(2) 쌍곡선 $\frac{x^2}{a^2} - \frac{y^2}{b^2} = 1$의 기울기 m인 종선에 대한 직경의 방정식은

$$\frac{x}{a^2} - \frac{my}{b^2} = 0 \Rightarrow y = \frac{b^2}{a^2 m}x$$

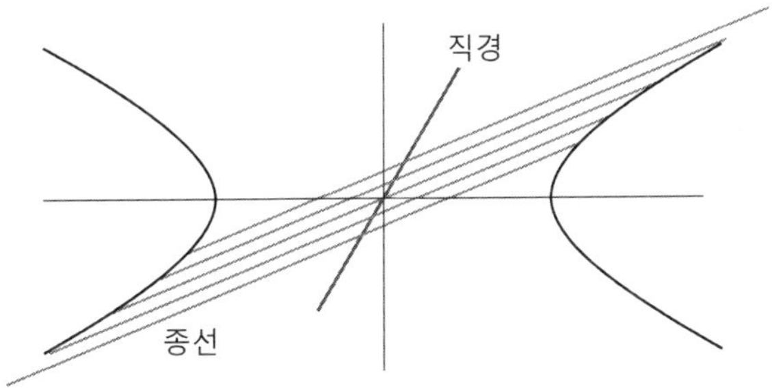

그림 3.4 쌍곡선의 직경과 종선

이고, 이 직경 방향의 종선에 대한 직경의 방정식은 m 대신에 $\frac{b^2}{a^2 m}$을 대입하면 $y = mx$이다. 이 직선의 방향은 원래 종선의 방향이다. 이러한 두 직경을 서로 **공액직경**이라고 한다. 기울기 m_1, m_2인 직경이 서로 공액직경일 조건은 $m_1 m_2 = \frac{b^2}{a^2}$이다.

쌍곡선 위의 점 P_1을 지나는 직경은 $y = \frac{y_1}{x_1}x$, 공액직경은 $y = \frac{b^2 x_1}{a^2 y_1}x$, 그리고 공액직

경과 쌍곡선의 교점은 $\pm\left(\frac{a}{b}y_1,\ \frac{b}{a}x_1\right)$이다. 여기서 원점 O에서 직경의 한 끝 P가 만드는 선분 $\overline{OP}$를 **반경**이라 하고 공액직경의 반경을 **공액반경**이라고 한다.

예 3.6

쌍곡선에서 $|\text{반경}|^2-|\text{공액반경}|^2$을 구하라.

풀이 표준형의 쌍곡선 위의 점 $P(a\sec\theta,\ b\tan\theta)$를 지나는 직경의 공액직경과 쌍곡선의 한 교점 Q는

$$\left(\frac{a}{b}b\tan\theta,\ \frac{b}{a}a\sec\theta\right)=(a\tan\theta,\ b\sec\theta)$$

이다. 반경의 길이는 각각 $|OP|$, $|OQ|$이므로, 이들의 제곱의 차이는

$$(a^2\sec^2\theta+b^2\tan^2\theta)-(a^2\tan^2\theta+b^2\sec^2\theta)=a^2-b^2$$

이다.

(3) 포물선 $y^2=4px$의 기울기 m인 종선에 대한 직경의 방정식은

$$-2p+my=0\Rightarrow y=\frac{2p}{m}$$

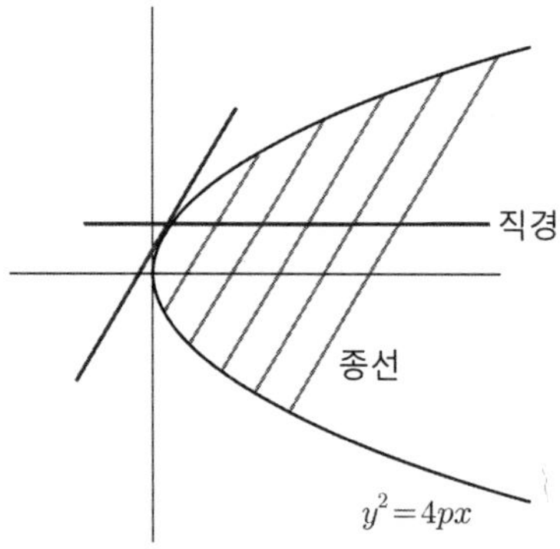

그림 3.5 포물선의 직경과 종선

이고, 이는 포물선의 축에 평행이다. 그리고 이 직경의 끝은 $\left(\frac{p}{m^2},\ \frac{2p}{m}\right)$이다.

예 3.7

$y^2=4px$의 직경의 끝에서 접선은 종선에 평행임을 증명하라.

풀이 표준형의 포물선 $y^2=4px$에서 기울기 m인 종선에 대한 직경의 끝은 $\left(\frac{p}{m^2},\ \frac{2p}{m}\right)$이다. 이 점에서 접선의 방정식은

$$\frac{2p}{m}y=2p\left(x+\frac{p}{m^2}\right)$$

이고, 이를 정리하면 $y=mx+\frac{p}{m}$이다. 그러므로 종선과 평행이다.

예 3.8

다음에서 주어진 종선 방향에 대한 2차 곡선의 직경을 구하라.

(1) $x^2-2xy+y^2-4x-2y+1=0$, 종선 방향 $(2,\ 1)$

(2) $x^2-4xy-2y^2+10x+4y=0$, 종선 방향 $(1,\ -2)$

풀이 (1) $(a,\ h,\ g)=(1,\ -1,\ -2)$, $(h,\ b,\ f)=(-1,\ 1,\ -1)$, $(u,\ v)=(2,\ 1)$

$\Rightarrow 2(x-y-2)+(-x+y-1)=0$

$\Rightarrow x-y-5=0$

(2) $(a,\ h,\ g)=(1,\ -2,\ 5)$, $(h,\ b,\ f)=(-2,\ -2,\ 2)$, $(u,\ v)=(1,\ -2)$

$\Rightarrow (x-2y+5)-2(-2x-2y+2)=0$

$\Rightarrow 5x+2y+1=0$

직경이 종선과 수직이면 직경은 곡선의 대칭축이 된다. 이 경우의 직경을 **주축**이라고 한다. 직경의 방정식을 정리하면,

$$(a\lambda+h\mu)x+(h\lambda+b\mu)y+g\lambda+f\mu=0$$

이고, 이것이 주축이 되는 조건은

$$\frac{a\lambda+h\mu}{\lambda}=\frac{h\lambda+b\mu}{\mu}$$

이다. 이 값을 t라고 두면(이 경우 $t\neq 0$이어야 한다)

$$(a-t)\lambda+h\mu=0,\ h\lambda+(b-t)\mu=0$$

이다. 이것은 행렬 $\begin{pmatrix} a & h \\ h & b \end{pmatrix}$의 고유벡터 방정식이다. 그러므로 주축의 방향은 $\begin{pmatrix} a & h \\ h & b \end{pmatrix}$의 0이 아닌 고윳값에 대한 고유벡터에 수직이다.

0이 아닌 고윳값 t_1에 대한 고유벡터가 $(\lambda_1,\ \mu_1)$이면

$$a\lambda_1+h\mu_1=\lambda_1 t_1,\ h\lambda_1+b\mu_1=\mu_1 t_1$$

이므로 주축의 방정식은

$$t_1(\lambda_1 x+\mu_1 y)+g\lambda_1+f\mu_1=0$$

이다. 이 방정식에서 $(\lambda_1,\ \mu_1)$은 단위벡터일 필요는 없다.

예 3.9

다음 2차 곡선의 주축을 구하라.

(1) $x^2-2xy+y^2-4x-2y+1=0$

(2) $x^2-4xy-2y^2+10x+4y=0$

풀이 (1) 행렬 $\begin{pmatrix} 1 & -1 \\ -1 & 1 \end{pmatrix}$은 고윳값 0, 2이고, 고윳값 2에 대한 고유벡터는 $(-1,\ 1)$이다. $(g,\ f)=(-2,\ -1)$이므로

$$g\lambda_1+f\mu_1=(-2)(-1)+(-1)\cdot 1=1$$

이고 주축은

$$2(-x+y)+1=0 \Rightarrow -2x+2y+1=0$$

이다.

(2) 행렬 $\begin{pmatrix} 1 & -2 \\ -2 & -2 \end{pmatrix}$는 고윳값 -3, 2, 고유벡터 $(1,\ 2)$, $(-2,\ 1)$이다.

(i) 고윳값 -3일 때,

$$g\lambda_1+f\mu_1=5\cdot 1+2\cdot 2=9$$

이므로 주축은

$$-3(x+2y)+9=0 \Rightarrow x+2y-3=0$$

(ii) 고윳값 2일 때,

$$g\lambda_1 + f\mu_1 = 5 \cdot (-2) + 2 \cdot 1 = -8$$

이므로 주축은

$$2(-2x+y) - 8 = 0 \Rightarrow -2x + y - 4 = 0$$

극선

2차 곡선

$$F(x,\ y) = ax^2 + 2hxy + by^2 + 2gx + 2fy + c = 0$$

위에 있지 않은 점 $P_1(x_1,\ y_1)$에 대해서 P_1을 지나는 직선 l과 2차 곡선의 교

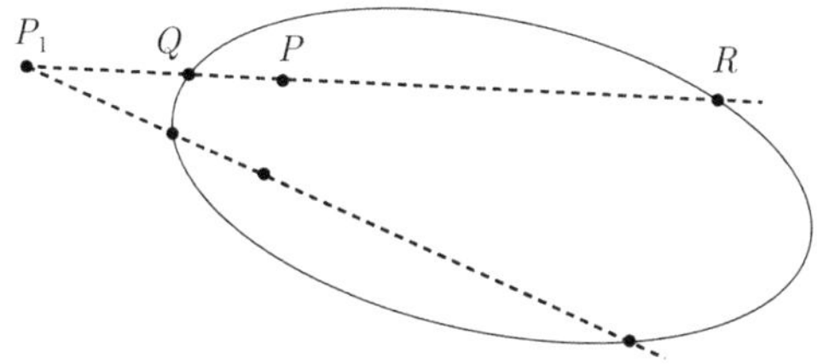

그림 3.6 조화점렬 $P_1,\ P,\ Q,\ R$

점을 $Q,\ R$이라고 하자. 이때 네 점 $P_1,\ P,\ Q,\ R$이 조화점렬이 되는, 즉

$$\frac{2}{P_1P} = \frac{1}{P_1Q} + \frac{1}{P_1R}$$

이 되는 점 P의 자취에 대해서 생각해 보자.

P_1을 지나는 직선 l의 방향 코사인을 $\lambda,\ \mu$라 두고, l의 매개방정식

$$x = x_1 + \lambda t,\ y = y_1 + \mu t$$

를 $F(x,\ y) = 0$에 대입해서 계산하면, 교점방정식은

$$(a\lambda^2 + b\mu^2)t^2 + 2[\lambda(ax_1 + hy_1 + g) + \mu(hx_1 + by_1 + f)]t + F(x_1,\ y_1) = 0$$

이다. 교점방정식의 해 $t_1,\ t_2$를 l의 매개방정식에 대입하면 점 $Q,\ R$의 좌표가 된다. 여

기서 점 P에 대응하는 값을 t라고 하면, t, t_1, t_2는 각각 점 P_1에서 P, Q, R까지 유향 거리이므로

$$\frac{2}{t} = \frac{1}{t_1} + \frac{1}{t_2} = \frac{t_1 + t_2}{t_1 t_2}$$

이다. 근과 계수의 관계에서

$$t_1 + t_2 = -\frac{2[\lambda(ax_1 + hy_1 + g) + \mu(hx_1 + by_1 + f)]}{a\lambda^2 + b\mu^2},$$

$$t_1 t_2 = \frac{F(x_1,\ y_1)}{a\lambda^2 + b\mu^2}$$

이므로

$$\frac{2}{t} = -\frac{2[\lambda(ax_1 + hy_1 + g) + \mu(hx_1 + by_1 + f)]}{F(x_1,\ y_1)}$$

$$\Rightarrow [\lambda(ax_1 + hy_1 + g) + \mu(hx_1 + by_1 + f)]t + F(x_1,\ y_1) = 0$$

를 얻고, 여기에

$$\lambda t = x - x_1,\ \mu t = y - y_1$$

을 대입하면

$$ax_1 x + by_1 y + h(x_1 y + x y_1) + g(x + x_1) + f(y + y_1) + c = 0$$

이다. 이것은 1차식이므로 직선의 방정식이다. 이 직선을 점 $P_1(x_1,\ y_1)$에서 $F(x,\ y) = 0$의 **극선**, 점 P_1을 극선의 **극**이라고 한다.

직선 l이 $F(x,\ y) = 0$의 접선이 되면 P, Q, R은 모두 접선의 접점이므로 접선이 2개 존재하는 경우 극선은 점 P_1을 지나는 $F(x,\ y) = 0$의 두 접선의 접점을 지나는 직선이다.

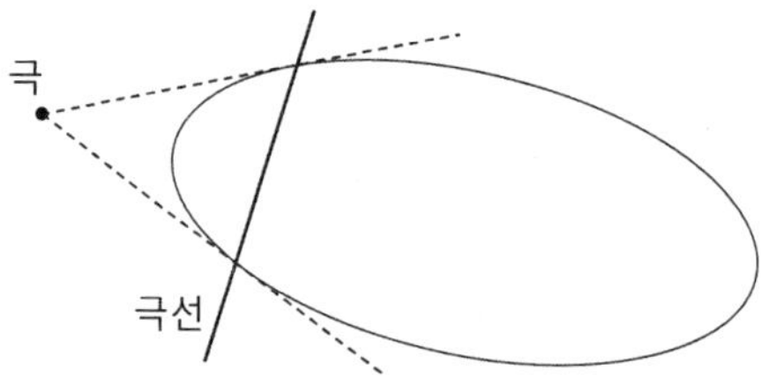

그림 3.7 극선과 접점

주의

(1) P_1에서 $F(x, y)=0$의 극선의 방정식은 P_1이 $F(x, y)=0$ 위에 있을 때, P_1을 지나는 접선의 식과 일치한다.

(2) 원의 경우, 극선 위의 점에서 극선은 원래의 극을 지나는 성질이 있었는데, 타원, 쌍곡선, 포물선의 경우에도 이 성질이 성립한다.

(3) 타원이나 쌍곡선의 중심처럼 극선이 존재하지 않는 경우도 있다.

예 3.10

타원 $x^2+4y^2=4$에 대해서

(1) 점 $(-4, 1)$에서 극선 l을 구하고 $(1, 2)\in l$임을 보여라.

(2) $(1, 8)$에서 극선을 구하고 $(-4, 1)$을 지남을 보여라.

(3) 직선 $2x-4y-1=0$의 극을 구하라.

풀이 점 $(-4, 1)$에서 극선 l의 방정식은

$$-4x+4y=4 \Rightarrow -x+y-1=0$$

이고, $(1, 2)\in l$이다. 이 점에서 극선은

$$x+8y=4$$

이고, 이것은 $(-4, 1)$을 지난다.

직선 $2x-4y-1=0$의 극을 (a, b)라고 두면 극선의 방정식은

$$ax+4by-4=0$$

이므로, 주어진 직선의 방정식과 비교하면 극은 $(a, b)=(8, -4)$이다.

예 3.11

쌍곡선 $x^2-2y^2=8$에 대해서

(1) 점 $(-1, 2)$에서 극선 l을 구하고 $(4, -3)\in l$임을 보여라.

(2) $(4, -3)$에서 극선을 구하고 $(-1, 2)$을 지남을 보여라.

(3) 직선 $x-4y-2=0$의 극을 구하라.

풀이 점 $(-1,\ 2)$에서 극선 l의 방정식은

$$-x-4y=8 \Rightarrow x+4y+8=0$$

이고, $(4,\ -3)\in l$이다. 이 점에서 극선은

$$4x+6y-8=0$$

이고, 이것은 $(-1,\ 2)$를 지난다.

직선 $x-4y-2=0$의 극을 $(a,\ b)$라고 두면 극선의 방정식은

$$ax-2by-8=0$$

이므로, 주어진 직선의 방정식과 비교하면 극은 $(a,\ b)=(4,\ 8)$이다.

예 3.12

포물선 $y^2=8x$에 대해서

(1) 점 $(-1,\ 2)$에서 극선 l을 구하고 $(2,\ 2)\in l$임을 보여라.

(2) $(2,\ 2)$에서 극선을 구하고 $(-1,\ 2)$를 지남을 보여라.

(3) 직선 $x-y-2=0$의 극을 구하라.

풀이 점 $(-1,\ 2)$에서 극선 l의 방정식은

$$2y=4(x-1) \Rightarrow 2x-y-2=0$$

이고, 점 $(2,\ 2)\in l$이다. 이 점에서 극선은

$$2y=4(x+2) \Rightarrow 2x-y+4=0$$

이고, 이것은 $(-1,\ 2)$를 지난다.

직선 $x-y-2=0$의 극을 $(a,\ b)$라고 두면 극선의 방정식은

$$4x-by+4a=0$$

이므로, 주어진 직선의 방정식과 비교하면 극은 $(a,\ b)=(-2,\ 4)$이다.

직선 $l: x=x_1+ut,\ y=y_1+vt$와 2차 곡선 $F(x,\ y)=0$의 교점은 교점방정식

$$F(x_1+ut,\ y_1+vt)=0$$

을 이용하면 된다.

예 3.13

직선 $l: x=1-2t,\ y=-2+t$와 다음 도형의 교점을 구하라.

(1) $x^2+4y^2=5$

(2) $x^2-2y^2=-1$

(3) $y^2=4x$

풀이 (1) $(1-2t)^2+4(-2+t)^2=5$

$\Rightarrow 2t^2-5t+3=0 \Rightarrow t=1,\ \dfrac{3}{2}$

$\Rightarrow$ 교점은 $(-1,\ -1),\ \left(-2,\ -\dfrac{1}{2}\right)$

(2) $(1-2t)^2-2(-2+t)^2=-1$

$\Rightarrow t^2+2t-3=0 \Rightarrow t=1,\ -3$

$\Rightarrow$ 교점은 $(-1,\ -1),\ (7,\ -5)$

(3) $(-2+t)^2=4(1-2t)$

$\Rightarrow t^2+4t=0 \Rightarrow t=0,\ -4$

$\Rightarrow$ 교점은 $(1,\ -2),\ (9,\ -6)$

예 3.14

점 $(1,\ -2)$에서 다음 도형의 접선을 구하라.

(1) $2x^2+y^2=2$

(2) $x^2-2y^2=2$

(3) $y^2=4x$

풀이 (1) 접선의 기울기를 m이라 하면 접선은

$$y=mx\pm\sqrt{m^2+2}$$

이고, $(1,\ -2)$를 지나므로,

$$-2=m\pm\sqrt{m^2+2} \Rightarrow (m+2)^2=m^2+2$$

$$\Rightarrow 4m+2=0 \Rightarrow m=-\frac{1}{2}$$

$$\Rightarrow \sqrt{m^2+2} = \frac{3}{2} \Rightarrow \text{접선은 } y = -\frac{1}{2}x - \frac{3}{2}$$

기울기 $m = -\frac{1}{2}$인 접선은 2개이지만 $(1,\ -2)$를 지나는 것은 하나뿐이므로 절편 $\frac{3}{2}$은 버린다. 그러나 $(1,\ -2)$를 지나는 접선은 2개이다. 나머지 하나는 기울기가 정의되지 않는 경우이므로 $(1,\ -2)$를 지나는 접선은 $x = 1$이다.

(2) 접선의 기울기를 m이라 하면 접선은

$$y = mx \pm \sqrt{2m^2-1}$$

이고, $(1,\ -2)$를 지나므로,

$$-2 = m \pm \sqrt{2m^2-1} \Rightarrow (m+2)^2 = 2m^2-1$$
$$\Rightarrow m^2 - 4m - 5 = 0 \Rightarrow m = 5,\ -1$$
$$\Rightarrow \begin{cases} m = 5 \Rightarrow \sqrt{2m^2-1} = 7 \\ m = -1 \Rightarrow \sqrt{2m^2-1} = 1 \end{cases}$$
$$\Rightarrow \text{접선은 } \begin{cases} y = 5x - 7 \\ y = -x - 1 \end{cases}$$

이다. 여기서도 절편 7, 1은 버린다.

(3) 접선의 기울기를 m이라 하면 접선은

$$y = mx + \frac{1}{m}$$

이고, $(1,\ -2)$를 지나므로,

$$-2 = m + \frac{1}{m} \Rightarrow (m+1)^2 = 0 \Rightarrow m = -1$$
$$\Rightarrow \text{접선은 } y = -x - 1$$

예 3.15

y축에 접하고 원 $\Gamma: (x-2)^2 + (y-1)^2 = 1$에 외접하는 원의 중심의 자취를 구하라.

풀이 구하는 도형 위의 점 $(x,\ y)$를 잡으면 x는 외접원의 반지름이고 Γ와 외접원의 중심 거리는 $x+1$이다. 그러므로

$$(x-2)^2+(y-1)^2=(x+1)^2$$
$$\Rightarrow y^2-6x-2y+4=0$$

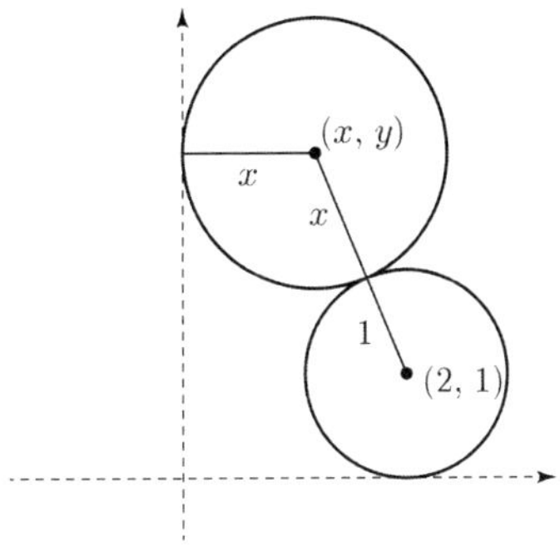

그림 3.8 중심의 자취

이고 이것은 포물선이다.

연습문제 3.3

1. 다음 곡선 상의 점 P에서 접선의 방정식을 구하라.

(1) $4x^2 + y^2 = 32$, $P(-2, 4)$ (2) $xy = 8$, $P(-1, -8)$

(3) $y = x^2 - 4x$, $P(3, -3)$

2. 다음 곡선에서 기울기 2인 접선을 구하라.

(1) $4x^2 + y^2 = 32$ (2) $xy = -2$

(3) $y^2 = 4x$

3. 다음 곡선에서 종선 방향이 $(4, 3)$인 직경을 구하라.

(1) $4x^2 + y^2 = 32$ (2) $xy = 8$

(3) $y = x^2 - 4x$

4. 다음 곡선에서 기울기 2인 직경의 방정식을 구하라.

(1) $4x^2 + y^2 = 32$ (2) $xy = 8$

(3) $y = x^2 - 4x$

5. 다음 곡선과 직선 $x = 3 - t$, $y = 1 + 2t$의 교점을 구하라.

(1) $4x^2 + y^2 = 25$ (2) $xy = -9$

(3) $3y = -x^2 + 4x$

6. x축에 접하고 $x^2 + (y-1)^2 = 9$에 내접하는 원의 중심의 자취를 구하라.

7. 다음 곡선의 $(4, 1)$에서 극선을 구하라.

(1) $4x^2 + y^2 = 32$ (2) $xy = 8$

(3) $y = x^2 - 4x$

3.4 2차 곡선의 분류

이제 대칭성을 이용하여 2차 곡선 $F(x,\ y)=0$을 방정식의 계수에 따라 분류하여보자. 점 $P_0(x_0,\ y_0)$이 2차 곡선 $F(x,\ y)=0$의 방향 $(u,\ v)$인 평행현의 중점일 조건은

$$(ax_0+hy_0+g)u+(hx_0+by_0+f)v=0$$

이다. 따라서 P_0이 P_0을 지나는 모든 현의 중점이 될 조건은 $(u,\ v)$에 관계없이 성립해야 하므로

$$ax_0+hy_0+g=0,\ hx_0+by_0+f=0$$

이다. 이러한 점, 즉 지나는 모든 현의 중점이 되는 점을 2차 곡선의 **중심**이라고 한다. 중심의 이러한 성질에 의해서 2차 곡선은 중심에 대해서 대칭이다. 중심이 단 하나인 2차 곡선을 **유심 2차 곡선**, 그 외의 2차 곡선을 **무심 2차 곡선**이라고 한다.

중심의 좌표는 연립방정식(이를 **중심방정식**이라고 한다)

$$\begin{cases} ax+hy+g=0 \\ hx+by+f=0 \end{cases}$$

의 근이므로 단 하나의 해를 가질 조건은

$$\begin{vmatrix} a & h \\ h & b \end{vmatrix}=ab-h^2\neq 0$$

이다. 따라서 2차 곡선은 $ab-h^2\neq 0$이면 유심 2차 곡선이고, $ab-h^2=0$이면 무심 2차 곡선이다.

2차 곡선을 $F(x,\ y)$의 계수에 의해서 분류하는 과정에서 계수들로 이루어진 행렬식

$$d=\begin{vmatrix} a & h & g \\ h & b & f \\ g & f & c \end{vmatrix}$$

가 중요한 역할을 한다. 이 절에서 d는 이 행렬식을 의미한다.

원점을 $F(x,\ y)=0$의 중심 P_0으로 평행이동한 P_0XY 좌표계에서 $F(x,\ y)$의 변환식의 상수항을 계산해 보자.

$$x=X+x_0,\ y=Y+y_0$$

이므로 변환식 $F(X+x_0,\ Y+y_0)=0$의 상수항은 $F(x_0,\ y_0)$이고 이를 계산하면

$$\begin{aligned}F(x_0,\ y_0) &= ax_0^2+2hx_0y_0+by_0^2+2gx_0+2fy_0+c \\ &= (ax_0+hy_0+g)x_0+(hx_0+by_0+f)y_0+gx_0+fy_0+c \\ &= gx_0+fy_0+c\end{aligned}$$

이다. 중심으로 평행이동시 상수항의 계산은 나중에 2차 곡면의 표준형을 구할 때 유용하게 사용된다.

유심 2차 곡선

유심 2차 곡선 $F(x,\ y)=0$의 중심 $P_0(x_0,\ y_0)$으로 평행이동한 P_0XY 좌표계에서 변환식 $F(X+x_0,\ Y+y_0)=0$은

(1) 2차 항의 계수는 불변이다.

(2) 1차 항은 중심에 대한 점대칭 성질에 의해서 없어진다.

(3) 상수항은 $F(x_0,\ y_0)$이다.

(4) 중심의 좌표는

$$ab-h^2\neq 0\ \Rightarrow \text{중심방정식에서 계산}$$

$$\Rightarrow x_0=\frac{\begin{vmatrix}-g & h\\ -f & b\end{vmatrix}}{\begin{vmatrix}a & h\\ h & b\end{vmatrix}}=\frac{hf-bg}{ab-h^2},\quad y_0=\frac{\begin{vmatrix}a & -g\\ h & -f\end{vmatrix}}{\begin{vmatrix}a & h\\ h & b\end{vmatrix}}=\frac{gh-af}{ab-h^2}$$

이다. 이를 이용해서 상수항을 계산하면 다음과 같다.

$$\begin{aligned}F(x_0,\ y_0) &= gx_0+fy_0+c \\ &= g\frac{\begin{vmatrix}-g & h\\ -f & b\end{vmatrix}}{ab-h^2}+f\frac{\begin{vmatrix}a & -g\\ h & -f\end{vmatrix}}{ab-h^2}+c \\ &= \frac{1}{ab-h^2}\left[g\begin{vmatrix}-g & h\\ -f & b\end{vmatrix}+f\begin{vmatrix}a & -g\\ h & -f\end{vmatrix}+c\begin{vmatrix}a & h\\ h & b\end{vmatrix}\right] \\ &= \frac{1}{ab-h^2}\left[g\begin{vmatrix}h & g\\ b & f\end{vmatrix}-f\begin{vmatrix}a & g\\ h & f\end{vmatrix}+c\begin{vmatrix}a & h\\ h & b\end{vmatrix}\right] \\ &= \frac{1}{ab-h^2}\begin{vmatrix}a & h & g\\ h & b & f\\ g & f & c\end{vmatrix}=\frac{d}{ab-h^2}\end{aligned}$$

그러므로 유심 2차 곡선의 변환방정식은

$$aX^2+2hXY+bY^2+\frac{d}{ab-h^2}=0 \qquad \cdots (*)$$

으로 표현된다. (*)에서 계수행렬식은

$$\begin{vmatrix} a & h & 0 \\ h & b & 0 \\ 0 & 0 & \dfrac{d}{ab-h^2} \end{vmatrix}=d$$

이므로 중심으로 평행이동시 행렬식 d는 불변이다.

예 4.1

다음 2차 곡선이 유심 2차 곡선임을 밝히고 중심과 중심으로 평행이동한 변환방정식을 구하라.

(1) $2x^2+4xy-y^2-4x-10y=0$ (2) $x^2+2xy+2y^2-2y+6=0$

풀이 (1) $ab-h^2=-2-4=-6$이므로 유심 2차 곡선이고 중심방정식

$$2x+2y-2=0,\ 2x-y-5=0$$

에서 중심은 $(2,\ -1)$이다. 그리고

$$d=\begin{vmatrix} 2 & 2 & -2 \\ 2 & -1 & -5 \\ -2 & -5 & 0 \end{vmatrix}=-6 \Rightarrow \frac{d}{ab-h^2}=\frac{-6}{-6}=1$$

이므로 중심으로 평행이동시 변환방정식은

$$2X^2+4XY-Y^2+1=0$$

이다. 이 때

$$F(2,\ -1)=8-8-1-8+10=1$$
$$gx_0+fy_0+c=(-2)2+(-5)(-1)=1$$

에서 상수항과 일치함을 알 수 있다.

(2) $ab-h^2=2-1=1$이므로 유심 2차 곡선이고, 중심방정식

$$x+y=0,\ x+2y-1=0$$

에서 중심은 $(-1,\ 1)$이다. 그리고

$$d=\begin{vmatrix}1 & 1 & 0\\ 1 & 2 & -1\\ 0 & -1 & 6\end{vmatrix}=5 \Rightarrow \frac{d}{ab-h^2}=\frac{5}{1}=5$$

이고, ○이므로 중심으로 평행이동시 변환방정식은

$$X^2+2XY+2Y^2+5=0$$

이다. 이 때

$$F(-1,\ 1)=1-2+2-2+6=5$$
$$gx_0+fy_0+c=0+(-1)1+6=5$$

에서 상수항과 일치함을 알 수 있다.

P_0XY 좌표계에서 좌표축을 θ만큼 회전한 $P_0\overline{X}\,\overline{Y}$ 좌표계에 대해서 좌표 사이의 관계식

$$X=\overline{X}\cos\theta-\overline{Y}\sin\theta,\ \ Y=\overline{X}\sin\theta+\overline{Y}\cos\theta$$

를 (*)에 대입하면

$$A\overline{X}^2+2H\overline{X}\,\overline{Y}+B\overline{Y}^2+\frac{d}{ab-h^2}=0 \qquad \cdots (**)$$

이다. 여기서

$$A=a\cos^2\theta+h\sin2\theta+b\sin^2\theta$$
$$2H=2h\cos2\theta-(a-b)\sin2\theta$$
$$B=a\sin^2\theta-h\sin2\theta+b\cos^2\theta$$

이다. 회전이동시 상수항은 영향을 받지 않는다.

여기서 새로운 계수 사이의 관계식을 계산하면

$$A+B=a+b$$

$$4H^2 + (A-B)^2 = 4h^2 + (a-b)^2$$
$$\Rightarrow AB - H^2 = ab - h^2$$

이다. 즉 회전이동시 변환방정식에서 $a+b$, $ab-h^2$는 불변이다. 실제로 행렬식 d도 불변이다.

$$\begin{vmatrix} A & H & 0 \\ H & B & 0 \\ 0 & 0 & \dfrac{d}{ab-h^2} \end{vmatrix} = (AB-H^2)\frac{d}{ab-h^2} = d$$

한편 (**)에서 $H=0$일 조건은

$$\cot 2\theta = \frac{a-b}{2h}$$

이다. 여기서 코탄젠트 함수는 주기가 π인 주기함수이므로 $0 < \theta < \frac{\pi}{2}$ 범위에서 잡으면 충분하다. $H=0$이 되는 회전이동 후 (**)의 변환방정식은 다음과 같다.

$$A\overline{X}^2 + B\overline{Y}^2 + \frac{d}{ab-h^2} = 0 \qquad \cdots \text{(***)}$$

한편 행렬 $\begin{pmatrix} a & h \\ h & b \end{pmatrix}$의 고유방정식

$$\begin{vmatrix} a-t & h \\ h & b-t \end{vmatrix} = t^2 - (a+b)t + ab - h^2 = 0$$

은 $a+b$, $ab-h^2$가 평행이동이나 회전이동에 불변이므로 $\begin{pmatrix} a & h \\ h & b \end{pmatrix}$의 고윳값 t_1, t_2도 변하지 않는다. (***)에서 만든 행렬 $\begin{pmatrix} A & 0 \\ 0 & B \end{pmatrix}$의 고윳값은 A, B이므로,

$$A = t_1,\ B = t_2,\ ab - h^2 = t_1 t_2$$

라고 할 수 있다. 그러므로 2차 곡선 $F(x,\ y)=0$의 변환방정식은

$$t_1\overline{X}^2 + t_2\overline{Y}^2 + \frac{d}{t_1 t_2} = 0$$

이 된다. 이를 **유심 2차 곡선의 표준형**이라고 한다.

표준형으로 유심 2차 곡선을 분류하면 다음과 같다.

(1) $ab-h^2>0$인 경우: 타원, 점, 공집합

$$t_1t_2=ab-h^2>0$$
$$\Rightarrow t_1,\ t_2\text{는 같은 부호},\ ab>h^2\ge 0$$
$$\Rightarrow a,\ b\text{는 같은 부호}$$

이다. 그리고

$$a+b=t_1+t_2\Rightarrow a,\ b,\ t_1,\ t_2\text{는 같은 부호}$$

(1-1) $d\neq 0$인 경우

변환식 $t_1\overline{X}^2+t_2\overline{Y}^2+\dfrac{d}{t_1t_2}=0$은

(i) a, d가 같은 부호이면 공집합이다. 이를 **허타원**이라고 한다.

(ii) a, d가 다른 부호이면 **타원**이다.

(1-2) $d=0$인 경우

변환식 $t_1\overline{X}^2+t_2\overline{Y}^2=0$은 점이다. 이를 **점타원**이라고 한다.

(2) $ab-h^2<0$인 경우: 쌍곡선, 만나는 두 직선

t_1, t_2는 다른 부호이다.

(2-1) $d\neq 0$인 경우

변환방정식 $t_1\overline{X}^2+t_2\overline{Y}^2+\dfrac{d}{t_1t_2}=0$은 쌍곡선이다.

(2-2) $d=0$인 경우

변환방정식 $t_1\overline{X}^2+t_2\overline{Y}^2=0$은 한 점에서 **만나는 두 직선**이다.

예 4.2

2차 곡선 $x^2+xy+y^2-4x-2y+1=0$의 표준형을 구하라.

풀이 $ab-h^2=1-\dfrac{1}{4}=\dfrac{3}{4}>0$이므로 유심 2차 곡선(타원, 점, ϕ)이다.

$$\cot 2\theta=\frac{a-b}{2h}=0\Rightarrow\theta=\frac{\pi}{4}$$

$$\Rightarrow A = \cos^2\frac{\pi}{4} + \frac{1}{2}\sin\frac{\pi}{2} + \sin^2\frac{\pi}{4} = \frac{3}{2}$$

$$B = \sin^2\frac{\pi}{4} - \frac{1}{2}\sin\frac{\pi}{2} + \cos^2\frac{\pi}{4} = \frac{1}{2}$$

이다. 그리고

$$d = \begin{vmatrix} 1 & 1/2 & -2 \\ 1/2 & 1 & -1 \\ -2 & -1 & 1 \end{vmatrix} = -\frac{9}{4} \Rightarrow \frac{d}{ab-h^2} = \frac{-9/4}{3/4} = -3$$

이므로 표준형은

$$\frac{3}{2}\overline{X}^2 + \frac{1}{2}\overline{Y}^2 - 3 = 0 \Rightarrow 3\overline{X}^2 + \overline{Y}^2 = 6$$

이고, 이것은 타원이다. Oxy 좌표계에서 그래프는 다음과 같다.

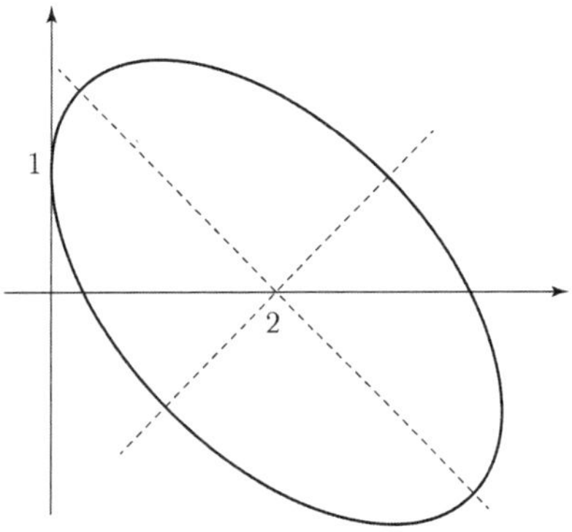

그림 4.1 타원 $x^2+xy+y^2-4x-2y+1=0$

행렬 $\begin{pmatrix} 1 & 1/2 \\ 1/2 & 1 \end{pmatrix}$의 고윳값은 $\frac{3}{2}$, $\frac{1}{2}$이므로 회전각을 이용한 계산과 일치함을 알 수 있다.

무심 2차 곡선

XY항이 0이 되는 회전이동한 OXY 좌표계에서 변환방정식은

$$AX^2 + BY^2 + 2GX + 2FY + C = 0$$

의 모양이다. 여기서 $AB = ab - h^2 = 0$이므로, $A = 0$ 또는 $B = 0$이다. 그러나 $A = B = 0$이면 방정식이 2차식이 아니므로, $A = B = 0$은 아니다. 지금 $A = 0$이라고 가정하면 $B = a + b$이므로, 변환식은

$$(a+b)Y^2 + 2GX + 2FY + C = 0$$

이 된다. 회전이동시 d는 불변이므로(3장 보충자료 참조), 여기서 d를 계산하면 다음과 같다.

$$d = \begin{vmatrix} 0 & 0 & G \\ 0 & a+b & F \\ G & F & C \end{vmatrix} = -(a+b)G^2$$

표준형을 바탕으로 무심 2차 곡선을 다음과 같이 분류할 수 있다.

(3) $d \neq 0$: **포물선**

이 경우 $G = \pm\sqrt{-\dfrac{d}{a+b}} \neq 0$이고 X축으로 적절히 평행이동하면 표준형은

$$(a+b)\overline{Y}^2 = 2\sqrt{-\frac{d}{a+b}}\,\overline{X}$$

이고, 이는 포물선이다. G는 표준형을 택하기 위해서 음의 부호를 택하였는데 양의 부호를 택하면 $\overline{Y}$축에 대칭인 그래프이다.

(4) $d = 0$: **공집합, 직선, 평행인 두 직선**

이 경우 $G = 0$이므로 표준형은

$$(a+b)\overline{Y}^2 + C = 0$$

이고, 이것은 평행인 두 직선, 직선, 또는 공집합이다. 이 경우 중심이 무수히 많이 존재하므로 중심방정식에서 중심 $(x_0,\ y_0)$을 임의로 하나 택해서 중심으로 평행이동하면 상수항은 $F(x_0,\ y_0) = gx_0 + fy_0 + c$이므로 표준형은

$$(a+b)\overline{Y}^2 + F(x_0,\ y_0) = 0$$

이다.

예 4.3

2차 곡선 $x^2-2xy+y^2-4x-2y+1=0$의 표준형을 구하라.

풀이 $ab-h^2=1-1=0$이므로, 무심 2차 곡선이다.

$$\cot 2\theta = \frac{1-1}{-2} = 0 \Rightarrow \theta = \frac{\pi}{4}$$

이다. 좌표축을 θ만큼 회전한 OXY 좌표계에서

$$x = \frac{1}{\sqrt{2}}(X-Y), \quad y = \frac{1}{\sqrt{2}}(X+Y)$$

이고, 이를 대입하면 방정식은

$$2Y^2 - 3\sqrt{2}X + \sqrt{2}Y + 1 = 0$$

이 된다. 이를 적절히 평행이동하면 표준형은

$$\overline{Y}^2 = \frac{3\sqrt{2}}{2}\overline{X}$$

이고, 이것은 포물선이다. 다음 그래프는 Oxy 좌표계에서 2차 곡선의 그래프이다.

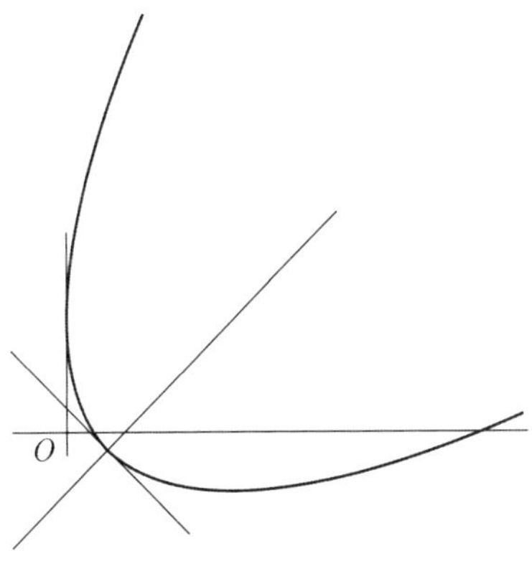

그림 4.2 포물선 $x^2-2xy+y^2-4x-2y+1=0$

주축을 이용한 계산은

$$d = \begin{vmatrix} 1 & -1 & -2 \\ -1 & 1 & -1 \\ -2 & -1 & 1 \end{vmatrix} = -9$$

$$\Rightarrow \sqrt{-\frac{d}{a+b}} = \sqrt{\frac{9}{2}} = \frac{3\sqrt{2}}{2}$$

이므로 표준형은

$$2\overline{Y}^2 - 2\frac{3\sqrt{2}}{2}\overline{X} = 0 \Rightarrow \overline{Y}^2 = \frac{3\sqrt{2}}{2}\overline{X}$$

이다. 이는 각을 이용한 회전이동의 결과와 같다.

지금까지 결과를 종합하여 2차 곡선을 분류하면 다음과 같다.

유심 2차 곡선	$ab-h^2>0$	$d \neq 0$	$ad>0$	공집합(허타원)
			$ad<0$	타원
		$d=0$		점타원
	$ab-h^2<0$	$d \neq 0$		쌍곡선
		$d=0$		만나는 두 직선
무심 2차 곡선	$ab-h^2=0$	$d \neq 0$		포물선
		$d=0$		ϕ, 직선, 평행인 두 직선

예 4.4

다음 2차 곡선의 표준형을 구하라.

(1) $x^2 - 4xy - 2y^2 + 10x + 4y = 0$

(2) $5x^2 + 2xy + 5y^2 - 2x - 10y - 7 = 0$

풀이 (1) 고유방정식 $t^2 + t - 6 = 0$에서 고윳값 2, -3을 얻는다.

$$d = \begin{vmatrix} 1 & -2 & 5 \\ -2 & -2 & 2 \\ 5 & 2 & 0 \end{vmatrix} = 6 \Rightarrow \frac{d}{t_1 t_2} = \frac{6}{-6} = -1$$

이므로 표준형은

$$2\overline{X}^2 - 3\overline{Y}^2 = 1$$

이고, 이는 쌍곡선이다.

(2) 특성방정식 $t^2-10t+24=0$에서 고윳값 4, 6을 얻는다.

$$d=\begin{vmatrix} 5 & 1 & -1 \\ 1 & 5 & -5 \\ -1 & -5 & -7 \end{vmatrix} = -12\cdot 24 \Rightarrow \frac{d}{t_1t_2} = \frac{-12\cdot 24}{24} = -12$$

이므로 표준형은

$$4\overline{X}^2+6\overline{Y}^2=12$$

이고, 이는 타원이다.

예 4.5

다음 2차 곡선의 표준형을 구하라.

(1) $x^2+2xy+3y^2=0$

(2) $x^2+2xy+3y^2+1=0$

풀이 (1)

$$(x+y)^2+2y^2=0 \Rightarrow x+y=0,\ y=0 \Rightarrow x=y=0$$

이므로 원점을 나타낸다.

표준형을 계산해 보면, $ab-h^2=3-1=2>0$이므로 유심 2차 곡선이다. 행렬 $\begin{pmatrix}1 & 1\\ 1 & 3\end{pmatrix}$의 고윳값은 $2\pm\sqrt{2}$이고

$$d=\begin{vmatrix} 1 & 1 & 0 \\ 1 & 3 & 0 \\ 0 & 0 & 0 \end{vmatrix} = 0$$

이므로 표준형은

$$(2+\sqrt{2})\overline{X}^2+(2-\sqrt{2})\overline{Y}^2=0$$

이다.

(2)

$$(x+y)^2+2y^2+1=0$$

이므로 공집합이고, 표준형을 계산해 보면, $ab-h^2=3-1=2>0$이므로 유심 2차 곡선이다. 행렬 $\begin{pmatrix}1 & 1\\ 1 & 3\end{pmatrix}$의 고윳값은 $2\pm\sqrt{2}$이고

$$d = \begin{vmatrix} 1 & 1 & 0 \\ 1 & 3 & 0 \\ 0 & 0 & 1 \end{vmatrix} = 2 \Rightarrow \frac{d}{ab-h^2} = 1$$

이므로 표준형은

$$(2+\sqrt{2})\overline{X}^2 + (2-\sqrt{2})\overline{Y}^2 + 1 = 0$$

이다.

예 4.6

다음 2차 곡선의 표준형을 구하라.

(1) $x^2 - 2xy - 3y^2 - 4y - 1 = 0$

(2) $x^2 - 2xy + y^2 + x - y = 0$

(3) $x^2 + 2xy + y^2 + 2x + 2y + 1 = 0$

(4) $x^2 + 2xy + y^2 + 1 = 0$

풀이 (1) $ab - h^2 = -3 - 1 = -4 < 0$이고,

$$d = \begin{vmatrix} 1 & -1 & 0 \\ -1 & -3 & -2 \\ 0 & -2 & -1 \end{vmatrix} = 0$$

이므로 한 점에서 만나는 두 직선이다. 중심방정식

$$x - y = 0, \ -x - 3y - 2 = 0$$

에서 중심을 계산하면 $\left(-\frac{1}{2}, -\frac{1}{2}\right)$이다. 원점을 중심으로 평행이동하면

$$X^2 - 2XY - 3Y^2 = 0$$
$$\Rightarrow (X+Y)(X-3Y) = 0$$

이다. 이것은 만나는 두 직선이다.

고유방정식 $t^2 + 2t - 4 = 0$에서 고윳값은 $-1 \pm \sqrt{5}$이므로 표준형은

$$(-1+\sqrt{5})\overline{X}^2 + (-1-\sqrt{5})\overline{Y}^2 = 0$$

이다.

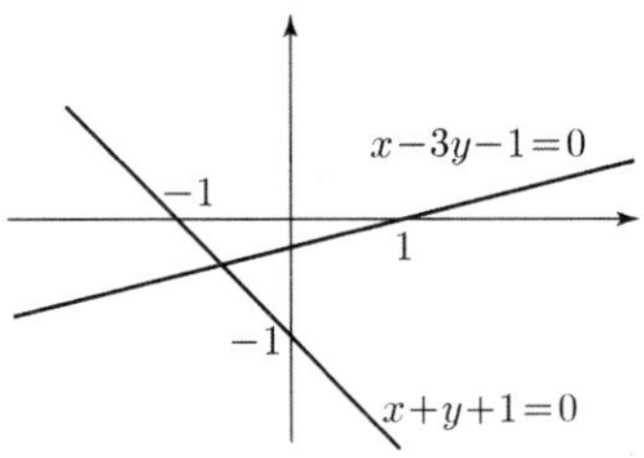

그림 4.3 만나는 두 직선 $x^2-2xy-3y^2-4y-1=0$

(2) $ab-h^2=1-1=0$이고,

$$d=\begin{vmatrix} 1 & -1 & 1/2 \\ -1 & 1 & -1/2 \\ 1/2 & -1/2 & 0 \end{vmatrix}=0$$

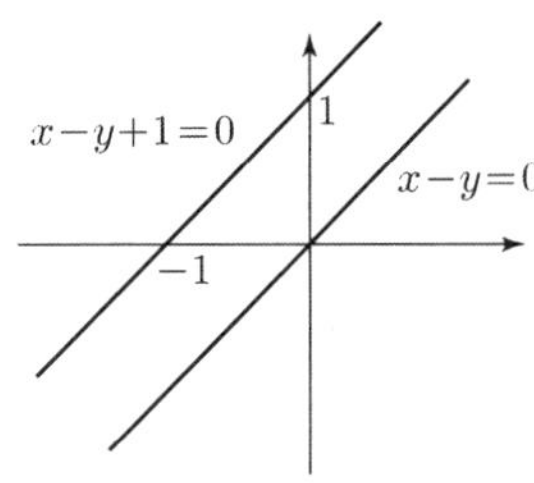

그림 4.4 평행인 두 직선 $(x-y)(x-y+1)=0$

이므로 평행인 두 직선, 직선 또는 공집합이다. 그런데 주어진 2차식은

$$(x-y)(x-y+1)=0$$

으로 인수분해되므로 평행인 두 직선이다.

표준형을 계산하면, 먼저 중심방정식

$$x-y+\frac{1}{2}=0$$

에서 중심 $\left(0,\ \frac{1}{2}\right)$을 택한다. $F\left(0,\ \frac{1}{2}\right)=-\frac{1}{4}$, $a+b=2$이므로 표준형은

$$2\overline{Y}^2-\frac{1}{4}=0 \Rightarrow \overline{Y}^2=\frac{1}{8}$$

이다.

(3) $ab-h^2=1-1=0$이고,

$$d=\begin{vmatrix}1&1&1\\1&1&1\\1&1&1\end{vmatrix}=0$$

이므로 평행인 두 직선, 직선 또는 공집합이다. 주어진 2차식을 인수분해하면 $(x+y+1)^2=0$이므로, 이것은 직선이다.

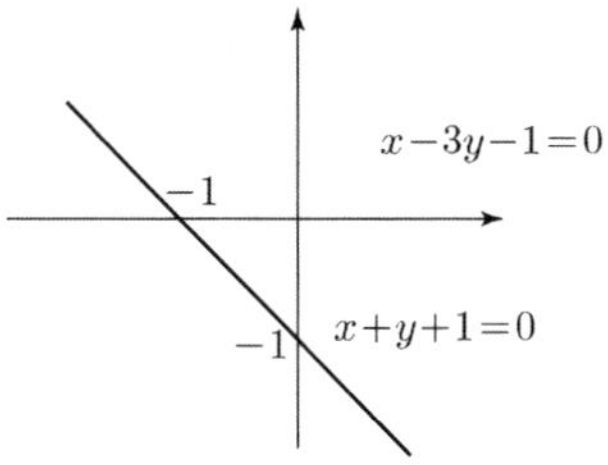

그림 4.5 직선 $(x+y+1)^2=0$

표준형을 계산하면, 먼저 중심방정식

$$x+y+1=0$$

에서 중심 $(-1,\ 0)$을 택한다. $F(-1,\ 0)=0,\ a+b=2$이므로 표준형은

$$2\overline{Y}^2=0 \Rightarrow \overline{Y}^2=0$$

이다.

(4) $ab-h^2=0$이고 $d=0$이다. 주어진 방정식을 완전제곱꼴로 고치면

$$(x+y)^2+1=0$$

이므로 공집합이다.

표준형을 계산하면, 먼저 중심방정식 $x+y=0$에서 중심 $(0,\ 0)$을 택한다. $F(0,\ 0)=1,\ a+b=2$이므로 표준형은

$$2\overline{Y}^2+1=0$$

이다.

한편 특수각이 아닌 경우의 회전변환 공식을 이용한 방정식의 그래프를 그리는 방법이 있다. 이것은 삼각함수의 반각의 공식

$$\sin\theta = \pm\sqrt{\frac{1-\cos 2\theta}{2}}, \ \cos\theta = \pm\sqrt{\frac{1+\cos 2\theta}{2}}$$

를 이용한다.

예 4.7

2차 곡선 $8x^2 - 24xy + y^2 = 8$의 표준형을 구하라.

풀이

$$\cot 2\theta = \frac{8-1}{-24} = -\frac{7}{24} \Rightarrow \cos 2\theta = -\frac{7}{25}$$
$$\Rightarrow \sin\theta = \frac{4}{5}, \ \cos\theta = \frac{3}{5}$$

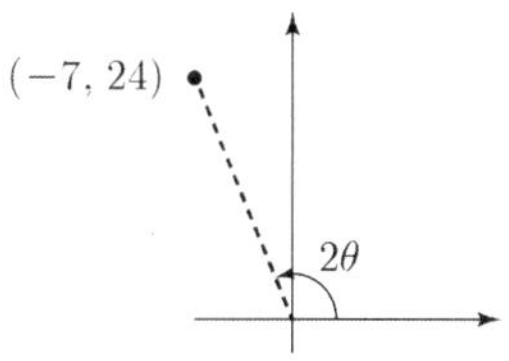

그림 4.6 $\cos 2\theta$의 계산

이다. 따라서 좌표축을 θ 회전한 OXY 좌표계에서

$$x = \frac{3}{5}X - \frac{4}{5}Y, \ y = \frac{4}{5}X + \frac{3}{5}Y$$

이다. 이를 대입하면

$$8(3X-4Y)^2 - 24(3X-4Y)(4X+3Y) + (4X+3Y)^2 = 8 \cdot 25$$
$$\Rightarrow -8X^2 + 17Y^2 = 8 \Rightarrow X^2 - \frac{17}{8}Y^2 = -1$$

이고, 이것은 쌍곡선이다.

다른 방법으로 계산해 보면, 행렬 $\begin{pmatrix} 8 & -12 \\ -12 & 1 \end{pmatrix}$의 고윳값은 -8, 17이고

$$d = \begin{vmatrix} 8 & -12 & 0 \\ -12 & 1 & 0 \\ 0 & 0 & -8 \end{vmatrix} = -8 \cdot (-8) \cdot 17 \Rightarrow \frac{d}{ab-h^2} = -8$$

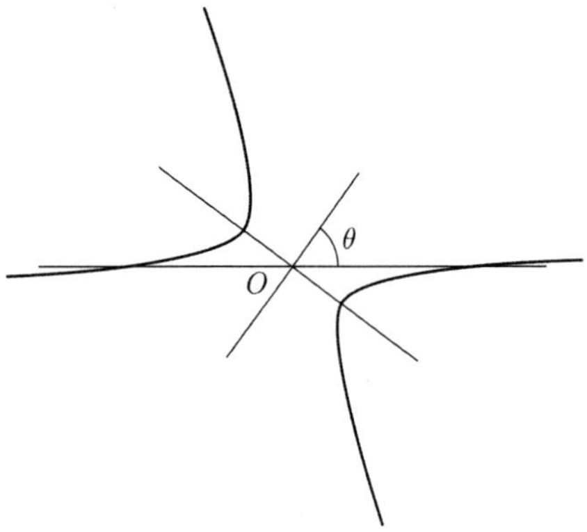

그림 4.7 쌍곡선 $8x^2-24xy+y^2=8$

이므로 표준형은

$$-8\overline{X}^2+17\overline{Y}^2-8=0$$

이고 이것은 위의 계산과 일치한다.

연습문제 3.4

1. 다음 2차 곡선의 중심, 주축, 표준형을 구하라.

(1) $3x^2 + 2xy + 3y^2 - 16y + 23 = 0$

(2) $2xy + x + y = 0$

(3) $x^2 + 10xy + y^2 - 12x - 12y + 6 = 0$

(4) $8x^2 - 4xy + 5y^2 - 36x + 18y + 9 = 0$

2. 다음 2차 곡선에 대해서 주축과 표준형을 구하라.

(1) $4x^2 - 4xy + y^2 - 10x - 20y = 0$

(2) $x^2 + 4xy + 4y^2 - 2x + 4y + 1 = 0$

(3) $x^2 - 2xy + y^2 - 2x + 4y + 1 = 0$

제 3 장 보충자료

(*) 회전이동시 고윳값과 행렬식 d

정리

2차 곡선 $F(x,\ y)=0$에서 $\begin{pmatrix} a & h \\ h & b \end{pmatrix}$의 고윳값과 $d=\begin{vmatrix} a & h & g \\ h & b & f \\ g & f & c \end{vmatrix}$는 회전이동하여도 불변이다.

증명 좌표축을 θ만큼 회전한 OXY 좌표계와 Oxy 좌표계사이의 관계식은 서로 역행렬인 두 행렬

$$\begin{pmatrix} \cos\theta & \sin\theta \\ -\sin\theta & \cos\theta \end{pmatrix},\ \begin{pmatrix} \cos\theta & -\sin\theta \\ \sin\theta & \cos\theta \end{pmatrix}$$

에 의해 주어진다. 즉

$$X=x\cos\theta+y\sin\theta,\ \ Y=-x\sin\theta+y\cos\theta$$
$$x=X\cos\theta-Y\sin\theta,\ y=X\sin\theta+Y\cos\theta$$

이다. 이를 대입하면

$$\begin{aligned} F(x,\ y) &= F(X\cos\theta-Y\sin\theta,\ X\sin\theta+Y\cos\theta) \\ &= AX^2+BY^2+2HXY+2GX+2FY+c \end{aligned}$$

이다. 단,

$$A=a\cos^2\theta+2h\sin\theta\cos\theta+b\sin^2\theta$$
$$B=a\sin^2\theta-2h\sin\theta\cos\theta+b\cos^2\theta$$
$$H=b\cos\theta\sin\theta-a\sin\theta\cos\theta+h\cos^2\theta-h\sin^2\theta$$
$$G=g\cos\theta+f\sin\theta,\ F=f\cos\theta-g\sin\theta$$

이다. 그리고

$$\begin{pmatrix} \cos\theta & \sin\theta \\ -\sin\theta & \cos\theta \end{pmatrix}\begin{pmatrix} a & h \\ h & b \end{pmatrix}\begin{pmatrix} \cos\theta & -\sin\theta \\ \sin\theta & \cos\theta \end{pmatrix} = \begin{pmatrix} A & H \\ H & B \end{pmatrix}$$

$$\begin{pmatrix} \cos\theta & \sin\theta & 0 \\ -\sin\theta & \cos\theta & 0 \\ 0 & 0 & 1 \end{pmatrix}\begin{pmatrix} a & h & g \\ h & b & f \\ g & f & c \end{pmatrix}\begin{pmatrix} \cos\theta & -\sin\theta & 0 \\ \sin\theta & \cos\theta & 0 \\ 0 & 0 & 1 \end{pmatrix} = \begin{pmatrix} A & H & G \\ H & B & F \\ G & F & c \end{pmatrix}$$

가 성립한다. 따라서 변환 전후의 행렬이 닮은(similar) 행렬이다. 그러므로 고윳값이 같고, d는 회전이동에 의한 변환에도 변하지 않는다. □

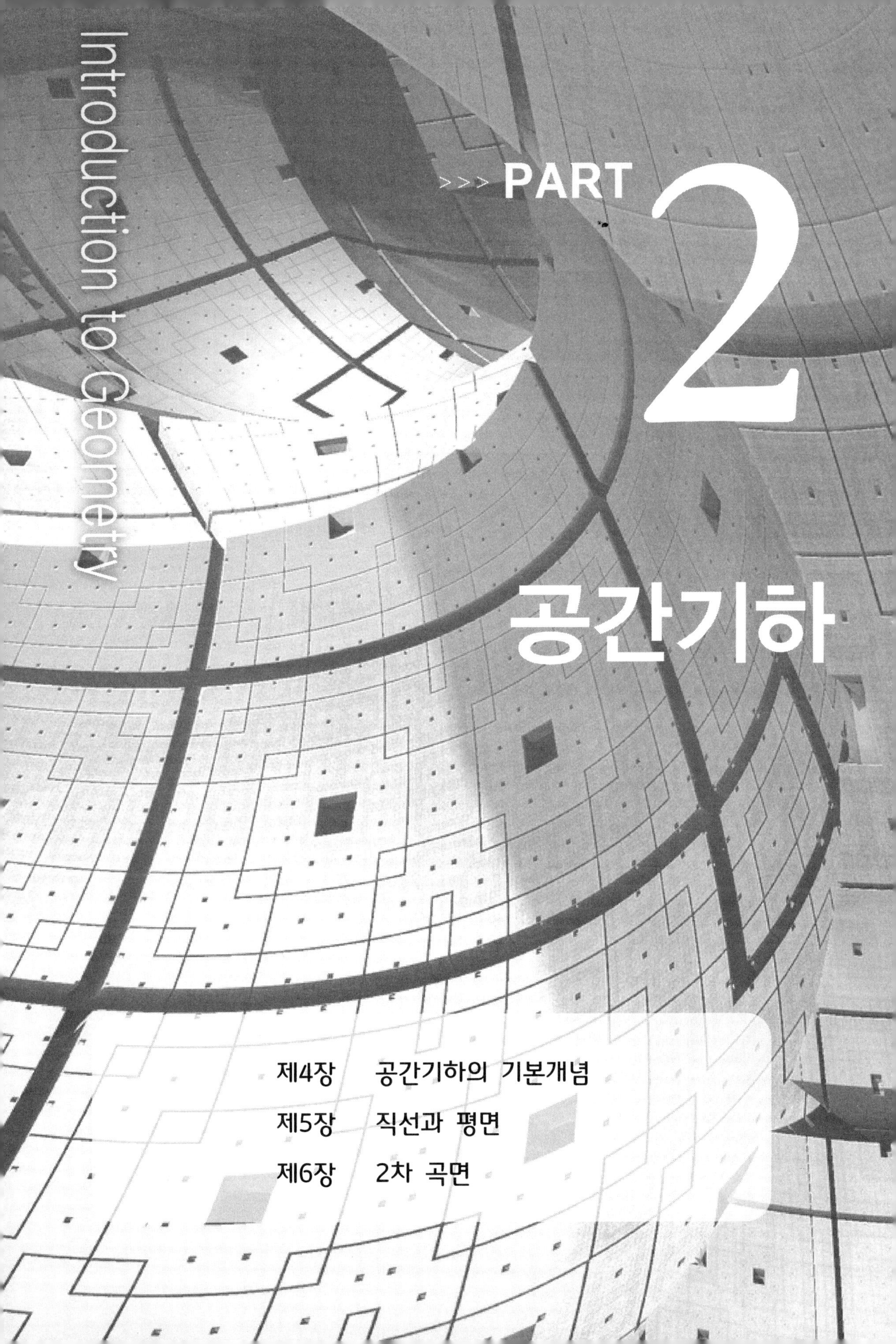

Introduction to Geometry

>>> PART 2

공간기하

제 4 장

공간기하의 기본개념

4.1 공간의 좌표계

공간에서도 직선이나 평면처럼 좌표의 도입이 필요하다. 여러 가지 좌표계가 있지만 많이 쓰이는 직교좌표계, 원주좌표계, 구면좌표계를 소개한다.

직교좌표

공간에서 3개의 수직선이 원점 O에서 서로 수직으로 만나게 잡고 이 직선을 각각 x, y, z축이라고 하자. 이들을 **좌표축**이라고 부르고 이들이 만드는 xy평면, yz평면, zx평면을 **좌표평면**이라고 한다.

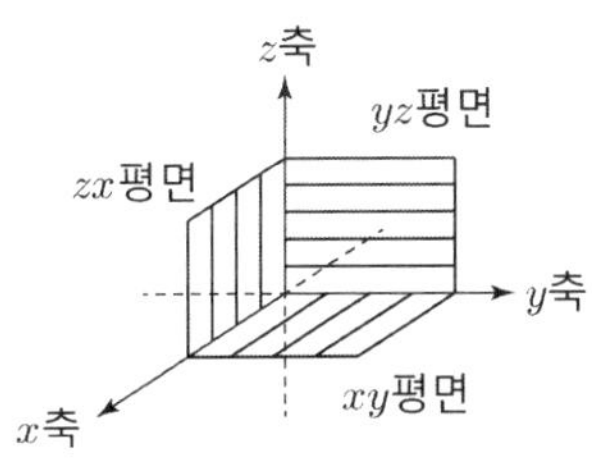

그림 1.1 좌표평면

공간의 한 점 P와 좌표축이 만드는 직육면체가 x, y, z축과 만나는 좌표를 각각 a, b, c라고 할 때, $(a,\ b,\ c)$를 P의 **직교좌표**(rectangular coordinate), 또는 그냥 좌표라고 한다.

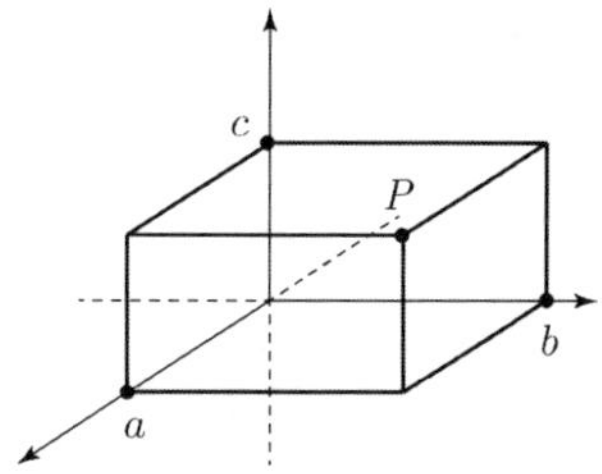

그림 1.2 직교좌표

예 1.1

다음 점의 xy평면, yz평면, zx평면에 대한 대칭점을 구하라.

(1) $(1,\ 1,\ 1)$ (2) $(1,\ -2,\ 3)$

풀이 xy평면, yz평면, zx평면에 대한 대칭점은 각각 z, x, y 좌표의 부호만 바꾸면 되므로 xy평면, yz평면, zx평면에 대한 대칭점은 다음과 같다.

(1) $(1,\ 1,\ -1)$, $(-1,\ 1,\ 1)$, $(1,\ -1,\ 1)$

(2) $(1,\ -2,\ -3)$, $(-1,\ -2,\ 3)$, $(1,\ 2,\ 3)$

공간의 두 점 $P_1(x_1,\ y_1,\ z_1)$, $P_2(x_2,\ y_2,\ z_2)$ 사이의 거리는 피타고라스 정리를 이용하여 구할 수 있다.

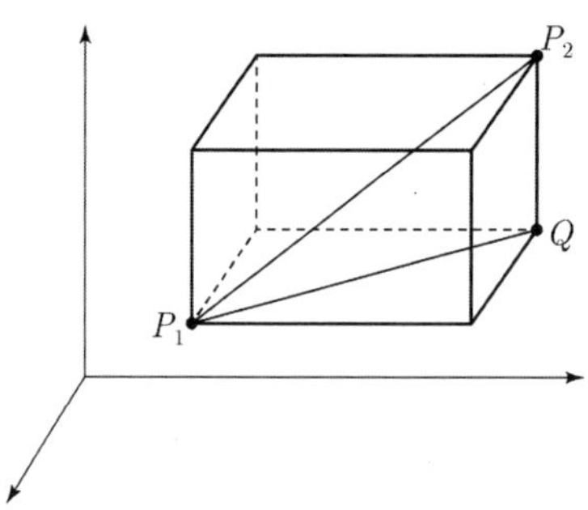

그림 1.3 두 점 사이의 거리

$$|P_1Q| = \sqrt{(x_2 - x_1)^2 + (y_2 - y_1)^2},\quad |P_2Q| = |z_2 - z_1|$$

이므로, 두 점 사이의 거리 $|P_1P_2|$는

$$|P_1P_2| = \sqrt{(x_2 - x_1)^2 + (y_2 - y_1)^2 + (z_2 - z_1)^2}$$

이다.

한편 두 점은 선분 $\overrightarrow{P_1P_2}$를 결정하는데, 이 선분을 비에 따라 나누는 방법은 닮은 삼각형의 비를 이용하여 구할 수 있다.

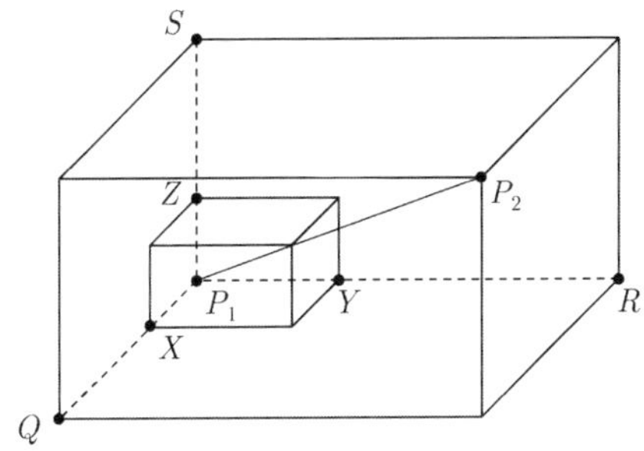

그림 1.4 선분의 비

선분 $\overrightarrow{P_1P_2}$를 $m:n$으로 나누는 점 $P(x, y, z)$는 그림의 선분 $\overrightarrow{P_1Q}$, $\overrightarrow{P_1R}$, $\overrightarrow{P_1S}$를 $m:n$으로 나누는 점 X, Y, Z가 결정하는 점이므로 P의 좌표는

$$x = \frac{mx_2 + nx_1}{m+n}, \ y = \frac{my_2 + ny_1}{m+n}, \ z = \frac{mz_2 + nz_1}{m+n}$$

이다.

예 1.2

두 점 $P_1(2, 1, 0)$, $P_2(3, 5, 4)$에 대해서 두 점 사이의 거리, $\overrightarrow{P_1P_2}$를 $2:1$로 내분하는 점과 외분하는 점을 구하라.

풀이

$$|P_1P_2| = \sqrt{(3-2)^2 + (5-1)^2 + (4-0)^2} = \sqrt{33}$$

$$\text{내분점} \left(\frac{6+2}{2+1}, \frac{10+1}{2+1}, \frac{8+0}{2+1}\right) = \left(\frac{8}{3}, \frac{11}{3}, \frac{8}{3}\right)$$

$$\text{외분점} \left(\frac{6-2}{2-1}, \frac{10-1}{2-1}, \frac{8-0}{2-1}\right) = (4, 9, 8)$$

예 1.3

세 점 $P_1(2, 1, 0)$, $P_2(-2, 3, 4)$, $P_3(6, -1, 2)$에 대해서 $\overrightarrow{P_1P_2}$의 중점 M과 $\overrightarrow{P_3M}$을 $2:1$로 내분하는 점 N을 구하라.

풀이 M의 좌표는

$$\left(\frac{2-2}{2}, \frac{1+3}{2}, \frac{0+4}{2}\right) = (0, 2, 2)$$

이고, N의 좌표는

$$\left(\frac{0+6}{3}, \frac{4-1}{3}, \frac{4+2}{3}\right) = (2, 1, 2)$$

이다.

원주좌표

공간에서 원점이 아닌 한 점 $P(x, y, z)$에서 xy평면에 내린 수선의 교점을 Q라고 하자. xy평면에서 Q의 극좌표를 (r, θ)라고 할 때, (r, θ, z)를 점 P의 **원주좌표**(cylindrical coordinate)라고 한다.

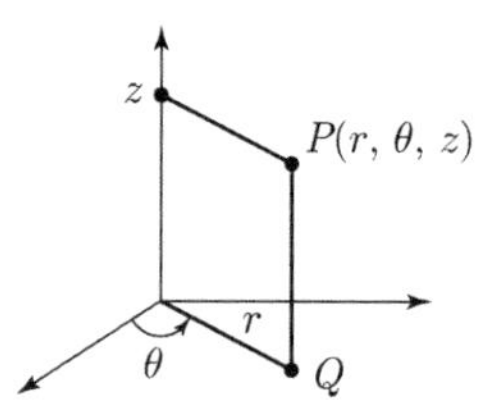

그림 1.5 원주좌표

$r=0$인 경우, 즉 원주좌표 $(0, \theta, z)$는 직교좌표 $(0, 0, z)$를 의미한다. 원주좌표 방정식 $r=a$는 반지름 a인 원기둥을 나타낸다. 이와 같이 원주좌표는 원기둥을 표시할 때 편리하다.

구면좌표

공간에서 원점이 아닌 한 점 $P(x, y, z)$에서 xy평면에 내린 수선의 교점을 Q라고 하

자. xy평면에서 Q의 극좌표를 (r, θ)라고 두고, 선분 $\overrightarrow{OP}$가 z축 방향과 이루는 각을 φ, $|OP| = \rho$라고 하자. 이때 좌표 (ρ, θ, φ)를 점 P의 **구면좌표**(spherical coordinate)라고 한다. $\rho = 0$인 경우, 즉 구면좌표 $(0, \theta, \varphi)$는 직교좌표 $(0, 0, 0)$을 의미한다.

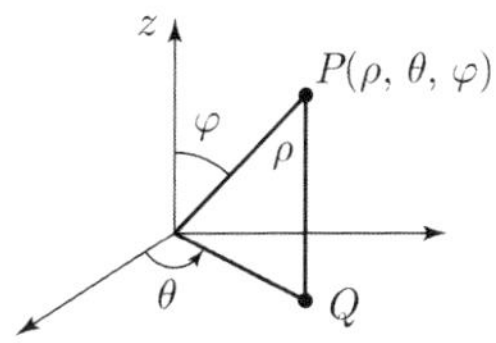

그림 1.6 구면좌표

구면좌표 방정식 $\rho = a$는 반지름 a인 구면을 나타낸다. 이와 같이 구면좌표는 구면을 표시할 때 편리하다.

직교좌표, 원주좌표, 구면좌표는 모두 공간의 점을 표시할 수 있으므로 서로 변환이 가능하다. 원점이 아닌 한 점 P의 직교좌표를 (x, y, z), 원주좌표를 (r, θ, z), 구면좌표를 (ρ, θ, φ)라고 하자. 이때 직교좌표와 원주좌표 사이에는

$$x = r\cos\theta,\ y = r\sin\theta,\ z = z$$

$$r^2 = x^2 + y^2,\ \tan\theta = \frac{y}{x},\ z = z$$

가 성립하고, 직교좌표와 구면좌표 사이에는 다음 그림에서

$$r = \rho\sin\varphi,\ z = \rho\cos\varphi$$

이므로

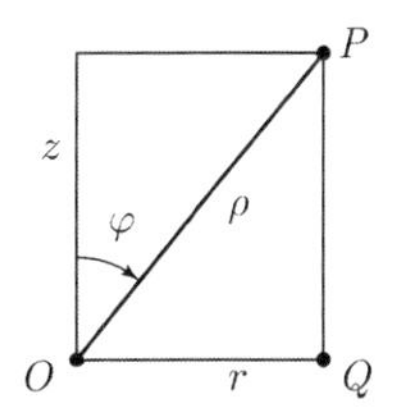

그림 1.7 ρ, r, z **사이의 관계**

$$x = \rho\sin\varphi\cos\theta,\ y = \rho\sin\varphi\sin\theta,\ z = \rho\cos\varphi$$

$$\rho^2 = x^2 + y^2 + z^2,\ \tan\theta = \frac{y}{x},\ \tan\varphi = \frac{\sqrt{x^2 + y^2}}{z}$$

이 성립하고, 원주좌표와 구면좌표 사이에는

$$r=\rho\sin\varphi,\ \theta=\theta,\ z=\rho\cos\varphi$$

$$\rho^2=r^2+z^2,\ \theta=\theta,\ \tan\varphi=\frac{r}{z}$$

이 성립한다.

예 1.4

다음 직교좌표의 원주좌표와 구면좌표를 구하라.

(1) $(1,\ 1,\ \sqrt{2})$　　(2) $(1,\ 0,\ -\sqrt{3})$

풀이 (1)

$$r=\sqrt{1+1}=\sqrt{2},\ \rho=\sqrt{1+1+2}=2$$

$$\tan\theta=\frac{1}{1}=1,\ x,\ y\ge 0\Rightarrow\theta=\frac{\pi}{4}$$

$$\tan\varphi=\frac{r}{z}=\frac{\sqrt{2}}{\sqrt{2}}=1\Rightarrow\varphi=\frac{\pi}{4}$$

이다. 따라서 원주좌표와 구면좌표는 각각

$$\left(\sqrt{2},\ \frac{\pi}{4},\ \sqrt{2}\right),\ \left(2,\ \frac{\pi}{4},\ \frac{\pi}{4}\right)$$

이다.

(2)

$$r=\sqrt{1+0}=1,\ \rho=\sqrt{1+0+3}=2$$

$$\tan\theta=\frac{0}{1}=0,\ x\ge 0\Rightarrow\theta=0$$

$$\tan\varphi=\frac{r}{z}=-\frac{1}{\sqrt{3}}\Rightarrow\varphi=\frac{5\pi}{6}$$

이다. 따라서 원주좌표와 구면좌표는 각각

$$(1,\ 0,\ -\sqrt{3}),\ \left(2,\ 0,\ \frac{5\pi}{6}\right)$$

이다.

예 1.5

(1) 원주좌표 $\left(2,\ \frac{\pi}{4},\ 1\right)$을 직교좌표로 변환하라.

(2) 구면좌표 $\left(2,\ \frac{\pi}{4},\ \frac{\pi}{3}\right)$를 직교좌표로 변환하라.

풀이 (1)

$$x = 2\cos\frac{\pi}{4} = \sqrt{2},\ y = 2\sin\frac{\pi}{4} = \sqrt{2}$$

이므로 직교좌표는 $(\sqrt{2},\ \sqrt{2},\ 1)$이다.

(2)

$$x = 2\sin\frac{\pi}{3}\cos\frac{\pi}{4} = \frac{\sqrt{6}}{2}$$

$$y = 2\sin\frac{\pi}{3}\sin\frac{\pi}{4} = \frac{\sqrt{6}}{2}$$

$$z = 2\cos\frac{\pi}{3} = 1$$

이므로, 직교좌표는 $\left(\frac{\sqrt{6}}{2},\ \frac{\sqrt{6}}{2},\ 1\right)$이다.

예 1.6

(1) 직교방정식 $x + y + z = 1$의 원주좌표 방정식을 구하라.

(2) 원주좌표 방정식 $r = z\sin\theta$의 직교좌표 방정식을 구하라.

풀이 (1) $x + y + z = 1$

$\Rightarrow r\cos\theta + r\sin\theta + z = 0$

(2) $r = z\sin\theta$

$\Rightarrow r^2 = zr\sin\theta \Rightarrow x^2 + y^2 = yz$

예 1.7

(1) 직교방정식 $x^2 + y^2 - z^2 = 0$의 구면좌표 방정식을 구하라.

(2) 구면좌표 방정식 $\rho^2\sin\varphi\cos\varphi\cos\theta = 1$의 직교좌표 방정식을 구하라.

풀이 (1) $\rho^2\sin^2\varphi\cos^2\theta+\rho^2\sin^2\varphi\sin^2\theta-\rho^2\cos^2\varphi=0$

$\Rightarrow \rho^2[\sin^2\varphi(\cos^2\theta+\sin^2\theta)-\cos^2\varphi]=0$

$\Rightarrow \rho^2(\sin^2\varphi-\cos^2\varphi)=0 \Rightarrow \rho^2\cos2\varphi=0$

(2) $\rho^2\sin\varphi\cos\varphi\cos\theta=1$

$\Rightarrow (\rho\sin\varphi\cos\theta)(\rho\cos\varphi)=1 \Rightarrow xz=1$

연습문제 4.1

1. $(2,\ 1,\ -3)$, $(1,\ 1,\ 4)$에서 같은 거리에 있는 x, y, z축 위의 점을 구하라.

2. $(2,\ 1,\ 1)$, $(1,\ -1,\ 2)$, $(3,\ 2,\ 1)$에서 같은 거리에 있는 xy평면의 점을 구하라.

3. 다음 직교좌표를 원주좌표로 바꾸어라.

(1) $(1,\ 1,\ 2)$ (2) $(\sqrt{3},\ 1,\ 2)$

(3) $(0,\ 1,\ -1)$

4. 다음 직교좌표를 구면좌표로 바꾸어라.

(1) $(1,\ -1,\ \sqrt{6})$ (2) $(-1,\ 0,\ \sqrt{3})$

(3) $(0,\ 1,\ 1)$

5. 다음 원주좌표를 직교좌표로 바꾸어라.

(1) $\left(1,\ \frac{\pi}{4},\ 2\right)$ (2) $\left(-2,\ \frac{7\pi}{6},\ 1\right)$

(3) $\left(0,\ \frac{\pi}{5},\ 3\right)$

6. 다음 구면좌표를 직교좌표로 바꾸어라.

(1) $\left(2,\ \frac{\pi}{4},\ -\frac{\pi}{6}\right)$ (2) $\left(2,\ \frac{7\pi}{6},\ \frac{\pi}{4}\right)$

(3) $\left(0,\ \frac{\pi}{5},\ \frac{\pi}{4}\right)$

7. 다음 원주좌표 방정식을 직교방정식으로 바꾸어라.

(1) $z = r^2$ (2) $z = r\cos\theta$

(3) $z = r^2\cos 2\theta$

8. 다음 구면좌표 방정식을 직교방정식으로 바꾸어라.

(1) $\rho\cos\varphi = 2$　　(2) $\rho = \sin\varphi\cos\theta$

(3) $\rho^2\cos\varphi\sin\varphi = 2$

4.2 벡터와 행렬

제2장의 평면의 벡터에 대한 설명은 공간벡터에 대해서도 그대로 적용된다. 예를 들어 공간의 점 $P(x, y, z)$의 위치벡터는 크기가

$$|OP| = \sqrt{x^2 + y^2 + z^2}$$

이고, 방향은 O에서 P방향인 벡터이다. 그리고 $P_1(x_1, y_1, z_1)$, $P_2(x_2, y_2, z_2)$에 대해서

$$\overrightarrow{P_1P_2} = \overrightarrow{OP_2} - \overrightarrow{OP_1} = (x_2 - x_1,\ y_2 - y_1,\ z_2 - z_1)$$

이 성립한다. 공간벡터

$$\mathbf{v} = (v_1,\ v_2,\ v_3),\ \ \mathbf{w} = (w_1,\ w_2,\ w_3)$$

에 대해서

$$|\mathbf{v}| = \sqrt{v_1^2 + v_2^2 + v_3^2}$$

은 $\mathbf{v}$의 길이이고, 공간벡터의 연산과 내적은

$$\begin{aligned} \mathbf{v} + \mathbf{w} &= (v_1 + w_1,\ v_2 + w_2,\ v_3 + w_3) \\ a\mathbf{v} &= (av_1,\ av_2,\ av_3) \\ \mathbf{v} \cdot \mathbf{w} &= v_1w_1 + v_2w_2 + v_3w_3 = |\mathbf{v}||\mathbf{w}|\cos\theta \end{aligned}$$

이 성립한다. 그리고 마지막 등식에서

$$|\mathbf{v} \cdot \mathbf{w}| = |\mathbf{v}||\mathbf{w}||\cos\theta| \le |\mathbf{v}||\mathbf{w}|$$

를 얻는다. 이 부등식을 **코시-슈바르츠(Cauchy-Schwarz) 부등식**이라고 한다.

그리고 좌표축 방향의 단위벡터를 $\mathbf{e}_1 = (1,\ 0,\ 0)$, $\mathbf{e}_2 = (0,\ 1,\ 0)$, $\mathbf{e}_3 = (0,\ 0,\ 1)$로 적으면 벡터 $\mathbf{v} = (v_1,\ v_2,\ v_3)$는

$$\mathbf{v} = (v_1,\ 0,\ 0) + (0,\ v_2,\ 0) + (0,\ 0,\ v_3) = v_1\mathbf{e}_1 + v_2\mathbf{e}_2 + v_3\mathbf{e}_3$$

과 같이 $\mathbf{e}_1$, $\mathbf{e}_2$, $\mathbf{e}_3$의 1차 결합으로 표현할 수 있다.

정리 2.1

벡터 v, w에 대해서 다음 성질이 성립한다.

(1) $|\mathbf{v}+\mathbf{w}| \le |\mathbf{v}|+|\mathbf{w}|$ (2) $||\mathbf{v}|-|\mathbf{w}|| \le |\mathbf{v}-\mathbf{w}|$

증명 (1)

$$\begin{aligned} |\mathbf{v}+\mathbf{w}|^2 &= (\mathbf{v}+\mathbf{w})\cdot(\mathbf{v}+\mathbf{w}) \\ &= (\mathbf{v}\cdot\mathbf{v})+2(\mathbf{v}\cdot\mathbf{w})+(\mathbf{w}\cdot\mathbf{w}) \\ &\le |\mathbf{v}|^2+2|\mathbf{v}\cdot\mathbf{w}|+|\mathbf{w}|^2 \\ &\le |\mathbf{v}|^2+2|\mathbf{v}||\mathbf{w}|+|\mathbf{w}|^2 = (|\mathbf{v}|+|\mathbf{w}|)^2 \end{aligned}$$

$$\Rightarrow |\mathbf{v}+\mathbf{w}| \le |\mathbf{v}|+|\mathbf{w}|$$

(2)

$$|\mathbf{v}| = |\mathbf{w}+(\mathbf{v}-\mathbf{w})| \le |\mathbf{w}|+|\mathbf{v}-\mathbf{w}|$$

$$\Rightarrow |\mathbf{v}|-|\mathbf{w}| \le |\mathbf{v}-\mathbf{w}|$$

같은 방법으로 $|\mathbf{w}|-|\mathbf{v}| \le |\mathbf{v}-\mathbf{w}|$이므로

$$||\mathbf{v}|-|\mathbf{w}|| \le |\mathbf{v}-\mathbf{w}|$$

이다. □

정리 2.2

두 벡터 v, w가 영벡터가 아닐 때, $|\mathbf{v}\cdot\mathbf{w}| = |\mathbf{v}||\mathbf{w}|$일 조건은 두 벡터가 평행이다.

증명

$$|\mathbf{v}\cdot\mathbf{w}| = |\mathbf{v}||\mathbf{w}|\cos\theta$$

이므로

$$\begin{aligned} |\mathbf{v}\cdot\mathbf{w}| = |\mathbf{v}||\mathbf{w}| &\Leftrightarrow \cos\theta = \pm 1 \Leftrightarrow \theta = 0,\ \pi \\ &\Leftrightarrow \mathbf{v},\ \mathbf{w}\text{는 평행} \end{aligned}$$

□

연립방정식의 해와 관련된 내용도 평면기하의 내용이 그대로 성립한다.

정리 2.3

연립 1차 방정식

$$a_{11}x + a_{12}y + a_{13}z = b_1$$

$$a_{21}x + a_{22}y + a_{23}z = b_2$$

$$a_{31}x + a_{32}y + a_{33}z = b_3$$

이 단 하나의 해를 가질 조건은 $\begin{vmatrix} a_{11} & a_{12} & a_{13} \\ a_{21} & a_{22} & a_{23} \\ a_{31} & a_{32} & a_{33} \end{vmatrix} \neq 0$이다. 이 경우 연립방정식의 해는

$$x = \frac{\begin{vmatrix} b_1 & a_{12} & a_{13} \\ b_2 & a_{22} & a_{23} \\ b_3 & a_{32} & a_{33} \end{vmatrix}}{\begin{vmatrix} a_{11} & a_{12} & a_{13} \\ a_{21} & a_{22} & a_{23} \\ a_{31} & a_{32} & a_{33} \end{vmatrix}},\ y = \frac{\begin{vmatrix} a_{11} & b_1 & a_{13} \\ a_{21} & b_2 & a_{23} \\ a_{31} & b_3 & a_{33} \end{vmatrix}}{\begin{vmatrix} a_{11} & a_{12} & a_{13} \\ a_{21} & a_{22} & a_{23} \\ a_{31} & a_{32} & a_{33} \end{vmatrix}},\ z = \frac{\begin{vmatrix} a_{11} & a_{12} & b_1 \\ a_{21} & a_{22} & b_2 \\ a_{31} & a_{32} & b_3 \end{vmatrix}}{\begin{vmatrix} a_{11} & a_{12} & a_{13} \\ a_{21} & a_{22} & a_{23} \\ a_{31} & a_{32} & a_{33} \end{vmatrix}}$$

이다.

다음과 같이 상수항이 모두 0인 연립 1차 방정식

$$a_{11}x + a_{12}y + a_{13}z = 0$$

$$a_{21}x + a_{22}y + a_{23}z = 0$$

$$a_{31}x + a_{32}y + a_{33}z = 0$$

을 **동차(homogeneous) 연립방정식**이라고 한다. 이 연립방정식은

$$(x,\ y,\ z) = (0,\ 0,\ 0)$$

인 해를 항상 갖는다. 이러한 해를 **자명해(trivial solution)**라고 한다. 따라서 동차방정식이 비자명해를 가질 경우가 우리의 관심의 대상이 된다. 동차 연립방정식이 비자명해를 가질 조건은 해가 둘 이상이어야 하므로 방정식의 계수행렬식의 값이 0이어야 한다. 즉 $\begin{vmatrix} a_{11} & a_{12} & a_{13} \\ a_{21} & a_{22} & a_{23} \\ a_{31} & a_{32} & a_{33} \end{vmatrix} = 0$이다.

비자명해 $(x_0,\ y_0,\ z_0)$이 있으면 $(ax_0,\ ay_0,\ az_0)$, $(a \neq 0)$도 비자명해임을 알 수 있다.

행렬의 고윳값, 고유벡터에 대한 설명도 그대로 적용할 수 있다. 3차 행렬

$$A = \begin{pmatrix} a_{11} & a_{12} & a_{13} \\ a_{21} & a_{22} & a_{23} \\ a_{31} & a_{32} & a_{33} \end{pmatrix}$$

에 대해서

$$\begin{vmatrix} a_{11}-t & a_{12} & a_{13} \\ a_{21} & a_{22}-t & a_{23} \\ a_{31} & a_{32} & a_{33}-t \end{vmatrix} = 0$$

를 행렬 A의 **고유방정식**이라 하고, 이 방정식의 근을 행렬 A의 **고유값**이라고 한다. 고윳값은 나중에 2차 곡면을 분류할 때, 중요한 역할을 한다. 각 고윳값 λ에 대해서 동차 연립방정식

$$\begin{aligned} (a_{11}-\lambda)x + a_{12}y + a_{13}z &= 0 \\ a_{11}x + (a_{12}-\lambda)y + a_{13}z &= 0 \\ a_{11}x + a_{12}y + (a_{13}-\lambda)z &= 0 \end{aligned}$$

을 고윳값 λ에 대한 행렬 A의 **고유벡터 방정식**이라 하고, 이 방정식의 비자명해를 고윳값 λ에 대한 행렬 A의 **고유벡터(eigenvector)**라고 한다. 고유벡터 방정식의 성질에서 고유벡터에 0이 아닌 실수를 곱해도 여전히 고유벡터이다. 앞으로 고유벡터는 방향을 나타내기 위한 용도로 사용될 것이기 때문에 실수배는 무시할 것이다. 공간에서도 평면의 경우와 같이 우리가 다룰 행렬은 대칭행렬에 한정될 것이고 대칭행렬은 항상 실수의 고윳값을 갖는다.

예 2.4

행렬 $\begin{pmatrix} 1 & 0 & 0 \\ 0 & 1 & 0 \\ 0 & 0 & 2 \end{pmatrix}$의 고윳값과 서로 수직인 고유벡터 3개를 구하라.

풀이 고유방정식

$$\begin{vmatrix} 1-t & 0 & 0 \\ 0 & 1-t & 0 \\ 0 & 0 & 2-t \end{vmatrix} = (1-t)^2(2-t) = 0$$

에서 고윳값 1, 1, 2를 얻는다. 고윳값 1에 대한 고유벡터 방정식은 $z=0$이므로 이 방정식을 만족하는 서로 수직인 고유벡터 (1, 0, 0), (0, 1, 0)을 얻는다. 고윳값 2에

대한 고유벡터방정식은 $x=0$, $y=0$이므로, $(0,\ 0,\ 1)$은 고유벡터이다. 이들 세 고유벡터는 서로 수직이다.

일반적으로 대각행렬 $\begin{pmatrix} \lambda_1 & 0 & 0 \\ 0 & \lambda_2 & 0 \\ 0 & 0 & \lambda_3 \end{pmatrix}$의 고윳값은 λ_1, λ_2, λ_3이고, 이에 대한 고유벡터는 $\mathbf{e}_1$, $\mathbf{e}_2$, $\mathbf{e}_3$이다.

벡터 $\mathbf{u}=(u_1,\ u_2,\ u_3)$, $\mathbf{v}=(v_1,\ v_2,\ v_3)$, $\mathbf{w}=(w_1,\ w_2,\ w_3)$에 대해서 다음과 같은 기호를 사용한다.

$$M(\mathbf{u},\ \mathbf{v},\ \mathbf{w})=\begin{pmatrix} \mathbf{u} \\ \mathbf{v} \\ \mathbf{w} \end{pmatrix}=\begin{pmatrix} u_1 & u_2 & u_3 \\ v_1 & v_2 & v_3 \\ w_1 & w_2 & w_3 \end{pmatrix},\quad D(\mathbf{u},\ \mathbf{v},\ \mathbf{w})=\begin{vmatrix} \mathbf{u} \\ \mathbf{v} \\ \mathbf{w} \end{vmatrix}=\begin{vmatrix} u_1 & u_2 & u_3 \\ v_1 & v_2 & v_3 \\ w_1 & w_2 & w_3 \end{vmatrix}$$

$D(\mathbf{u},\ \mathbf{v},\ \mathbf{w})\neq 0$이면 행벡터들이 1차독립이므로 $\{\mathbf{u},\ \mathbf{v},\ \mathbf{w}\}$는 R^3의 **기저(basis)**가 된다. $D(\mathbf{u},\ \mathbf{v},\ \mathbf{w})>0$일 때, 기저 $\{\mathbf{u},\ \mathbf{v},\ \mathbf{w}\}$가 **양의 방향**이라고 하고 반대의 경우에는 **음의 방향**이라고 한다. 행렬식의 성질에서

$$D(\mathbf{u},\ \mathbf{v},\ \mathbf{w})=D(\mathbf{v},\ \mathbf{w},\ \mathbf{u})=D(\mathbf{w},\ \mathbf{u},\ \mathbf{v}) \qquad \cdots (*)$$

이므로 기저 $\{\mathbf{u},\ \mathbf{v},\ \mathbf{w}\}$, $\{\mathbf{v},\ \mathbf{w},\ \mathbf{u}\}$, $\{\mathbf{w},\ \mathbf{u},\ \mathbf{v}\}$는 같은 방향을 갖는다. 기저 $\{\mathbf{u},\ \mathbf{v},\ \mathbf{w}\}$의 세 벡터가 서로 수직인 단위벡터일 때, 이 기저를 **정규직교기저**라고 한다. 예를 들면 $\{\mathbf{e}_1,\ \mathbf{e}_2,\ \mathbf{e}_3\}$는 서로 수직인 단위벡터이고

$$D(\mathbf{e}_1,\ \mathbf{e}_2,\ \mathbf{e}_3)=\begin{vmatrix} 1 & 0 & 0 \\ 0 & 1 & 0 \\ 0 & 0 & 1 \end{vmatrix}=1$$

이므로 양의 방향 정규직교기저이다. 그리고 $\{\mathbf{e}_2,\ \mathbf{e}_3,\ \mathbf{e}_1\}$,$\{\mathbf{e}_3,\ \mathbf{e}_1,\ \mathbf{e}_2\}$도 양의 방향 정규직교기저이고 행렬식의 성질에 의해서 $\{\mathbf{u},\ \mathbf{v},\ \mathbf{w}\}$가 양의 방향이면 $\{\mathbf{u},\ \mathbf{v},\ -\mathbf{w}\}$는 음의 방향이다.

공간벡터 $\mathbf{v}=(v_1,\ v_2,\ v_3)$,$\mathbf{w}=(w_1,\ w_2,\ w_3)$의 **벡터곱(cross product)** $\mathbf{v}\times\mathbf{w}$를

$$\mathbf{v}\times\mathbf{w}=(v_2w_3-v_3w_2,\ v_3w_1-v_1w_3,\ v_1w_2-v_2w_1)$$

으로 정의한다.

내적과 외적의 중요한 차이는 두 벡터의 내적은 실수이지만 외적은 벡터라는 것이다.

다음 정리는 벡터의 외적의 성질을 이해하는데 중요한 역할을 한다.

정리 2.5

(1) $\mathbf{v} \times \mathbf{w} = \begin{vmatrix} \mathbf{e}_1 & \mathbf{e}_2 & \mathbf{e}_3 \\ v_1 & v_2 & v_3 \\ w_1 & w_2 & w_3 \end{vmatrix}$

(2) $\mathbf{u} \cdot (\mathbf{v} \times \mathbf{w}) = \begin{vmatrix} u_1 & u_2 & u_3 \\ v_1 & v_2 & v_3 \\ w_1 & w_2 & w_3 \end{vmatrix} = D(\mathbf{u},\ \mathbf{v},\ \mathbf{w})$

(3) $(\mathbf{v} \times \mathbf{w}) \perp \mathbf{v},\ \mathbf{w}$

(4) $\mathbf{v} \times \mathbf{w} = -\mathbf{w} \times \mathbf{v},\ \mathbf{v} \times \mathbf{v} = (0,\ 0,\ 0)$

(5) $(\mathbf{u} + \mathbf{v}) \times \mathbf{w} = (\mathbf{u} \times \mathbf{w}) + (\mathbf{v} \times \mathbf{w}),\ (a\mathbf{v}) \times \mathbf{w} = a(\mathbf{v} \times \mathbf{w})$

(6) $\mathbf{v} \times \mathbf{w} \neq (0,\ 0,\ 0)$이면 $\{\mathbf{v},\ \mathbf{w},\ \mathbf{v} \times \mathbf{w}\}$는 양의 방향 기저이다.

증명 (1) $\mathbf{v} \times \mathbf{w} = (v_2 w_3 - v_3 w_2)\mathbf{e}_1 + (v_3 w_1 - v_1 w_3)\mathbf{e}_2 + (v_1 w_2 - v_2 w_1)\mathbf{e}_3$

$$= \begin{vmatrix} v_2 & v_3 \\ w_2 & w_3 \end{vmatrix}\mathbf{e}_1 - \begin{vmatrix} v_1 & v_3 \\ w_1 & w_3 \end{vmatrix}\mathbf{e}_2 + \begin{vmatrix} v_1 & v_2 \\ w_1 & w_2 \end{vmatrix}\mathbf{e}_3 = \begin{vmatrix} \mathbf{e}_1 & \mathbf{e}_2 & \mathbf{e}_3 \\ v_1 & v_2 & v_3 \\ w_1 & w_2 & w_3 \end{vmatrix}$$

(2) $\mathbf{u} \cdot (\mathbf{v} \times \mathbf{w}) = u_1(v_2 w_3 - v_3 w_2) + u_2(v_3 w_1 - v_1 w_3) + u_3(v_1 w_2 - v_2 w_1)$

$= D(\mathbf{u},\ \mathbf{v},\ \mathbf{w})$

(3) 행렬식의 두 행이 같으면 0이므로

$$\mathbf{v} \cdot (\mathbf{v} \times \mathbf{w}) = D(\mathbf{v},\ \mathbf{v},\ \mathbf{w}) = 0,\ \mathbf{w} \cdot (\mathbf{v} \times \mathbf{w}) = D(\mathbf{w},\ \mathbf{v},\ \mathbf{w}) = 0$$

이다. 따라서 $(\mathbf{v} \times \mathbf{w}) \perp \mathbf{v},\ \mathbf{w}$이다.

(4)와 (5)는 행렬식의 성질에 의해서 명백하다.

(6) $D(\mathbf{v},\ \mathbf{w},\ \mathbf{v} \times \mathbf{w}) = D(\mathbf{v} \times \mathbf{w},\ \mathbf{v},\ \mathbf{w})$

$= (\mathbf{v} \times \mathbf{w}) \cdot (\mathbf{v} \times \mathbf{w}) = |\mathbf{v} \times \mathbf{w}|^2 > 0$

이므로 $\{\mathbf{v},\ \mathbf{w},\ \mathbf{v} \times \mathbf{w}\}$는 양의 방향 기저이다. □

내적과 행렬식의 성질에 의해서

$$\mathbf{u} \cdot (\mathbf{v} \times \mathbf{w}) = D(\mathbf{u},\ \mathbf{v},\ \mathbf{w}) = D(\mathbf{w},\ \mathbf{u},\ \mathbf{v}) = \mathbf{w} \cdot (\mathbf{u} \times \mathbf{v}) = (\mathbf{u} \times \mathbf{v}) \cdot \mathbf{w}$$

이다. 즉, $\mathbf{u}\cdot(\mathbf{v}\times\mathbf{w})$는 '·, ×'의 순서는 관계없고 u, v, w의 순서에 의해서 결정된다. 그러므로 내적과 외적이 혼합된 곱을

$$\mathbf{u}\cdot(\mathbf{v}\times\mathbf{w})=[\mathbf{u},\ \mathbf{v},\ \mathbf{w}]$$

로 적고 이를 u, v, w의 **스칼라 삼중적**이라고 한다.

정리 2.5의 (3)과 (6)에 의해서 $\mathbf{v}\times\mathbf{w}$의 방향은 v, w와 동시에 수직이면서(이 경우 두 가지 방향이 가능하다) $\{\mathbf{v},\ \mathbf{w},\ \mathbf{v}\times\mathbf{w}\}$가 양의 방향이 되는 방향이다. 이제 $|\mathbf{v}\times\mathbf{w}|$만 알면 $\mathbf{v}\times\mathbf{w}$의 기하학적 설명이 가능하다.

$$\begin{aligned}
|\mathbf{v}\times\mathbf{w}|^2 &= (\mathbf{v}\times\mathbf{w})\cdot(\mathbf{v}\times\mathbf{w})\\
&= (v_2w_3-v_3w_2)^2+(v_3w_1-v_1w_3)^2+(v_1w_2-v_2w_1)^2\\
&= v_2^2w_3^2+v_3^2w_2^2+v_3^2w_1^2+v_1^2w_3^2+v_1^2w_2^2+v_2^2w_1^2\\
&\quad -2(v_2w_3v_3w_2+v_3w_1v_1w_3+v_1w_2v_2w_1)\\
&= (v_1^2+v_2^2+v_3^2)(w_1^2+w_2^2+w_3^2)-(v_1w_1+v_2w_2+v_3w_3)^2\\
&= |\mathbf{v}|^2|\mathbf{w}|^2-(\mathbf{v}\cdot\mathbf{w})^2=|\mathbf{v}|^2|\mathbf{w}|^2-|\mathbf{v}|^2|\mathbf{w}|^2\cos^2\theta\\
&= |\mathbf{v}|^2|\mathbf{w}|^2\sin^2\theta
\end{aligned}$$

이므로 $|\mathbf{v}\times\mathbf{w}|=|\mathbf{v}||\mathbf{w}|\sin\theta$이다. 이것은 두 벡터 v, w가 만드는 평행사변형의 넓이임을 다음 그림에서 알 수 있다.

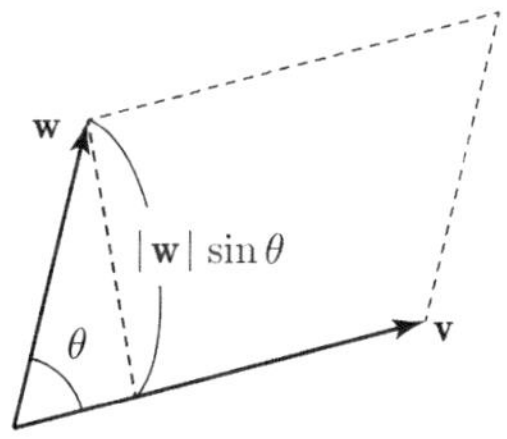

그림 2.1 평행사변형의 넓이

평면에서 원점과 두 점 $P_1(a_1,\ b_1)$, $P_2(a_2,\ b_2)$가 만드는 삼각형의 면적은 두 벡터 $(a_1,\ b_1,\ 0)$, $(a_2,\ b_2,\ 0)$가 만드는 평행사변형의 면적의 절반이므로 삼각형의 면적은

$$\frac{1}{2}|(a_1,\ b_1,\ 0)\times(a_2,\ b_2,\ 0)|=\frac{1}{2}|a_1b_2-a_2b_1|$$

이다.

세 벡터 $\mathbf{u}$, $\mathbf{v}$, $\mathbf{w}$가 만드는 평행육면체의 부피를 구하여 보자. 다음 그림에서 평행육면체의 밑면의 넓이는 $|\mathbf{v}\times\mathbf{w}|$이다.

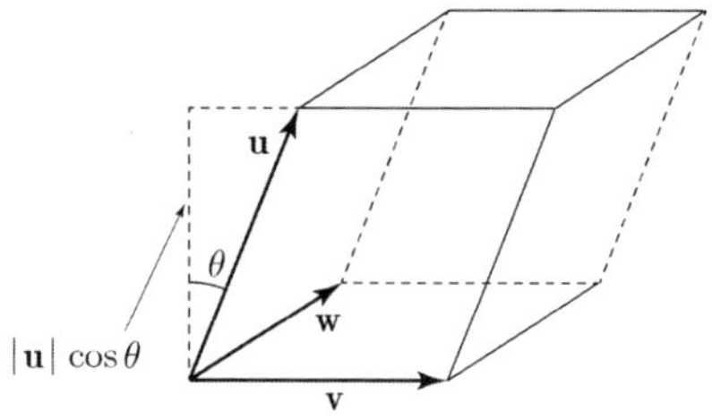

그림 2.2 평행육면체의 부피

그리고 높이는 밑면의 수직 방향이 $\mathbf{u}$와 만드는 각을 θ라고 하면 $|\mathbf{u}|\cos\theta$의 절댓값이므로 평행육면체의 부피는

$$|\mathbf{v}\times\mathbf{w}||\mathbf{u}|\cos\theta = (\mathbf{v}\times\mathbf{w})\cdot\mathbf{u} = [\mathbf{u},\ \mathbf{v},\ \mathbf{w}]$$

의 절댓값이다. 예를 들어 가로, 세로, 높이가 각각 a, b, c인 직육면체는 벡터 $a\mathbf{e}_1$, $b\mathbf{e}_2$, $c\mathbf{e}_3$가 만드는 평행육면체이므로 직육면체의 부피를 스칼라 삼중적으로 계산하면

$$(a\mathbf{e}_1\times b\mathbf{e}_2)\cdot c\mathbf{e}_3 = abc((\mathbf{e}_1\times\mathbf{e}_2)\cdot\mathbf{e}_3) = abc(\mathbf{e}_3\cdot\mathbf{e}_3) = abc$$

이다.

예 2.6

$\mathbf{u}=(4,\ -1,\ 3)$, $\mathbf{v}=(2,\ 3,\ -1)$, $\mathbf{w}=(1,\ 1,\ -2)$이면

(1) $\mathbf{u}\times\mathbf{v} = \begin{vmatrix} \mathbf{e}_1 & \mathbf{e}_2 & \mathbf{e}_3 \\ 4 & -1 & 3 \\ 2 & 3 & -1 \end{vmatrix} = (-8,\ 10,\ 14)$

(2) $[\mathbf{u},\ \mathbf{v},\ \mathbf{w}] = (\mathbf{u}\times\mathbf{v})\cdot\mathbf{w} = (-8,\ 10,\ 14)\cdot(1,\ 1,\ -2) = -26$

(3) $\mathbf{u}$, $\mathbf{v}$, $\mathbf{w}$가 만드는 평행육면체의 부피는 $|-26|=26$이다.

연습문제 4.2

1. $\mathbf{v}=(1,\ -1,\ 0)$, $\mathbf{w}=(0,\ 1,\ -2)$일 때, 다음을 계산하라.

(1) $2\mathbf{v}-3\mathbf{w}$　　　(2) $\mathbf{v}\cdot\mathbf{w}$

(3) $|\mathbf{v}|$　　　(4) $\mathbf{v}$방향의 단위벡터

2. 다음에서 두 벡터가 만드는 평행사변형의 넓이를 구하라.

(1) $(1,\ 2,\ 3)$, $(2,\ -1,\ 1)$　　　(2) $(0,\ 1,\ 3)$, $(4,\ 1,\ 2)$

3. 다음에서 세 벡터가 만드는 평행육면체의 부피를 구하라.

(1) $(1,\ 2,\ 3)$, $(2,\ -1,\ 1)$, $(3,\ -1,\ 3)$

(2) $(0,\ 1,\ 3)$, $(4,\ 1,\ 2)$, $(-2,\ 0,\ 1)$

4. 다음 연립방정식의 해를 행렬식을 이용해서 계산하라.

$$x-2y+z=1,\ 2x-z=-2,\ 3x+y-z=1$$

5. 다음 행렬의 고윳값과 고유벡터를 구하라.

(1) $\begin{pmatrix} 5 & -2 & 0 \\ -2 & 1 & 0 \\ 0 & 0 & 2 \end{pmatrix}$　　　(2) $\begin{pmatrix} 3 & 0 & 2 \\ 0 & 1 & 0 \\ 2 & 0 & 3 \end{pmatrix}$

6. $\mathbf{v}$, $\mathbf{w}$가 $\mathbf{u}$와 수직일 때, 임의의 실수 a, b에 대해서 $a\mathbf{v}+b\mathbf{w}$도 $\mathbf{u}$와 수직임을 증명하라.

4.3 좌표변환

점 P에 대해서 $Oxyz$ 좌표계에서 좌표를 $(x,\ y,\ z)$, 원점을 $P_0(x_0 \cdot y_0,\ z_0)$로 이동한 P_0XYZ 좌표계에서 좌표를 $(X,\ Y,\ Z)$라고 하면 이들 사이에는 평면의 경우와 같이 다음 관계식이 성립한다.

$$\begin{cases} X = x - x_0 \\ Y = y - y_0 \\ Z = z - z_0 \end{cases},\quad \begin{cases} x = X + x_0 \\ y = Y + y_0 \\ z = Z + z_0 \end{cases}$$

이와 같은 좌표축의 이동을 **평행이동**이라고 한다.

예 3.1

좌표축의 원점을 $P_0(2,\ -1,\ 3)$으로 이동한 P_0XYZ 좌표계에서 다음 방정식의 변환식을 구하라.

(1) $2x + y - 4z - 2 = 0$

(2) $x^2 + y^2 + 2z^2 - 4x + 2y - 12z = 0$

풀이 (1) $x = X + 2,\ y = Y - 1,\ z = Z + 3$을 방정식에 대입하면

$$2(X+2) + (Y-1) - 4(Z+3) - 2 = 0$$
$$2X + Y - 4Z - 11 = 0$$

(2) 식을 변형하면

$$(x-2)^2 + (y+1)^2 + 2(z-3)^2 - 23 = 0$$

이므로 평행이동한 방정식은

$$X^2 + Y^2 + 2Z^2 = 23$$

이다.

원점 O를 중심으로 좌표축을 회전하여 생긴 좌표계를 $OXYZ$ 좌표계라고 할 때, 점 P의 $Oxyz$ 좌표계에서 좌표를 $(x,\ y,\ z)$, $OXYZ$ 좌표계에서 좌표를 $(X,\ Y,\ Z)$라고

하고, 이들 좌표 사이의 관계식을 알아보자. $Oxyz$ 좌표계에서 x축, y축, z축 방향의 단위벡터 e_1, e_2, e_3의 회전 후의 벡터를

$$E_1 = (\lambda_1,\ \mu_1,\ \nu_1),\ E_2 = (\lambda_2,\ \mu_2,\ \nu_2),\ E_3 = (\lambda_3,\ \mu_3,\ \nu_3)$$

라고 하면 E_1, E_2, E_3는 새 좌표계의 좌표축 방향의 단위 벡터이고

$$\lambda_1^2 + \mu_1^2 + \nu_1^2 = 1,\quad \lambda_2^2 + \mu_2^2 + \nu_2^2 = 1,\quad \lambda_3^2 + \mu_3^2 + \nu_3^2 = 1$$

이다.

위치벡터 $\overrightarrow{OP}$는

$$\overrightarrow{OP} = (x,\ y,\ z) = x\mathrm{e}_1 + \mathrm{y}\mathrm{e}_2 + \mathrm{z}\mathrm{e}_3$$

로 나타낼 수 있다. 즉, 점 P의 좌표는 $\overrightarrow{OP}$를 e_1, e_2, e_3의 1차 결합으로 표시할 때의 계수이다. 따라서 점 P의 새 좌표계에서 좌표 $(X,\ Y,\ Z)$는

$$\overrightarrow{OP} = XE_1 + YE_2 + ZE_3$$

의 계수들이므로

$$(x,\ y,\ z) = XE_1 + YE_2 + ZE_3$$

에서

$$x = \lambda_1 X + \lambda_2 Y + \lambda_3 Z$$
$$y = \mu_1 X + \mu_2 Y + \mu_3 Z$$
$$z = \nu_1 X + \nu_2 Y + \nu_3 Z$$

를 얻는다. 여기에서 E_1, E_2, E_3가 서로 수직이라는 사실을 이용하면

$$X = \lambda_1 x + \mu_1 y + \nu_1 z$$
$$Y = \lambda_2 x + \mu_2 y + \nu_2 z$$
$$Z = \lambda_3 x + \mu_3 y + \nu_3 z$$

를 얻는다. 이와 같은 좌표축의 이동을 **회전이동(rotation)**이라고 한다.

예 3.2

$Oxyz$ 좌표계를 z축 둘레로 θ만큼 회전한 좌표계를 $OXYZ$ 좌표계라고 할 때, 두 좌표계 사이의 관계식을 구하라.

풀이 z축 둘레로 θ만큼 회전하므로 z좌표는 변하지 않는다. 따라서

$$
\begin{aligned}
& E_1 = (\cos\theta,\ \sin\theta,\ 0),\ E_2 = (-\sin\theta,\ \cos\theta,\ 0),\ E_3 = (0,\ 0,\ 1) \\
\Rightarrow\ & x = X\cos\theta - Y\sin\theta \\
& y = X\sin\theta + Y\cos\theta \\
& z = Z
\end{aligned}
$$

예 3.3

z축 둘레로 $\frac{\pi}{4}$만큼 회전하여 $OXYZ$ 좌표계로 변환하였을 때 방정식 $2xy + \sqrt{2}\,yz + \sqrt{2}\,zx = 0$의 변환식을 구하라.

풀이 $\theta = \frac{\pi}{4} \Rightarrow x = X\cos\frac{\pi}{4} - Y\sin\frac{\pi}{4} = \frac{1}{\sqrt{2}}(X - Y)$

$$
\begin{aligned}
y &= X\sin\frac{\pi}{4} + Y\cos\frac{\pi}{4} = \frac{1}{\sqrt{2}}(X + Y) \\
z &= Z
\end{aligned}
$$

이다. 이를 원래 방정식에 대입하면

$$
\begin{aligned}
& (X^2 - Y^2) + (XZ + YZ) + (XZ - YZ) = 0 \\
\Rightarrow\ & X^2 - Y^2 + 2XZ = 0
\end{aligned}
$$

이다.

연습문제 4.3

1. 다음 방정식에서 평행이동을 이용하여 1차 항을 소거하라.

(1) $2x^2 - 3y^2 + z^2 + 4x - 6y + 8z - 5 = 0$

(2) $x^2 - y^2 - 2z^2 + 4x - 2y + 4z - 9 = 0$

2. 다음 방정식에서 좌표변환을 이용하여 xy항을 소거하라.

(1) $x^2 + y^2 + z^2 - 4xy - 6y + z - 1 = 0$

(2) $8x^2 - 24xy + y^2 + 2z^2 - 8 = 0$

3. y축을 고정하고 zx 평면을 $\frac{\pi}{4}$만큼 회전한 $OXYZ$ 좌표계에 대해서 x, y, z와 X, Y, Z 사이의 관계식을 구하라.

제 5 장

직선과 평면

5.1 직선의 방정식과 그 성질

공간의 서로 다른 두 점 $P_1(x_1,\ y_1,\ z_1)$, $P_2(x_2,\ y_2,\ z_2)$에 대해서 P_1, P_2를 지나는 직선 $l=\overleftrightarrow{P_1P_2}$ 위의 한 점 $P(x,\ y,\ z)$를 잡으면 두 벡터

$$\overrightarrow{P_1P_2}=(x_2-x_1,\ y_2-y_1,\ z_2-z_1),\ \overrightarrow{P_1P}=(x-x_1,\ y-y_1,\ z-z_1)$$

은 평행이므로 성분비가 같아야 한다. 즉

$$\frac{x-x_1}{x_2-x_1}=\frac{y-y_1}{y_2-y_1}=\frac{z-z_1}{z_2-z_1} \qquad \cdots (*)$$

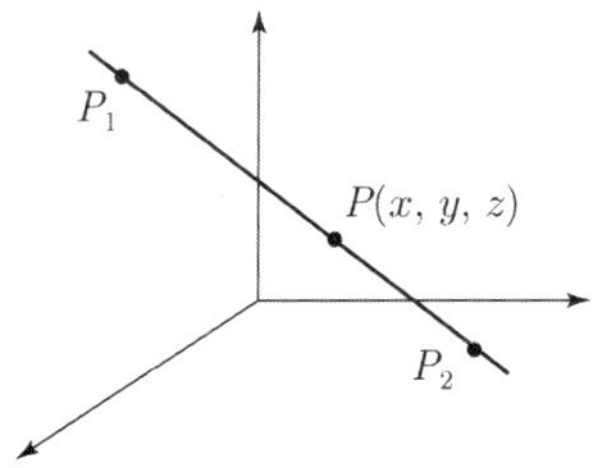

그림 1.1 두 점을 지나는 직선

이다. 이것을 직선 l의 **직교방정식**이라 한다. 이 방정식에서 분모가 0인 경우는 분자도 0임을 의미한다. 여기서

$$x_2 - x_1 : y_2 - y_1 : z_2 - z_1$$

은 직선 l상의 어떠한 두 점을 잡아도 일정한데, 이 비를 l의 **방향비**라고 한다. 이것은 직선 방향의 벡터의 성분비와 일치한다.

직선 l에 방향이 주어지고, l의 방향과 x축, y축, z축의 양의 방향이 만드는 각을 α, β, γ라고 할 때,

$$\cos\alpha,\ \cos\beta,\ \cos\gamma$$

를 l의 **방향 코사인**이라고 한다. 평면의 경우처럼 l방향의 단위벡터는 $(\cos\alpha,\ \cos\beta,\ \cos\gamma)$이므로

$$\cos^2\alpha + \cos^2\beta + \cos^2\gamma = 1$$

이고, 방향 코사인의 비는 직선의 방향비이다. 직선의 방향이 주어지지 않았으면 $\pm(\cos\alpha,\ \cos\beta,\ \cos\gamma)$ 중에서 임의로 택한다.

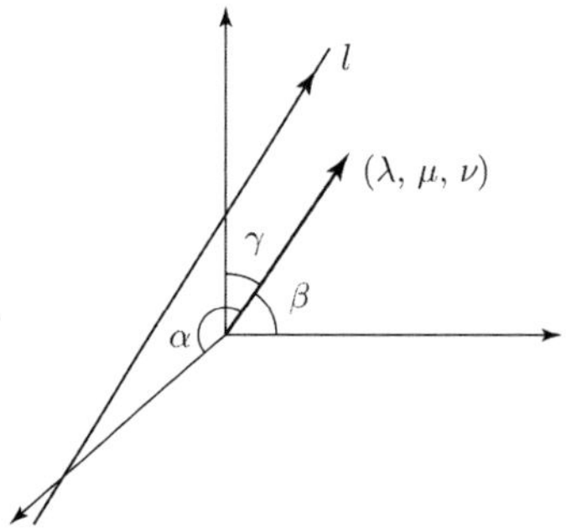

그림 1.2 방향벡터

예 1.1

두 점 $(1,\ 3,\ -2)$, $(2,\ 1,\ 0)$을 지나는 직선 l의 방향비와 방향 코사인을 구하라.

풀이 방향비는 각 좌표의 차이의 비이므로

$$2-1 : 1-3 : 0+2 = 1 : -2 : 2$$

이고, 방향 코사인은 $(1,\ -2,\ 2)$방향의 단위벡터의 성분이므로 벡터의 길이 3으로 나누면 $\frac{1}{3}$, $-\frac{2}{3}$, $\frac{2}{3}$이다.

직선을 결정하는 조건이 주어지는 여러 가지 경우에 있어서 직선의 방정식은 다음과 같다.

(1) 두 점 $P_1(x_1, y_1, z_1)$, $P_2(x_2, y_2, z_2)$를 지나는 직선의 방정식

앞에서 계산된 바와 같이

$$\frac{x-x_1}{x_2-x_1}=\frac{y-y_1}{y_2-y_1}=\frac{z-z_1}{z_2-z_1}$$

이다.

(2) 방향비가 $u:v:w$이고 점 (x_1, y_1, z_1)을 지나는 직선

직선 위의 점 (x_2, y_2, z_2)를 잡으면 직선의 방정식은

$$\frac{x-x_1}{x_2-x_1}=\frac{y-y_1}{y_2-y_1}=\frac{z-z_1}{z_2-z_1}$$

이고,

$$x_2-x_1:y_2-y_1:z_2-z_1=u:v:w$$

이므로

$$\frac{x-x_1}{u}=\frac{y-y_1}{v}=\frac{z-z_1}{w}$$

이다.

(3) 방향 코사인이 λ, μ, ν이고 점 (x_1, y_1, z_1)을 지나는 직선

$\lambda:\mu:\nu$는 방향비이므로 (2)에서 u, v, w를 λ, μ, ν로 대체하면 방정식은 다음과 같다.

$$\frac{x-x_1}{\lambda}=\frac{y-y_1}{\mu}=\frac{z-z_1}{\nu}$$

방향비가 $u:v:w$이고 점 (x_1, y_1, z_1)을 지나는 직선의 경우

$$\frac{x-x_1}{u}=\frac{y-y_1}{v}=\frac{z-z_1}{w}=t$$

라고 두면,

$$x = x_1 + ut,\ y = y_1 + vt,\ z = z_1 + wt$$

를 얻는다. 이것을 직선의 **매개방정식**이라고 한다. 특히 u, v, w가 방향 코사인 λ, μ, ν일 때 매개방정식

$$x = x_1 + \lambda t,\ y = y_1 + \mu t,\ z = z_1 + \nu t$$

에서 t는 평면의 경우와 같이 점 P_1에서 $P(x,\ y,\ z)$까지 $(\lambda,\ \mu,\ \nu)$방향의 유향거리를 나타낸다.

예 1.2

다음 매개방정식의 직교방정식을 구하라.

(1) $x = 3t,\ y = 2t,\ z = 3$ (2) $x = 4 - 3t,\ y = 1 + t,\ z = 2 - t$

풀이 (1) 방향비 $3:2:0$, 통과점 $(0,\ 0,\ 3)$

$$\Rightarrow \frac{x}{3} = \frac{y}{2},\ z = 3$$

(2) 방향비 $-3:1:-1$, 통과점 $(4,\ 1,\ 2)$

$$\Rightarrow \frac{x-4}{-3} = \frac{y-1}{1} = \frac{z-2}{-1}$$

이다.

정리 1.3

$\mathbf{v} = (v_1,\ v_2,\ v_3) \neq (0,\ 0,\ 0)$에 평행이고 $P_1(x_1,\ y_1,\ z_1)$을 지나는 직선 l에 대해서 점 $P_2(x_2,\ y_2,\ z_2)$에서 l까지 거리 d는 다음과 같다.

$$d = \frac{|\mathbf{v} \times \overrightarrow{P_1P_2}|}{|\mathbf{v}|}$$

증명 다음 그림에서

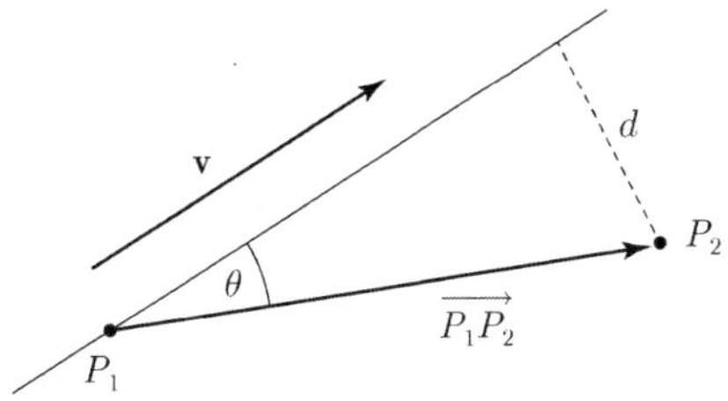

그림 1.3 점과 직선 사이의 거리

$$d = |P_1P_2|\sin\theta = \frac{|\mathbf{v}||P_1P_2|\sin\theta}{|\mathbf{v}|} = \frac{|\mathbf{v}\times \overrightarrow{P_1P_2}|}{|\mathbf{v}|}$$

이다. □

예 1.4

$(1,\ -2,\ 2)$에 평행이고 $(2,\ 1,\ 0)$을 지나는 직선의 매개방정식은

$$x = 2 + t,\ y = 1 - 2t,\ z = 2t$$

이고 점 $(3,\ 1,\ -2)$에서 이 직선까지 거리 d는

$$\overrightarrow{P_1P_2} = (3,\ 1,\ -2) - (2,\ 1,\ 0) = (1,\ 0,\ -2)$$
$$\Rightarrow \mathbf{v}\times \overrightarrow{P_1P_2} = (1,\ -2,\ 2)\times(1,\ 0,\ -2) = (4,\ 4,\ 2)$$
$$\Rightarrow d = \frac{|(1,\ -2,\ 2)\times(1,\ 0,\ -2)|}{|(1,\ -2,\ 2)|} = 2$$

이다.

$\mathbf{u} \neq \mathbf{v}$일 때, $\mathbf{u}$, $\mathbf{v}$를 지나는 직선의 벡터방정식은 평면기하에서처럼

$$\mathbf{x} = \mathbf{u} + t(\mathbf{v} - \mathbf{u}) = (1-t)\mathbf{u} + t\mathbf{v}$$

이다.

예 1.5

$(2,\ 1,\ 1)$, $(0,\ 1,\ -2)$를 지나는 직선의 매개방정식은

$$\begin{aligned}&\mathbf{x} = (2,\ 1,\ 1) + t[(0,\ 1,\ -2) - (2,\ 1,\ 1)]\\ \Rightarrow\ &\mathbf{x} = (2,\ 1,\ 1) + t(-2,\ 0,\ -3)\\ \Rightarrow\ &(x,\ y,\ z) = (2-2t,\ 1,\ 1-3t)\\ \Rightarrow\ &x = 2-2t,\ y = 1,\ z = 1-3t\end{aligned}$$

이다.

예 1.6

점 $P_0(2,\ -1,\ 5)$에서 직선

$$l : x = 2+t,\ y = 2-2t,\ z = -1+t$$

에 내린 수선의 교점을 구하라.

풀이 교점 $P_1(x_1,\ y_1,\ z_1)$을

$$x_1 = 2+t_1,\ y_1 = 2-2t_1,\ z_1 = -1+t_1$$

이라고 두자.

$$\overrightarrow{P_0P_1} = (2+t_1,\ 2-2t_1,\ -1+t_1) - (2,\ -1,\ 5) = (t_1,\ 3-2t_1,\ -6+t_1)$$

이고 $\overrightarrow{P_0P_1} \perp (1,\ -2,\ 1)$이므로

$$\begin{aligned}&0 = (t_1,\ 3-2t_1,\ -6+t_1)\cdot(1,\ -2,\ 1) = -12+6t_1\\ \Rightarrow\ &t_1 = 2\end{aligned}$$

이므로 교점은 $(4,\ -2,\ 1)$이다.

두 직선

$$l_1 : \frac{x-x_1}{u_1} = \frac{y-y_1}{v_1} = \frac{z-z_1}{w_1},\ l_2 : \frac{x-x_2}{u_2} = \frac{y-y_2}{v_2} = \frac{z-z_2}{w_2}$$

에 대해서 두 직선의 방향벡터 $(u_1,\ v_1,\ w_1)$, $(u_2,\ v_2,\ w_2)$가 만드는 사잇각을 두 직선의 사잇각이라고 한다. 사잇각을 θ라고 하면, 내적을 이용하여 다음 관계식을 얻을 수 있다.

$$\cos\theta = \frac{u_1u_2 + v_1v_2 + w_1w_2}{\sqrt{u_1^2 + v_1^2 + w_1^2}\sqrt{u_2^2 + v_2^2 + w_2^2}}$$

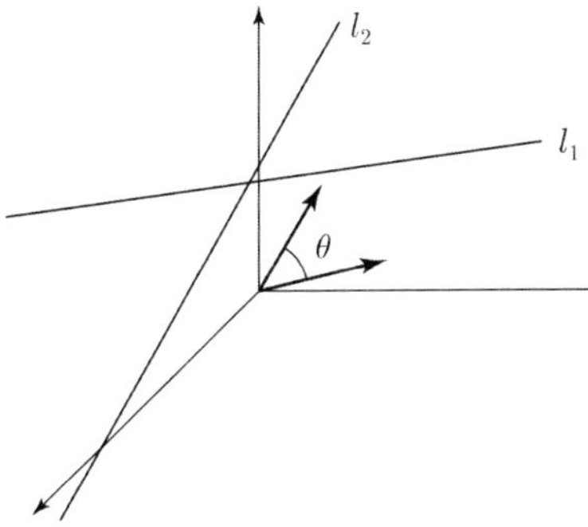

그림 1.4 직선의 사잇각

두 직선 사이의 거리

두 직선 사이의 거리는 두 직선 위의 점들 사이의 최단거리를 말하는데, 이는 l_1, l_2와 동시에 직각으로 만나는 직선 l이 만드는 교점 Q_1, Q_2 사이의 거리가 될 것이다.

(1) l_1, l_2가 평행이 아닐 때, 거리 $d = |Q_1Q_2|$의 계산

l의 방향 코사인을 λ, μ, ν라고 두면, $l \perp l_1$, l_2이므로

$$(\lambda,\ \mu,\ \nu) = \frac{(u_1,\ v_1,\ w_1) \times (u_2,\ v_2,\ w_2)}{|(u_1,\ v_1,\ w_1) \times (u_2,\ v_2,\ w_2)|}$$

라고 둘 수 있다. 두 직선이 평행이 아니므로 벡터곱의 성질에서 분모가 0이 아니다. 다음 그림에서

$$\begin{aligned} d &= |Q_1Q_2| = |P_1P_2|\,|\cos\theta| \\ &= |\overrightarrow{P_1P_2} \cdot (\lambda,\ \mu,\ \nu)| \\ &= |(x_2 - x_1)\lambda + (y_2 - y_1)\mu + (z_2 - z_1)\nu| \end{aligned}$$

이다. 이를 행렬을 이용하여 표현하면

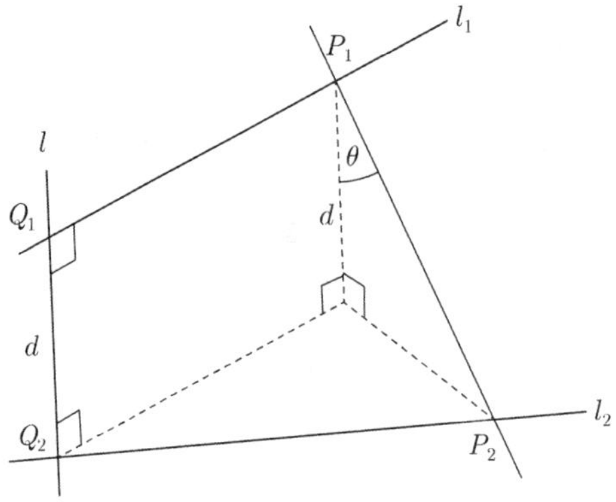

그림 1.5 직선 사이의 거리

$$d = |\overrightarrow{P_1P_2} \cdot (\lambda, \mu, \nu)| = \left| \overrightarrow{P_1P_2} \cdot \frac{(u_1, v_1, w_1) \times (u_2, v_2, w_2)}{|(u_1, v_1, w_1) \times (u_2, v_2, w_2)|} \right|$$

$$= \frac{1}{|(u_1, v_1, w_1) \times (u_2, v_2, w_2)|} \begin{vmatrix} (x_2 - x_1) & (y_2 - y_1) & (z_2 - z_1) \\ u_1 & v_1 & w_1 \\ u_2 & v_2 & w_2 \end{vmatrix} \text{의 절댓값}$$

이다.

이를 이용하면 두 직선이 한 점에서 만날 조건은 거리가 0이므로

$$\begin{vmatrix} (x_2 - x_1) & (y_2 - y_1) & (z_2 - z_1) \\ u_1 & v_1 & w_1 \\ u_2 & v_2 & w_2 \end{vmatrix} = 0$$

이다. 이것은 스칼라 삼중적

$$\overrightarrow{P_1P_2} \cdot (u_1, v_1, w_1) \times (u_2, v_2, w_2) = 0$$

으로 표현할 수 있다.

(2) l_1, l_2가 평행일 때, 거리 d의 계산

방향벡터의 벡터곱이 영벡터가 되므로 위의 공식을 사용할 수 없지만

$$Q_2 \in l_2 \Rightarrow d = (Q_2\text{에서 } l_1\text{까지 거리})$$

이므로 점과 직선 사이의 거리공식을 이용하면 된다.

예 1.7

두 직선

$$l_1 : \frac{x-1}{3} = \frac{y+3}{-1} = \frac{z-2}{1}$$

$$l_2 : \frac{x-3}{-1} = \frac{y-1}{-5} = \frac{z+2}{3}$$

사이의 거리 d를 구하라.

풀이 l을 l_1, l_2와 수직으로 만나는 직선이라고 하면 l방향의 단위벡터는

$$(3,\ -1,\ 1)\times(-1,\ -5,\ 3) = 2(1,\ -5,\ -8)$$
$$\Rightarrow \frac{1}{\sqrt{90}}(1,\ -5,\ -8)$$

이므로 l_1, l_2 사이의 거리 d는 다음과 같이 계산할 수 있다.

$$\overrightarrow{P_1P_2} = (3,\ 1,\ -2)-(1,\ -3,\ 2) = (2,\ 4,\ -4)$$
$$\Rightarrow d = \left|(2,\ 4,\ -4)\cdot\frac{1}{\sqrt{90}}(1,\ -5,\ -8)\right| = \frac{14}{\sqrt{90}}$$

이다.

예 1.8

두 직선

$$l_1 : \frac{x-1}{3} = \frac{y+3}{-1} = \frac{z-2}{1},$$

$$l_2 : \frac{x-3}{-1} = \frac{y-1}{-5} = \frac{z-a}{3}$$

가 한 점에서 만날 때 a의 값과 교점을 구하라.

풀이
$$\overrightarrow{P_1P_2} = (3,\ 1,\ a)-(1,\ -3,\ 2) = (2,\ 4,\ a-2)$$

이므로 l_1, l_2가 만날 조건은

$$\begin{vmatrix} 2 & 4 & a-2 \\ 3 & -1 & 1 \\ -1 & -5 & 3 \end{vmatrix} = 0 \Rightarrow a = -\frac{1}{4}$$

이다. $P(x,\ y,\ z)$가 교점이면

$$\frac{x-1}{3} = \frac{y+3}{-1} \Rightarrow x+3y = -8$$

$$\frac{x-3}{-1} = \frac{y-1}{-5} \Rightarrow -5x+y = -14$$

$$\Rightarrow x = \frac{17}{8},\ y = -\frac{27}{8} \Rightarrow z = \frac{19}{8}$$

이므로 교점은

$$(x,\ y,\ z) = \left(\frac{17}{8},\ -\frac{27}{8},\ \frac{19}{8}\right)$$

이다.

예 1.9

두 직선

$$l_1 : \frac{x+2}{1} = \frac{y-1}{1} = \frac{z-2}{-2},$$

$$l_2 : \frac{x-1}{-1} = \frac{y+2}{2} = \frac{z+1}{-1}$$

에 동시에 수직으로 만나는 직선 l을 구하라.

풀이

$$(1,\ 1,\ -2) \times (-1,\ 2,\ -1) = (3,\ 3,\ 3)$$

이므로 l의 방향은 $(1,\ 1,\ 1)$이다. xy평면상의 l의 통과점을 $(a,\ b,\ 0)$이라 두면, l의 방정식은

$$x-a = y-b = z$$

이다. l은 l_1, l_2와 만나고

$$(a,\ b,\ 0) - (-2,\ 1,\ 2) = (a+2,\ b-1,\ -2)$$

$$(a,\ b,\ 0) - (1,\ -2,\ -1) = (a-1,\ b+2,\ 1)$$

이므로

$$\begin{vmatrix} a+2 & b-1 & -2 \\ 1 & 1 & -2 \\ 1 & 1 & 1 \end{vmatrix} = 0, \quad \begin{vmatrix} a-1 & b+2 & 1 \\ -1 & 2 & -1 \\ 1 & 1 & 1 \end{vmatrix} = 0$$

$$\Rightarrow a-b+3=0,\ a=2 \Rightarrow b=5$$

이다. 따라서 l의 방정식은

$$x-2=y-5=z$$

이다.

연습문제 5.1

1. 다음 직선의 방정식을 구하라.

(1) $(1,\ -3,\ 2)$를 지나고 방향비가 $3:-1:1$인 직선

(2) 두 점 $(3,\ 1,\ -2)$, $(2,\ -4,\ 1)$을 지나는 직선

2. 점 $(1,\ -1,\ -2)$에서 다음 직선까지 거리를 구하라.

(1) $x=2-t,\ y=1+t,\ z=1+2t$ (2) $x=1-t,\ y=t,\ z=1+t$

3. $(-1,\ 2,\ 1)$을 지나고 방향비가 $2:1:-1$인 직선이 xy, yz, zx 평면과 만나는 점을 구하라.

4. 다음 직선의 직교방정식을 구하라.

(1) $x=6-t,\ y=1+t,\ z=1+4t$ (2) $x=2-t,\ y=-4+t,\ z=1+2t$

5. 다음 직선의 매개방정식을 구하라.

(1) $\dfrac{x+2}{3}=\dfrac{y-1}{-1}=\dfrac{z+4}{2}$ (2) $\dfrac{x+3}{-2}=\dfrac{z-1}{4},\ y=2$

6. 두 직선

$$l_1:\frac{x+1}{2}=\frac{y-1}{1}=\frac{z-2}{2},\quad l_2:\frac{x-3}{-1}=\frac{y-1}{1}=\frac{z-a}{2}$$

가 만날 때, a의 값과 교점을 구하라.

5.2 평면의 방정식

평면의 직교방정식

같은 직선 위에 있는 세 점을 **공선**(collinear)이라고 한다. 공선이 아닌 세 점 $P_1(x_1,\ y_1,\ z_1)$, $P_2(x_2,\ y_2,\ z_2)$, $P_3(x_3,\ y_3,\ z_3)$이 결정하는 평면 α의 방정식을 알아보자.

세 점이 공선이 아니므로 두 벡터 $\overrightarrow{P_1P_2}$, $\overrightarrow{P_1P_3}$은 평행이 아니다. 그러므로

$$(a,\ b,\ c) = \overrightarrow{P_1P_2} \times \overrightarrow{P_1P_3} \neq (0,\ 0,\ 0)$$

이다. 평면 α 위의 점 $P(x,\ y,\ z)$를 잡으면, 벡터

$$\overrightarrow{P_1P} = (x - x_1,\ y - y_1,\ z - z_1)$$

는 $(a,\ b,\ c)$에 수직이므로 이들의 내적은 0이다. 따라서

$$a(x - x_1) + b(y - y_1) + c(z - z_1) = 0 \qquad \cdots (*)$$

이고, 이것이 평면 α의 방정식이다.

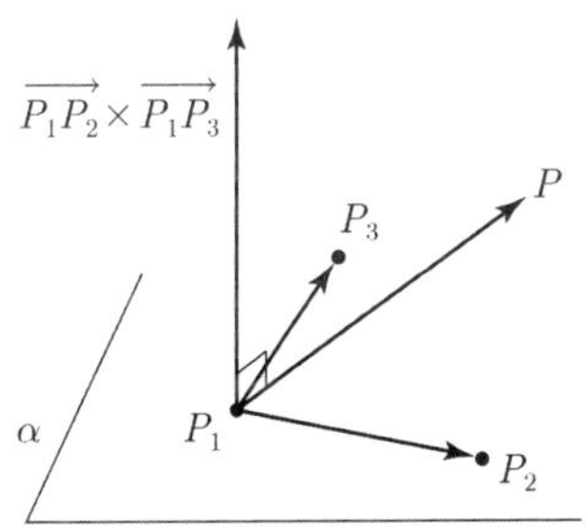

그림 2.1 세 점을 지나는 평면

이와 같이 평면은 x, y, z의 1차 방정식

$$ax + by + cz + d = 0$$

의 그래프이다. 이 방정식을 평면의 **직교방정식**이라고 한다. 직교방정식에서 x, y, z의 계수벡터 $(a,\ b,\ c)$는 평면의 수직 방향을 표시한다.

예 2.1

(2, 1, 1), (1, 0, −2), (0, 1, 3)을 지나는 평면의 방정식을 구하라.

풀이

$$(1,\ 0,\ -2)-(2,\ 1,\ 1)=(-1,\ -1,\ -3),$$
$$(0,\ 1,\ 3)-(2,\ 1,\ 1)=(-2,\ 0,\ 2)$$

이므로 평면의 수직 방향은(반대 방향도 수직이므로)

$$(1,\ 1,\ 3)\times(-2,\ 0,\ 2)=2(1,\ -4,\ 1)$$

이므로 평면의 방정식은

$$\begin{aligned} &x-4(y-1)+(z-3)=0 \\ \Rightarrow\ &x-4y+z+1=0 \end{aligned}$$

이다.

예 2.2

(1, 2, −1)에 수직이고 (2, −1, 4)를 지나는 평면의 방정식을 구하라.

풀이 (1, 2, −1)에 수직이고 (2, −1, 4)를 지나므로 평면의 방정식은

$$\begin{aligned} &(x-2)+2(y+1)-(z-4)=0 \\ \Rightarrow\ &x+2y-z+4=0 \end{aligned}$$

이다.

평면의 벡터방정식

(1) 점 $\mathbf{u}=(u_1,\ u_2,\ u_3)$를 지나고 벡터 $\mathbf{n}=(a,\ b,\ c)\neq(0,\ 0,\ 0)$에 수직인 평면

평면상의 임의의 점 $\mathbf{x}=(x,\ y,\ z)$를 잡으면 $\mathbf{x}-\mathbf{u}$는 $\mathbf{n}$에 수직이므로 평면의 방정식은

$$(\mathbf{x}-\mathbf{u})\cdot\mathbf{n}=0$$

이다. 이 방정식을 좌표로 표현하면 직교방정식

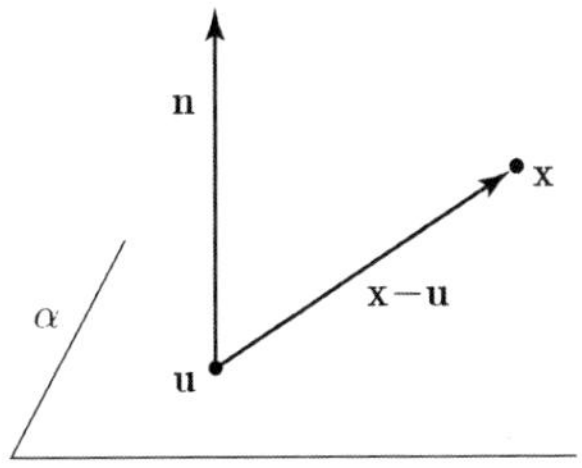

$$(x-u_1)a+(y-u_2)b+(z-u_3)c=0$$
$$ax+by+cz+d=0,\ (-d=au_1+bu_2+cu_3)$$

을 얻는다.

(2) $\mathbf{u}\times\mathbf{v}\neq(0,\ 0,\ 0)$일 때, $\mathbf{u}$, $\mathbf{v}$에 평행이고 $\boldsymbol{b}$를 지나는 평면의 방정식

평면상의 점 $\mathbf{x}$를 잡으면 $\mathbf{x}-\boldsymbol{b}$와 $\mathbf{u}\times\mathbf{v}$는 수직이므로 평면의 방정식은

$$(\mathbf{x}-\boldsymbol{b})\cdot(\mathbf{u}\times\mathbf{v})=0$$

이다. 이 평면의 매개방정식은 $\mathbf{x}-\boldsymbol{b}$가 $\mathbf{u}$, $\mathbf{v}$와 평행인 평면상에 있으므로 $\mathbf{x}-\boldsymbol{b}$는 $\mathbf{u}$, $\mathbf{v}$의 1차 결합으로 나타난다. 그러므로 평면의 매개방정식은

$$\mathbf{x}-\boldsymbol{b}=s\mathbf{u}+t\mathbf{v},\ (s,\ t\in\mathrm{R})$$

이다. 이와 같이 평면의 매개방정식은 2개의 매개변수가 필요하다.

예 2.3

두 벡터 $(2,\ 1,\ 1)$, $(0,\ 1,\ -2)$에 평행이고 $(1,\ 2,\ -3)$을 지나는 평면의 수직 방향은

$$(2,\ 1,\ 1)\times(0,\ 1,\ -2)=(-3,\ 4,\ 2)$$

이므로 평면의 방정식은

$$(x-1,\ y-2,\ z+3)\cdot(-3,\ 4,\ 2)=0$$
$$-3x+4y+2z+1=0$$

이다. 이를 매개방정식으로 표현하면 다음과 같다.

$$(x-1,\ y-2,\ z+3)=s(2,\ 1,\ 1)+t(0,\ 1,\ -2)$$

$$x-1=2s,\ y-2=s+t,\ z+3=s-2t$$
$$x=1+2s,\ y=2+s+t,\ z=-3+s-2t$$

예 2.4

(1) $\mathbf{u}$, $\mathbf{v}$, $\mathbf{w}$가 공선이 아닐 때, 이들을 지나는 평면의 방정식을 구하여 보자.
공선이 아니라는 사실에서

$$(\mathbf{u}-\mathbf{w})\times(\mathbf{v}-\mathbf{w})\neq(0,\ 0,\ 0)$$

이고, 구하는 평면의 방정식은

$$[\mathbf{x}-\mathbf{w},\ \mathbf{u}-\mathbf{w},\ \mathbf{v}-\mathbf{w}]=0$$

이다.

(2) 세 벡터 $\mathbf{u}=(1,\ 0,\ 1)$, $\mathbf{v}=(0,\ 1,\ -1)$, $\mathbf{w}=(1,\ 1,\ 0)$를 지나는 평면의 방정식은

$$\mathbf{u}-\mathbf{w}=(0,\ -1,\ 1),\ \mathbf{v}-\mathbf{w}=(-1,\ 0,\ -1)$$
$$(\mathbf{u}-\mathbf{w})\times(\mathbf{v}-\mathbf{w})=(1,\ -1,\ -1)$$

이므로

$$(\mathbf{x}-\mathbf{w})\cdot(1,\ -1,\ -1)=0$$
$$(x-1,\ y-1,\ z)\cdot(1,\ -1,\ -1)=0$$
$$x-y-z=0$$

이다.

평면의 표준형

평면 α에 대해서 O에서 α에 내린 수선이 만나는 점을 H, $|OH|=p$, $\overrightarrow{OH}$방향의 단위벡터를 $(\lambda,\ \mu,\ \nu)$라고 하자. α가 원점을 지나는 경우 평면에 수직인 단위벡터를 잡는다. α 위의 점 $P(x,\ y,\ z)$에 대해서

$$(x,\ y,\ z)\cdot(\lambda,\ \mu,\ \nu)=|OP|\cos\theta=|OP|\frac{|OH|}{|OP|}=p$$

이므로 방정식

$$\lambda x + \mu y + \nu z = p$$

를 얻는다. 이것은 평면 α의 방정식이고, 원점에서 평면까지 거리가 p임을 나타낸다. 이 방정식을 α의 **표준형**이라고 한다. 표준형은 x, y, z의 계수벡터는 단위벡터, 우변의 항은 양수이어야 한다.

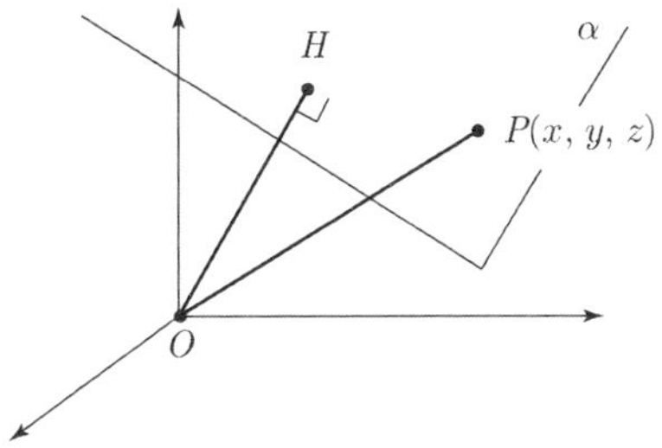

그림 2.2 평면의 표준형

예 2.5

(1) 평면 $2x + y - 2z + 12 = 0$의 표준형과 원점에서 거리를 구하라.

(2) $(1,\ 1,\ -2)$에 수직이고 원점에서 거리가 2인 평면의 표준형을 구하라.

풀이 (1) 방향벡터 $(2,\ 1,\ -2)$의 길이가 3이므로 x, y, z의 계수벡터를 단위 벡터로 만들어 주기 위해 양변을 3으로 나누어 준다. 표준형은

$$-\frac{2}{3}x - \frac{1}{3}y + \frac{2}{3}z = 4$$

이고 원점에서 거리는 4이다.

(2) 수직방향벡터 $(1,\ 1,\ -2)$의 길이가 $\sqrt{6}$이므로 단위 벡터로 만들어 주기 위해 벡터를 $\sqrt{6}$으로 나누어 준다. 거리가 2이므로 표준형은

$$\frac{1}{\sqrt{6}}x + \frac{1}{\sqrt{6}}y - \frac{2}{\sqrt{6}}z = 2$$

$$-\frac{1}{\sqrt{6}}x - \frac{1}{\sqrt{6}}y + \frac{2}{\sqrt{6}}z = 2$$

이다.

공선이 아닌 세 점 $P_1(x_1, y_1, z_1)$, $P_2(x_2, y_2, z_2)$, $P_3(x_3, y_3, z_3)$에 대해서 행렬식

$$\begin{vmatrix} x & y & z & 1 \\ x_1 & y_1 & z_1 & 1 \\ x_2 & y_2 & z_2 & 1 \\ x_3 & y_3 & z_3 & 1 \end{vmatrix} = 0$$

은 행렬식의 성질에 의해서 세 점 P_1, P_2, P_3을 지나는 평면의 방정식이다.

평면이 x, y, z축과 만나는 점의 x, y, z좌표를 각각 x, y, z**절편**이라고 한다. x, y, z절편이 각각 a, b, $c(abc \neq 0)$인 평면의 방정식은

$$Ax + By + Cz + D = 0$$

에 $(a, 0, 0)$, $(0, b, 0)$, $(0, 0, c)$를 대입하면

$$\frac{x}{a} + \frac{y}{b} + \frac{z}{c} = 1$$

을 얻는다.

위의 행렬식을 이용하면

$$\begin{aligned} 0 &= \begin{vmatrix} x & y & z & 1 \\ a & 0 & 0 & 1 \\ 0 & b & 0 & 1 \\ 0 & 0 & c & 1 \end{vmatrix} = \frac{1}{abc} \begin{vmatrix} x & y & z & 1 \\ 1 & 0 & 0 & 1/a \\ 0 & 1 & 0 & 1/b \\ 0 & 0 & 1 & 1/c \end{vmatrix} \\ &= \frac{1}{abc} \left\{ x \begin{vmatrix} 0 & 0 & 1/a \\ 1 & 0 & 1/b \\ 0 & 1 & 1/c \end{vmatrix} - y \begin{vmatrix} 1 & 0 & 1/a \\ 0 & 0 & 1/b \\ 0 & 1 & 1/c \end{vmatrix} + z \begin{vmatrix} 1 & 0 & 1/a \\ 0 & 1 & 1/b \\ 0 & 0 & 1/c \end{vmatrix} - \begin{vmatrix} 1 & 0 & 0 \\ 0 & 1 & 0 \\ 0 & 0 & 1 \end{vmatrix} \right\} \\ &= \frac{1}{abc} \left\{ \frac{x}{a} + \frac{y}{b} + \frac{z}{c} - 1 \right\} \\ &\Rightarrow \frac{x}{a} + \frac{y}{b} + \frac{z}{c} = 1 \end{aligned}$$

예 2.6

다음 평면의 x, y, z절편을 구하라.

(1) $x + 3y - z + 4 = 0$ (2) $x - 2y - 3 = 0$

풀이 (1) 방정식을 변형하면

$$x+3y-z=-4 \Rightarrow -\frac{x}{4}-\frac{y}{4/3}+\frac{z}{4}=1$$

이므로 x절편은 -4, y절편은 $-\frac{4}{3}$, z절편은 4이다.

(2) 방정식을 변형하면

$$x-2y=3 \Rightarrow \frac{x}{3}-\frac{y}{3/2}=1$$

이므로 x절편은 3, y절편은 $-\frac{3}{2}$, z절편은 없다.

예 2.7

평면 $ax+by+cz+d=0$에 평행이고 P_0을 지나는 평면의 방정식을 구하라.

풀이 구하는 평면의 수직 방향은 (a, b, c) 통과점은 P_0이므로

$$ax+by+cz+d_1=0$$

에 P_0을 대입하면

$$ax_0+by_0+cz_0+d_1=0 \Rightarrow d_1=-(ax_0+by_0+cz_0)$$

이고, 평면의 방정식은

$$a(x-x_0)+b(y-y_0)+c(z-z_0)=0$$

이다.

연습문제 5.2

1. 다음 평면의 표준형을 구하라.

(1) $2x+3y-z-6=0$　　　　(2) $x-5y+2z+1=0$

2. 다음 평면의 방정식을 구하라.

(1) $(2,\ -5,\ 3)$을 지나고 수직 방향이 $(1,\ -3,\ 4)$인 평면

(2) $(1,\ -4,\ 3)$을 지나고 평면 $2x+3y-z=6$에 평행인 평면

(3) $(5,\ 3,\ 1)$을 지나고 직선 $x=1+t,\ y=3t,\ z=4-t$에 수직인 평면

(4) 세 점 $(1,\ 1,\ 1)$, $(-1,\ -1,\ -1)$, $(0,\ 3,\ 2)$를 지나는 평면

3. $(2,\ 3,\ -1)$, $(1,\ 1,\ 0)$에 평행이고 $(1,\ -2,\ -4)$를 지나는 평면의 매개방정식을 구하라.

4. x, y, z절편이 각각 $-\frac{1}{2}$, 1, $\frac{1}{2}$인 평면의 수직 방향과 원점에서 거리를 구하라.

5.3 평면의 성질

점과 평면

원점에서 평면 $ax+by+cz+d=0$까지 거리는 표준형에서 구할 수 있었다. 한 점 $P_0(x_0,\ y_0,\ z_0)$에서 평면까지 거리를 구하기 위하여 원점을 P_0으로 이동한 P_0XYZ 좌표계와 $Oxyz$ 좌표계 사이의 관계식

$$x=X+x_0,\ y=Y+y_0,\ z=Z+z_0$$

을 $ax+by+cz+d=0$에 대입하면

$$aX+bY+cZ+(ax_0+by_0+cz_0+d)=0$$

이다. $X,\ Y,\ Z$ 계수벡터의 길이 $\sqrt{a^2+b^2+c^2}$으로 나누어 표준형을 구하면 우변의 상수항은

$$\pm\frac{ax_0+by_0+cz_0+d}{\sqrt{a^2+b^2+c^2}}$$

이다. 그러므로 새 좌표계의 원점 P_0에서 평면까지 거리는

$$\frac{|ax_0+by_0+cz_0+d|}{\sqrt{a^2+b^2+c^2}}$$

이다.

예 3.1

점 $(1,\ 3,\ -2)$에서 $2x-y+5z+3=0$까지 거리를 구하라.

풀이 공식에 대입하면

$$\frac{|2-3-10+3|}{\sqrt{4+1+25}}=\frac{8}{\sqrt{30}}$$

이다.

직선과 평면

직선

$$l: \frac{x-x_0}{u} = \frac{y-y_0}{v} = \frac{z-z_0}{w}$$

과 평면

$$\alpha: ax+by+cz+d=0$$

의 교각을 $\theta\left(0 \le \theta \le \dfrac{\pi}{2}\right)$라고 하면, 직선의 방향벡터 $(u,\ v,\ w)$와 평면의 수직 방향 $(a,\ b,\ c)$의 사잇각은 $\dfrac{\pi}{2}-\theta$이다.

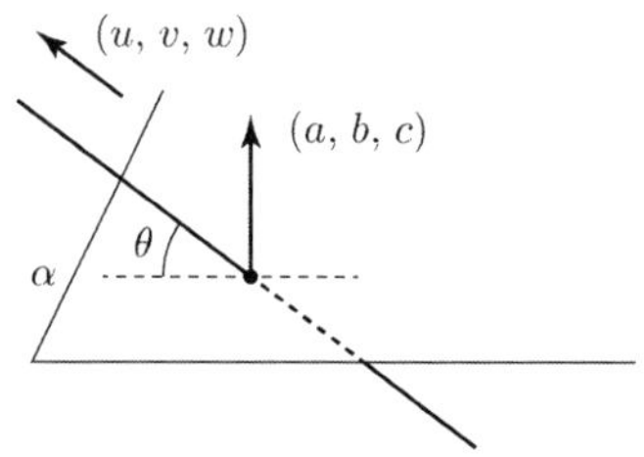

그림 3.1 직선과 평면의 사잇각

벡터의 내적을 이용하면

$$\sin\theta = \cos\left(\frac{\pi}{2}-\theta\right) = \frac{ua+vb+wc}{\sqrt{u^2+v^2+w^2}\sqrt{a^2+b^2+c^2}}$$

를 얻는다. $l,\ \alpha$가 평행일 조건은 두 벡터 $(a,\ b,\ c)$와 $(u,\ v,\ w)$가 수직이므로

$$ua+vb+wc=0$$

이고, $l,\ \alpha$가 수직일 조건은 $(a,\ b,\ c)$와 $(u,\ v,\ w)$가 평행이므로

$$\frac{u}{a} = \frac{v}{b} = \frac{w}{c}$$

이다. 그리고 직선이 평면에 완전히 포함될 조건은 평행이면서 P_0가 평면에 포함되는 것이므로

$$ua+vb+wc=0,\ \ ax_0+by_0+cz_0+d=0$$

이다.

예 3.2

직선 l과 평면 α가 다음과 같을 때,

$$l : \frac{x-1}{2} = \frac{y+2}{1} = \frac{z-a}{3}$$

$$\alpha : x+2y+bz+4=0$$

다음 각 경우에 대해서 a, b의 조건을 구하라.

(1) l, α는 평행

(2) l, α는 한 점에서 만남

(3) $l \subset \alpha$

풀이 l의 방향은 $(2, 1, 3)$, α의 수직 방향은 $(1, 2, b)$이다.

(1) l, α는 평행 $\Leftrightarrow (2, 1, 3) \perp (1, 2, b)$

$$\Leftrightarrow 0 = (2, 1, 3) \cdot (1, 2, b) = 4 + 3b \Leftrightarrow b = -\frac{4}{3}$$

(2) l, α는 한 점에서 만남 $\Leftrightarrow (2, 1, 3) \cdot (1, 2, b) \neq 0 \Leftrightarrow b \neq -\dfrac{4}{3}$

(3) $l \subset \alpha \Leftrightarrow l$, α는 평행, 통과점 $(1, -2, a)$는 평면상의 점

$$\Leftrightarrow b = -\frac{4}{3},\ 1 - 4 - \frac{4a}{3} + 4 = 0 \Leftrightarrow b = -\frac{4}{3},\ a = \frac{3}{4}$$

직선과 평면의 교점은 직선의 방정식에서 x, y, z의 1차식 2개와 평면의 방정식으로 구성된 연립방정식의 해를 구하면 된다. 또 하나의 방법은 직선의 매개방정식을 평면의 방정식에 대입하여 t의 1차식인 교점방정식을 얻고, 해를 직선의 매개방정식에 대입하면 된다.

예 3.3

다음 직선 l과 평면 α의 교점을 구하라.

$$l : x = 1 - 2t,\ y = -2 + t,\ z = 3t$$

$$\alpha : 2x - 3y - z + 2 = 0$$

풀이 직선의 매개방정식을 평면의 방정식에 대입하면

$$2(1-2t) - 3(-2+t) - 3t + 2 = 0 \Rightarrow t = 1$$

이므로 매개방정식에 대입하면 교점 $(-1,\ -1,\ 3)$을 얻는다.

예 3.4

평면 $\alpha: 2x-y+5z+3=0$에 대해서

(1) 점 $(1,\ 3,\ -2)$를 지나고 α에 수직인 직선을 구하고 이 직선과 α의 교점을 구하라.

(2) 점 $(1,\ 3,\ -2)$를 지나고 α와 평행이면서 z축과 만나는 직선을 구하라.

풀이 (1) 평면에 수직인 방향은 $(2,\ -1,\ 5)$이므로 직선의 방정식은

$$\frac{x-1}{2}=\frac{y-3}{-1}=\frac{z+2}{5}$$

이다. 양쪽의 2개 등식을 각각 이용해서 얻은 방정식

$$\begin{cases} \dfrac{x-1}{2}=\dfrac{y-3}{-1} \Rightarrow x+2y-7=0 \\ \dfrac{y-3}{-1}=\dfrac{z+2}{5} \Rightarrow 5y+z-13=0 \end{cases}$$

과 평면

$$2x-y+5z+3=0$$

의 연립방정식에서 계산하면 교점의 좌표는 $\left(\dfrac{23}{15},\ \dfrac{41}{15},\ -\dfrac{2}{3}\right)$이다.
다른 방법으로 계산하면 직선의 매개방정식

$$x=1+2t,\ y=3-t,\ z=\ -2+5t$$

를 평면의 방정식에 대입하면

$$2(1+2t)-(3-t)+5(-2+5t)+3=0$$
$$\Rightarrow t=\frac{4}{15} \Rightarrow \text{교점}\ \left(\frac{23}{15},\ \frac{41}{15},\ -\frac{2}{3}\right)$$

이다.

(2) 직선의 방향을 $(u,\ v,\ w)$라고 두면, 직선의 방정식은

$$\frac{x-1}{u}=\frac{y-3}{v}=\frac{z+2}{w}$$

이다. 이것이 $(0,\ 0,\ z_0)$을 지나므로

$$\frac{-1}{u} = \frac{-3}{v} = \frac{z_0+2}{w} \Rightarrow u:v = 1:3$$

이다. 그리고 평면에 평행인 방향은 $(2,\ -1,\ 5)$에 수직이므로 직선의 방향을 $(1,\ 3,\ w_0)$이라고 하면

$$0 = (1,\ 3,\ w_0)\cdot(2,\ -1,\ 5) = 5w_0 - 1 \Rightarrow w_0 = \frac{1}{5}$$

이다. 즉 방향은 $\left(1,\ 3,\ \frac{1}{5}\right)$이고, $(1,\ 3,\ -2)$를 지나므로 방정식은

$$x-1 = \frac{y-3}{3} = 5(z+2)$$

이다.

점 $P_0(x_0,\ y_0,\ z_0)$과 이를 지나지 않는 직선

$$l: \frac{x-x_1}{u} = \frac{y-y_1}{v} = \frac{z-z_1}{w}$$

은 평면을 결정하게 된다. 이평면을 $ax+by+cz+d=0$이라고 두면, P_0을 지나므로

(1) $ax_0+by_0+cz_0+d=0$

$\Rightarrow a(x-x_0)+b(y-y_0)+c(z-z_0)=0$

(2) $(x_1,\ y_1 z_1)$은 평면의 점

$\Rightarrow a(x_1-x_0)+b(y_1-y_0)+c(z_1-z_0)=0$

(3) 직선은 평면과 같은 방향

$\Rightarrow ua+vb+wc=0$

의 3개의 방정식에서 $a,\ b,\ c$를 소거하면

$$\begin{vmatrix} x-x_0 & y-y_0 & z-z_0 \\ x_1-x_0 & y_1-y_0 & z_1-z_0 \\ u & v & w \end{vmatrix} = 0$$

이다. 이것은 P_0과 주어진 직선을 포함하는 평면의 방정식이다.

예 3.5

점 (1, 3, −2)와 직선 $\frac{x+2}{4} = y+3 = \frac{z+2}{-3}$ 을 포함하는 평면의 방정식을 구하라.

풀이 공식에서

$$\begin{vmatrix} x-1 & y-3 & z+2 \\ -3 & -6 & 0 \\ 4 & 1 & -3 \end{vmatrix} = 0 \Rightarrow 6x - 3y + 7z + 17 = 0$$

이다.

평면과 평면

두 평면

$$\alpha_1 : a_1x + b_1y + c_1z + d_1 = 0,$$
$$\alpha_2 : a_2x + b_2y + c_2z + d_2 = 0$$

이 만드는 각은 이들의 수직 방향 $(a_1,\ b_1,\ c_1)$, $(a_2,\ b_2,\ c_2)$이 만드는 각 θ이다. 그러므로

$$\cos\theta = \frac{a_1a_2 + b_1b_2 + c_1c_2}{\sqrt{a_1^2 + b_1^2 + c_1^2}\sqrt{a_2^2 + b_2^2 + c_2^2}}$$

이다.

(1) α_1, α_2가 수직일 조건

$$\theta = \frac{\pi}{2} \Rightarrow a_1a_2 + b_1b_2 + c_1c_2 = 0$$

(2) $\alpha_1 = \alpha_2$일 조건

계수의 비가 같아야 하므로

$$\frac{a_1}{a_2} = \frac{b_1}{b_2} = \frac{c_1}{c_2} = \frac{d_1}{d_2}$$

(3) α_1, α_2가 평행일 조건

$(a_1,\ b_1,\ c_1)$, $(a_2,\ b_2,\ c_2)$가 평행이고 $\alpha_1 \neq \alpha_2$이므로

$$\frac{a_1}{a_2} = \frac{b_1}{b_2} = \frac{c_1}{c_2} \neq \frac{d_1}{d_2}$$

예 3.6

평면 $\sqrt{2}x + y + z = 0$과 xy 평면의 사잇각을 구하라.

풀이 xy 평면에 수직인 방향은 $(0,\ 0,\ 1)$이므로

$$\cos\theta = \frac{0+0+1}{\sqrt{2+1+1}\cdot 1} = \frac{1}{2} \Rightarrow \theta = \frac{\pi}{3}$$

이다.

예 3.7

두 평면

$$\alpha_1 : ax + 2y + 4z - 1 = 0, \quad \alpha_2 : -2x + y + 2z + d = 0$$

의 일치, 평행, 수직의 조건을 만족하는 a, d값을 구하라.

풀이 계수의 비는 $\frac{a}{-2},\ \frac{2}{1},\ \frac{4}{2},\ \frac{-1}{d}$이므로

$$\alpha_1 = \alpha_2 \Leftrightarrow \frac{a}{-2} = \frac{2}{1} = \frac{4}{2} = \frac{-1}{d}, \quad \therefore a = -4,\ d = -\frac{1}{2}$$

$$\alpha_1,\ \alpha_2 \text{평행} \Leftrightarrow a = -4,\ d \neq -\frac{1}{2}$$

$$\alpha_1 \perp \alpha_2 \Leftrightarrow (a,\ 2,\ 4)\cdot(-2,\ 1,\ 2) = 0 \Leftrightarrow a = 5$$

평행이 아닌 두 평면의 공통부분인 직선의 방정식은 두 방정식에서 x, y, z사이의 관계식을 구하면 된다. 또 하나의 방법은 공통직선이 두 평면의 수직 방향에 동시에 수직이므로 이들의 벡터곱을 이용하면 직선의 방향을 얻고 통과점은 평면의 방정식에서 쉽게 구할 수 있다.

예 3.8

다음에서 두 평면이 만드는 직선을 구하라.

(1) $x-y+z+1=0,\ x-y+2z-3=0$

(2) $2x+y-3z+1=0,\ x+y-z-1=0$

풀이 (1) 두 방정식의 차이에서 $z=4$를 얻고, 이를 대입하면 방정식은

$$x=y-5,\ z=4$$

이다. 즉, 방향비 $1:1:0$이고 $(0,\ 5,\ 4)$를 지나는 직선이다.

다른 방법으로 계산하면, 두 평면의 수직 방향의 벡터곱은

$$(1,\ -1,\ 1)\times(1,\ -1,\ 2)=(-1,\ -1,\ 0)$$

이므로 직선의 방향은 $(1,\ 1,\ 0)$을 택한다. 평면의 방정식에 $x=0$을 대입하면

$$-y+z+1=0,\ -y+2z-3=0$$
$$\Rightarrow y=5,\ z=4 \Rightarrow \text{통과점 } (0,\ 5,\ 4)$$

이다.

(2) 두 방정식을 y에 대해서 정리하면

$$y=-2x+3z-1,\quad y=-x+z+1$$

이므로 $x=2z-2$이다. 이를 $y=-x+z+1$에 대입하면 $z=-y+3$이다. 그러므로

$$x=-2y+4=2z-2$$
$$\Rightarrow \frac{x}{2}=\frac{y-2}{-1}=\frac{z-1}{1}$$

이다. 이는 방향비가 $2:-1:1$이고 $(0,\ 2,\ 1)$을 지나는 직선이다.

다른 방법으로 계산하면, 두 평면의 수직 방향의 벡터곱은

$$(2,\ 1,\ -3)\times(1,\ 1,\ -1)=(2,\ -1,\ 1)$$

이므로 직선의 방향은 $(2,\ -1,\ 1)$이다. 평면의 방정식에 $x=0$을 대입하면

$$y-3z+1=0,\ y-z-1=0$$
$$\Rightarrow y=2,\ z=1 \Rightarrow \text{통과점 } (0,\ 2,\ 1)$$

이다.

α_1, α_2의 공통직선을 l이라고 하면 $(t_1,\ t_2) \neq (0,\ 0)$일 때, 방정식

$$t_1(a_1x+b_1y+c_1z+d_1)+t_2(a_2x+b_2y+c_2z+d_2)=0 \qquad \cdots\ (*)$$

은 두 평면의 공통직선 l을 포함하는 평면이다. 역으로 직선 l을 포함하는 평면은 적당한 실수 t_1, t_2에 대해서 위의 식으로 나타난다. 실제 계산에서 양변을 t_1 또는 t_2로 나눈 식, 즉

$$(a_1x+b_1y+c_1z+d_1)+t(a_2x+b_2y+c_2z+d_2)=0,\ \text{또는}$$
$$t(a_1x+b_1y+c_1z+d_1)+(a_2x+b_2y+c_2z+d_2)=0$$

를 사용하면 변수가 하나 줄어들어 계산이 쉬워진다.

예 3.9

두 평면

$$x-y+z+1=0,\ x-y+2z-3=0$$

의 공통직선과 점 $(3,\ 1,\ 1)$을 포함하는 평면을 구하라.

풀이 방정식

$$(x-y+z+1)+t(x-y+2z-3)=0$$

에 $(3,\ 1,\ 1)$을 대입하면 $t=-4$을 얻는다. 그러므로 평면의 방정식은

$$-3x+3y-7z+13=0$$

이다.

예 3.10

평면 $3x+by+cz-5=0$이 두 평면

$$x+2y+z+1=0,\ x-y-2z-3=0$$

의 공통직선을 포함할 때 b, c를 구하라.

풀이 평면 $3x+by+cz-5=0$는

$$(x+2y+z+1)+t(x-y-2z-3)=0$$

으로 표현된다. 계수를 비교하면

$$\frac{1+t}{3} = \frac{2-t}{b} = \frac{1-2t}{c} = \frac{1-3t}{-5}$$
$$\Rightarrow t=2 \Rightarrow b=0,\ c=-3$$

이다.

같은 평면 위에 있지 않은 네 점 P_1, P_2, P_3, P_4가 만드는 사면체의 부피는 밑면이 $\triangle P_2P_3P_4$이고 높이는 P_2, P_3, P_4가 만드는 평면과 P_1사이의 거리 h이다. 그러므로 $\triangle P_2P_3P_4$의 면적이 a이면, 부피는 $\frac{1}{3}ah$이다.

예 3.11

$P_1(-1,\ 1,\ 2)$, $P_2(1,\ -3,\ -1)$, $P_3(0,\ -2,\ 1)$, $P_4(1,\ -1,\ 0)$이 만드는 사면체의 부피를 구하라.

풀이

$$\overrightarrow{P_2P_3} \times \overrightarrow{P_2P_4} = (-1,\ 1,\ 2) \times (0,\ 2,\ 1) = (-3,\ 1,\ -2)$$

이므로 $\triangle P_2P_3P_4$의 면적은

$$\frac{1}{2}|\overrightarrow{P_2P_3} \times \overrightarrow{P_2P_4}| = \frac{\sqrt{14}}{2}$$

이고 P_2, P_3, P_4가 만드는 평면은

$$\text{수직 방향 } (-3,\ 1,\ -2),\ \text{통과점 } (1,\ -1,\ 0)$$
$$\Rightarrow -3x+y-2z+4=0$$

이다. 따라서 사면체의 높이 h는

$$h = \frac{|3+1-4+4|}{\sqrt{9+1+4}} = \frac{4}{\sqrt{14}}$$

이므로 사면체의 부피는

$$\frac{1}{3} \cdot \frac{\sqrt{14}}{2} \cdot \frac{4}{\sqrt{14}} = \frac{2}{3}$$

이다.

연습문제 5.3

1. 다음에서 주어진 점과 평면 사이의 거리를 구하라.

(1) $4x-4y+2z+3=0$, $(-2,\ 3,\ 1)$

(2) $-4x+2y+z+5=0$, $(0,\ 1,\ 2)$

(3) $x+y-2z-4=0$, $(3,\ 3,\ 1)$

(4) $x+7=0$, $(3,\ 1,\ 1)$

2. 다음에서 평행인 두 평면 사이의 거리를 구하라.

(1) $2x+2y-z-9=0$, $2x+2y-z-12=0$

(2) $x-2y+z+3=0$, $2x-4y+2z+4=0$

3. 다음에서 두 평면의 공통직선을 구하라.

(1) $2x+y-z-1=0$, $x-2y-z+2=0$

(2) $x+y-2z-1=0$, $x-3y-z+2=0$

4. 직선 $l: x=-1+t,\ y=2-3t,\ z=1+t$에 대해서

(1) l과 점 $(-1,\ 4,\ 2)$를 지나는 평면의 방정식을 구하라.

(2) l과 평면 $x-y-2z+1=0$의 교점을 구하라.

5. 다음의 두 평면 사이의 관계를 설명하라.

(1) $x+3y-5z=2$, $2x+y+z=4$

(2) $2x-y+z=3$, $-2x+y-z=-3$

(3) $4x-y+z=3$, $x+2y-z=2$

(4) $-x+3y+z=4$, $x-3y-z=3$

제 5 장 보충자료

원점을 지나는 평면 $ax+by+cz=0$은 평면을 두 영역으로 나눈다. 평면 위의 점 $P(x,\ y,\ z)$가

(1) 평면 위에 있으면 $ax+by+cz=0$

(2) $(a,\ b,\ c)$ 방향에 있으면 $\angle(\overrightarrow{OP},\ (a,\ b,\ c))<\frac{\pi}{2}$

$\Rightarrow ax+by+cz=(a,\ b,\ c)\cdot(x,\ y,\ z)>0$

(3) $-(a,\ b,\ c)$ 방향에 있으면 $\angle(\overrightarrow{OP},\ (a,\ b,\ c))>\frac{\pi}{2}$

$\Rightarrow ax+by+cz=(a,\ b,\ c)\cdot(x,\ y,\ z)<0$

일반적으로 평면 $ax+by+cz+d=0$는 공간을 두 영역으로 나누고 한 영역의 점들은 $ax+by+cz+d>0$이고 다른 영역의 점들은 $ax+by+cz+d<0$이다. 영역을 $ax+by+cz+d$의 부호에 따라 평면 $ax+by+cz+d=0$에 대한 **양의 영역**, 또는 **음의 영역**이라고 부른다.

점 $P(x,\ y,\ z)$에서 평면 $ax+by+cz+d=0$까지 유향거리는

$$\frac{ax+by+cz+d}{\sqrt{a^2+b^2+c^2}}$$

를 의미한다. 그러므로 유향거리는 양의 영역에서는 양수, 음의 영역에서는 음수가 된다. 같은 평면이라도 표현방법에 따라 양의 영역, 음의 영역이 바뀔 수 있다.

예 1

$P_1(-1,\ 2,\ 1)$에서 다음 평면까지 유향거리를 구하라.

(1) $x+2y-2z+2=0$

(2) $-x-2y+2z-2=0$

풀이 (1) $\frac{-1+4-2+2}{3}=1$

(2) $\frac{1-4+2-2}{3}=-1$

평면 $\alpha: ax+by+cz+d=0$이 주어졌을 때, 점 $P(x,\ y,\ z)$의 α에 대한 대칭점 $P'(x',\ y',\ z')$을 계산해 보자. $\sqrt{a^2+b^2+c^2}=1$이라고 가정하면, 점 P에서 α까지 유향거리는 $ax+by+c$이다. 그리고

(i) P가 양의 영역의 점

$$\begin{aligned} &(a,\ b,\ c),\ \overrightarrow{PP'}\text{은 반대 방향, } ax+by+cz+d>0 \\ \Rightarrow\ &\overrightarrow{PP'} = -2(ax+by+cz+d)(a,\ b,\ c) \end{aligned}$$

(ii) P가 음의 영역의 점

$$\begin{aligned} &(a,\ b,\ c),\ \overrightarrow{PP'}\text{은 같은 방향, } ax+by+cz+d<0 \\ \Rightarrow\ &\overrightarrow{PP'} = -2(ax+by+cz+d)(a,\ b,\ c) \end{aligned}$$

이므로

$$\overrightarrow{OP'}=\overrightarrow{OP}+\overrightarrow{PP'}=(x,\ y,\ z)-2(ax+by+cz+d)(a,\ b,\ c)$$

이다.

예를 들면, 점 $P(x,\ y,\ z)$의 xy평면에 대한 대칭점은 평면 $z=0$에 대한 반사점이므로

$$(x',\ y',\ z')=(x,\ y,\ z)-2(0x+0y+z+0)(0,\ 0,\ 1)=(x,\ y,\ -z)$$

이다.

두 직선 $l_1,\ l_2$사이의 거리 공식을 구할 때, 평면의 방정식을 이용하면 쉽게 구할 수 있다. 5.1절에서 $l_1,\ l_2$에 동시에 수직인 단위벡터는

$$(\lambda,\ \mu,\ \nu)=\frac{(u_1,\ v_1,\ w_1)\times(u_2,\ v_2,\ w_2)}{|(u_1,\ v_1,\ w_1)\times(u_2,\ v_2,\ w_2)|}$$

이었다. 수직 방향이 $(\lambda,\ \mu,\ \nu)$이고 $l_1,\ l_2$를 포함하는 평면을 각각 $\alpha_1,\ \alpha_2$라고 하자. 그러면 $\alpha_1,\ \alpha_2$는 평행이고, 두 평면 사이의 거리는 우리가 구하는 $l_1,\ l_2$ 사이의 거리가 된다. $\alpha_1,\ \alpha_2$의 통과점이 $P_1,\ P_2$이므로 $\alpha_1,\ \alpha_2$의 방정식은 각각

$$\begin{aligned} \lambda(x-x_1)+\mu(y-y_1)+\nu(z-z_1)=0 \\ \lambda(x-x_2)+\mu(y-y_2)+\nu(z-z_2)=0 \end{aligned}$$

이다. 그리고 α_1, α_2 사이의 거리는 P_1에서 α_2까지 거리와 같고 이는

$$|\lambda(x_2 - x_1) + \mu(y_2 - y_1) + \nu(z_2 - z_1)|$$

임을 알 수 있다.

제 6 장

2차 곡면

6.1 표준형의 2차 곡면

6장에서는 별다른 말이 없으면 $F(x, y, z)$는 x, y, z의 2차식

$$ax^2 + by^2 + cz^2 + 2fyz + 2gzx + 2hxy + 2lx + 2my + 2nz + d$$

를 의미한다.

방정식 $F(x, y, z) = 0$의 그래프를 **2차 곡면**이라고 한다. 일반적인 2차 곡면을 다루기 전에 먼저 표준형의 2차 곡면에 대해서 알아보자. 별다른 말이 없으면 표준형의 방정식에서 $a_1, a_2, a_3 > 0$이다.

(1) 타원면(ellipsoid)

(1-1) 타원면

$$a_1x^2 + a_2y^2 + a_3z^2 = 1$$

의 그래프를 표준형의 **타원면**이라고 한다. 이것은 원점과 xy, zx, yz평면에 대해서 대칭이고, xy, yz, zx평면과 공통부분

$$a_1x^2 + a_2y^2 = 1,\ a_2y^2 + a_3z^2 = 1,\ a_1x^2 + a_3z^2 = 1$$

은 모두 타원이다. 타원면의 그래프는 다음과 같다.

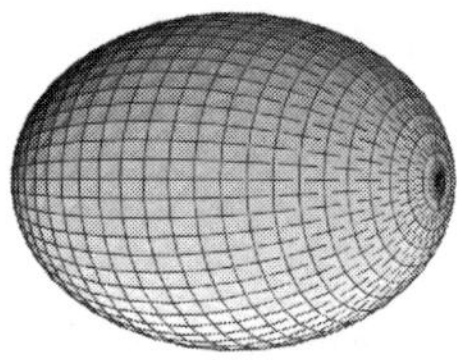

그림 1.1 타원면

특히 $a_1 = a_2 = a_3$인 $x^2 + y^2 + z^2 = a_1^2$은 반지름이 a_1인 **구면**이다.

(1-2) 점타원면

$$a_1x^2 + a_2y^2 + a_3z^2 = 0$$

은 점이다. 이를 **점타원면**이라고 한다.

(1-3) 허타원면

$$a_1x^2 + a_2y^2 + a_3z^2 = -1$$

은 공집합이다. 이를 **허타원면**이라고 한다.

(2) 쌍곡면(hyperboloid)

(2-1) 1엽 쌍곡면

$$a_1x^2 + a_2y^2 - a_3z^2 = 1$$

의 그래프를 표준형의 **1엽 쌍곡면**이라고 한다. 이것은 원점과 xy, zx, yz평면에 대해서 대칭이고 xy평면과 공통부분

$$a_1x^2 + a_2y^2 = 1$$

은 타원이고, yz, zx평면과 공통부분은

$$a_2y^2 - a_3z^2 = 1,\ a_1x^2 - a_3z^2 = 1$$

은 쌍곡선이다.

평면 $z = z_0$과 공통부분인 타원

$$a_1x^2 + a_2y^2 = 1 + a_3z_0^2$$

은 $|z_0|$의 값이 증가하면 커진다.

(2-2) 2엽 쌍곡면

$$a_1x^2 + a_2y^2 - a_3z^2 = -1$$

의 그래프를 표준형의 **2엽 쌍곡면**이라고 한다. 이것은 원점과 xy, zx, yz평면에 대해서 대칭이고 yz, zx평면과 공통부분

$$a_2y^2 - a_3z^2 = -1, \; a_1x^2 - a_3z^2 = -1$$

은 쌍곡선이고 $z^2 \geq a_3$이다. 평면 $z = z_0$과 공통부분인 타원

$$a_1x^2 + a_2y^2 = a_3z_0^2 - 1$$

은 $|z_0|$의 값이 증가하면 커진다. 쌍곡면의 그래프는 다음과 같다.

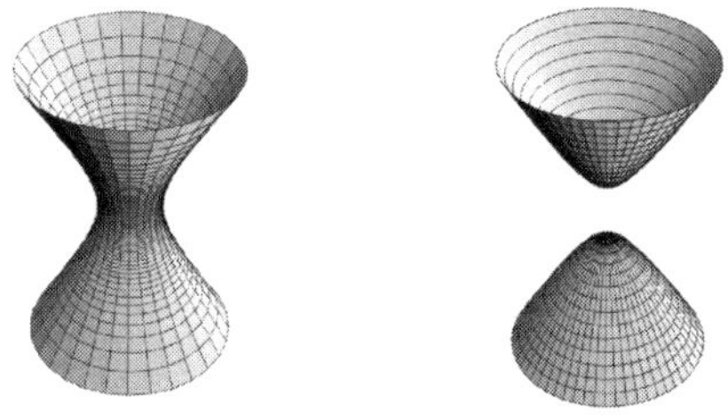

1엽쌍곡선 2엽쌍곡선

그림 1.2 쌍곡면

(3) 2차 추면(cone)

$$a_1x^2 + a_2y^2 - a_3z^2 = 0$$

의 그래프를 표준형의 **2차 추면**이라고 한다. 이것은 원점과 xy, zx, yz평면에 대해서 대칭이고 xy평면과 공통부분

$$a_1x^2 + a_2y^2 = 0$$

은 원점, yz, zx평면과 공통부분

$$a_2y^2 - a_3z^2 = 0,\ a_1x^2 - a_3z^2 = 0$$

은 각각 원점에서 만나는 두 직선이다. 평면 $z = z_0$과 공통부분인 타원

$$a_1x^2 + a_2y^2 = a_3z_0^2$$

은 $|z_0|$의 값이 증가하면 커진다. 2차 추면의 그래프는 다음과 같다.

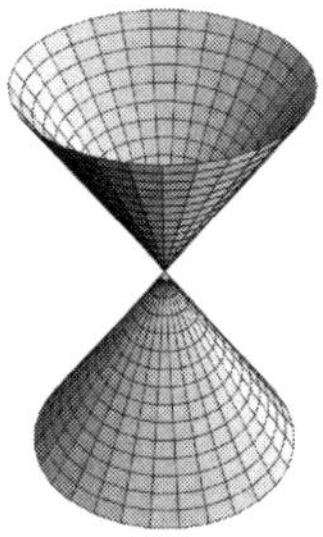

그림 1.3 2차 추면

1엽 쌍곡면, 2차 추면, 2엽 쌍곡면은 서로 공통부분은 없고 추면은 두 쌍곡면을 분리시킨다. $|z|$가 큰 값이면 이들 곡면은 가까워진다. 이런 이유로 2차 추면을 **점근추면**이라고도 한다.

(4) 포물면(paraboloid)

(4-1) 타원포물면

$$a_1x^2 + a_2y^2 = 2a_3z$$

의 그래프를 표준형의 **타원포물면**이라고 한다. 이것은 yz, zx평면에 대해서 대칭이지만 원점과 xy평면에 대해서는 대칭이 아니다. 그리고 $z \geq 0$이므로 xy평면의 윗부분에만 있다. yz, zx평면과 공통부분

$$a_2y^2 = 2a_3z,\ a_1x^2 = 2a_3z$$

는 포물선이고, 평면 $z = z_0$과 공통부분인 타원

$$a_1x^2 + a_2y^2 = 2a_3z_0$$

은 z_0의 값이 증가하면 커진다.

(4-2) **쌍곡포물면**

$$a_1x^2 - a_2y^2 = 2a_3z$$

의 그래프를 표준형의 **쌍곡포물면**이라고 한다. 이것은 yz, zx평면에 대해서 대칭이지만 원점과 xy평면에 대해서는 대칭이 아니다. yz, zx평면과 공통부분

$$-a_2y^2 = 2a_3z,\ \ a_1x^2 = 2a_3z$$

은 각각 z축의 음의 방향과 양의 방향으로 벌어진 포물선이다. 그리고 평면 $z=z_0$과 공통부분

$$a_1x^2 - a_2y^2 = 2a_3z_0$$

은 쌍곡선이다.

포물면의 그래프는 다음과 같다.

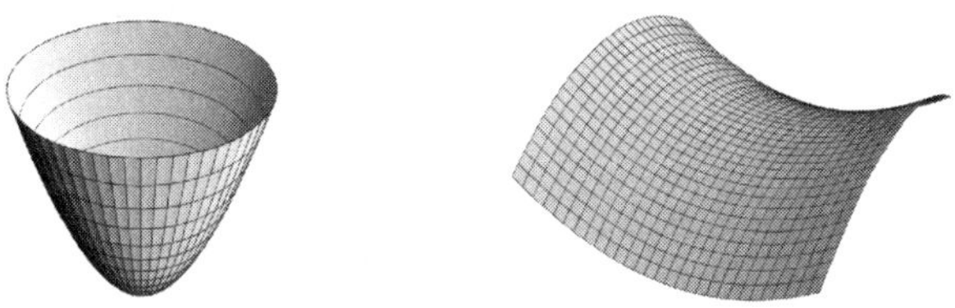

그림 1.4 타원포물면

(5) **주면(cylinder)**

x, y, z 중에서 1개, 또는 2개의 변수가 없는 방정식의 곡면을 **주면**이라고 하는데, 먼저 변수 z가 없는 경우를 살펴보자.

(5-1) **타원주면**

$$a_1x^2 + a_2y^2 = 1$$

의 그래프를 **타원주면**이라고 한다. 이것은 xy평면에서 타원이고, z좌표는 모든 실수가 가능하므로 z축 방향으로 쌓은 타원 모양의 기둥이다.

(5-2) 쌍곡주면

$$a_1x^2 - a_2y^2 = 1$$

의 그래프를 **쌍곡주면**이라고 한다. 이것은 xy평면에서 쌍곡선이고, z좌표는 모든 실수가 가능하므로 z축 방향으로 쌓은 쌍곡선 모양의 기둥이다.

(5-3) 포물주면

$$y^2 = 4px\,(p > 0)$$

의 그래프를 **포물주면**이라고 한다. 이것은 xy평면에서 포물선이고, z좌표는 모든 실수가 가능하므로 z축 방향으로 쌓은 포물선 모양의 기둥이다.

타원주면, 쌍곡주면, 포물주면의 그래프는 다음과 같다.

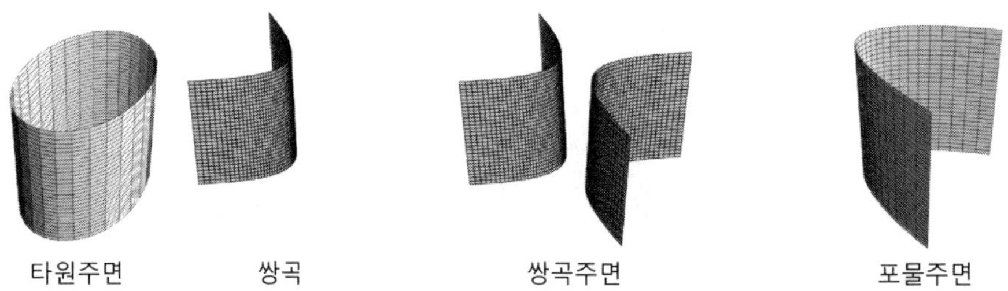

그림 1.5 주면

(5-4) 만나는 두 평면

$$a_1x^2 - a_2y^2 = 0$$

은 xy평면에서 만나는 두 직선이므로, 이를 z축 방향으로 쌓으면 만나는 두 평면이 된다.

(5-5) 직선

$$a_1x^2 + a_2y^2 = 0$$

은 xy평면에서 점이므로, 이를 z축 방향으로 쌓으면 직선이 된다.

(5–6) 공집합

$$a_1x^2 + a_2y^2 = -1$$

은 z좌표와 관계없이 공집합이다.

이제 y, z변수가 없는 경우를 살펴보자.

(5–7) 평행인 두 평면

$$a_1x^2 = 1$$

은 xy평면에서 평행인 두 직선이므로, 이를 z축 방향으로 쌓으면 평행인 두 평면이 된다.

(5–8) 평면

$$a_1x^2 = 0$$

은 xy평면에서 직선이므로, 이를 z축 방향으로 쌓으면 평면이 된다.

(5–9) 공집합

$$a_1x^2 = -1$$

은 y, z좌표와 관계없이 공집합이다.

6장 4절에서는 2차 곡면이 적절한 좌표축의 평행이동과 회전이동 후에 위에서 설명한 표준형 중의 하나로 나타낼 수 있음을 보일 것이다. 그리고 표준형의 방정식에서 변수가 서로 바뀐 모양의 방정식이 어떤 곡면인지 확인하는 방법은 다음과 같다.

(1) 변수 x, y, z 중의 하나라도 없으면 주면이다.

예를 들어 z변수가 없으면 x, y의 2차 방정식이므로 xy평면에서 어떤 곡선인지 확인하면 된다.

(2) 변수 x, y, z가 모두 있는 경우

(2-1) 제곱항 x^2, y^2, z^2 중의 하나가 없으면 포물면이다.

예를 들어 z^2이 없으면 x^2, y^2의 계수의 부호가 같으면 타원포물면, 다르면 쌍곡포물면이다.

(2-1) 제곱항이 모두 있으면 우변의 상수항을 양수로 만든다.

(i) x^2, y^2, z^2계수의 부호가 모두 같으면 타원면, 점, 또는 공집합이다.

(ii) 그렇지 않으면 쌍곡면, 또는 추면이다. 추면은 상수항이 0이므로 구분하기 쉽다. 쌍곡면의 경우 우변의 상수항을 양수로 만들었을 때, 음의 계수가 1개이면 1엽 쌍곡면, 2개이면 2엽 쌍곡면이다.

예 1.1

변수가 1개만 있는 경우의 2차 곡면

(1) $2z^2 = 3$은 yz평면에서 평행인 두 직선이므로 평행인 두 평면이다.

(2) $3y^2 = 0$은 yz평면에서 직선이므로 평면이다.

(3) $2x^2 = -1$은 공집합이다.

예 1.2

변수가 2개만 있는 경우의 2차 곡면

(1) $2z^2 + 3y^2 = 3$은 yz평면에서 타원이므로 타원주면이다.

(2) $3y^2 + z^2 = 0$은 yz평면에서 점이므로 직선이다.

(3) $2x^2 + 3y^2 = -1$은 공집합이다.

(4) $3x^2 - z^2 = 0$은 zx평면에서 만나는 두 직선이므로 만나는 두 평면이다.

(5) $3x^2 - 4z^2 = 1$은 zx평면에서 쌍곡선이므로 쌍곡주면이다.

(6) $2x^2 = 5y$는 xy평면에서 포물선이므로 포물주면이다.

예 1.3

변수 x, y, z가 모두 있는 경우의 2차 곡면

(1) $x^2 + 2y^2 + 3z^2 = 5$는 타원면

(2) $x^2 + 2y^2 + 3z^2 = 0$은 점

(3) $x^2 + 2y^2 + 3z^2 = -4$는 공집합

(4) $-x^2 + 2y^2 + 3z^2 = 0$은 계수 부호가 일치하지 않고 상수항이 0이므로 2차 추면

(5) $x^2 - 2y^2 + 3z^2 = 3$은 상수항이 양수이고 음수 항이 1개이므로 1엽 쌍곡면

(6) $x^2-2y^2-3z^2=3$은 상수항이 양수이고 음수 항이 2개이므로 2엽 쌍곡면

(7) $-2x^2+2y^2-z^2=-5$은 $2x^2-2y^2+z^2=5$으로 변형하면 상수항이 양수이고 음수 항이 1개이므로 1엽 쌍곡면

주면(cylinder)의 일반적인 정의는

> 주어진 곡선상의 점을 지나고 고정된 직선에 평행인
> 직선들로 이루어진 곡면

이다. 이때 주어진 곡선을 **도선**(directrix), 도선상의 점과 고정된 직선에 평행인 직선을 **모선**(generator)이라고 한다.

예 1.4

표준형의 주면들의 모선의 방향과 도선을 구하라.

풀이 주면은 모두 z축 방향의 직선으로 이루어져 있으므로, 모선의 방향은 $(0,\ 0,\ 1)$이고 도선은 $z=0$과 각 주면의 공통부분이다.

예 1.5

도선 방정식이 $g(x,\ y)=0,\ z=0$으로 주어지고 모선 방향이 $(u,\ v,\ w)$인 주면의 방정식은 $g\left(x-\dfrac{uz}{w},\ y-\dfrac{vz}{w}\right)=0$임을 증명하라.

풀이 주면 위의 점 $P(x,\ y,\ z)$를 잡으면 이 점은 방향이 $(u,\ v,\ w)$이고 도선 위의 점 $P_0(x_0,\ y_0,\ 0)$을 지나는 직선 l위에 있다. l의 방정식

$$\frac{x-x_0}{u}=\frac{y-y_0}{v}=\frac{z}{w}$$

에서

$$x_0=x-\frac{uz}{w},\ y_0=y-\frac{vz}{w}$$

이다. P_0가 도선 위의 점이므로 $g(x_0,\ y_0)=0$이고, 여기에 $(x_0,\ y_0)$ 대신에 위의 값을 대입하면

$$g\left(x-\frac{uz}{w},\ y-\frac{vz}{w}\right)=0$$

이다.

예 1.6

도선의 방정식이 $xy+z=1,\ z=0$이고 모선이 직선 $x=2y=3z$에 평행인 주면의 방정식을 구하라.

풀이 $xy+z=1$에 $z=0$을 대입하면 $xy=1$이므로 도선의 방정식은

$$g(x,\ y)=0,\ z=0\ \ (g(x,\ y)=xy-1)$$

이다. 모선의 방향이 $\left(1,\ \frac{1}{2},\ \frac{1}{3}\right)$이므로 주면의 방정식은

$$g\left(x-3z,\ y-\frac{3z}{2}\right)=0\ \Rightarrow\ (x-3z)\left(y-\frac{3z}{2}\right)-1=0$$
$$\Rightarrow 9z^2-6yz-3zx+2xy-2=0$$

추면(cone)의 일반적인 정의는

주어진 곡선상의 점과 고정된 점을 지나는 직선들로 이루어진 곡면

이다. 이때 주어진 곡선을 **도선**(directrix), 고정된 점을 **꼭지점**(vertex), 꼭짓점과 도선을 지나는 직선을 **모선**(generator)이라고 한다.

예 1.7

표준형의 2차 추면의 꼭짓점과 도선을 구하라.

풀이 표준형의 2차 추면 $a_1x^2+a_2y^2-a_3z^2=0,\ (a_1,\ a_2,\ a_3>0)$은 꼭짓점이 원점이고 도선은 평면 $z=1$과 공통부분으로 택하면 된다. 그러므로 도선의 방정식은

$$a_1x^2+a_2y^2=a_3,\ z=1$$

이다.

예 1.8

도선이 $g(x, y)=0$, $z=z_0$이고 원점을 꼭짓점으로 하는 추면의 방정식은 $g\left(\frac{z_0x}{z}, \frac{z_0y}{z}\right)=0$임을 증명하라.

풀이 추면 위의 점 $P(x, y, z)$를 잡으면 이 점은 원점과 도선 위의 점 $P_0(x_0, y_0, z_0)$을 지나는 직선 l 위에 있다. l의 방향은 (x_0, y_0, z_0)이므로, l의 방정식

$$\frac{x}{x_0}=\frac{y}{y_0}=\frac{z}{z_0}$$

에서

$$x_0=\frac{z_0x}{z},\ y_0=\frac{z_0y}{z}$$

이다. P_0가 도선 위의 점이므로 $g(x_0, y_0)=0$이고, 여기에 (x_0, y_0) 대신에 위의 값을 대입하면

$$g\left(\frac{z_0x}{z}, \frac{z_0y}{z}\right)=0$$

을 얻는다.

예 1.9

도선이 $xy+z=1$, $z=2$에 의해 주어지고 원점을 꼭짓점으로 하는 추면의 방정식을 구하라.

풀이 $xy+z=1$에 $z=2$를 대입하면 $xy+1=0$이므로 도선의 방정식은

$$g(x, y)=0,\ z=2\ \ (g(x, y)=xy+1)$$

이다. 그러므로 추면의 방정식은

$$g\left(\frac{2x}{z}, \frac{2y}{z}\right)=0 \Rightarrow \left(\frac{2x}{z}\right)\left(\frac{2y}{z}\right)+1=0$$
$$\Rightarrow z^2+4xy=0$$

이다.

연습문제 6.1

1. 다음에서 주면의 방정식을 구하라.

(1) 도선: $4x^2 + 9y^2 = 36$, $z = 0$, 모선 방향: 직선 $x = y = z$에 평행

(2) 도선: $3x^2 + 4y = 0$, $z = 0$, 모선 방향: $(2, -1, 4)$

2. 다음에서 추면의 방정식을 구하라.

(1) 도선: $x^2 + y^2 + z^2 = 1$, $z = \frac{1}{2}$, 꼭짓점: O

(2) 도선: $x^2 + 2y^2 - 4 = 0$, $z = 4$, 꼭짓점: O

3. 다음 방정식이 나타내는 곡면의 이름을 말하라.

(1) $x^2 + 2y^2 + 4z^2 = 5$

(2) $x^2 + 2y^2 + 4z^2 = 0$

(3) $x^2 + 2y^2 + 4z^2 = -5$

(4) $x^2 + 2y^2 - 4z^2 = 5$

(5) $x^2 + 2y^2 - 4z^2 = 0$

(6) $x^2 + 2y^2 - 4z^2 = -5$

(7) $x^2 + 2y^2 - 4z = 0$

(8) $x^2 - 2y^2 - 4z = 0$

(9) $x^2 + 2y^2 = 3$

(10) $x^2 + 2y^2 = 0$

(11) $x^2 + 2y^2 = -3$

(12) $x^2 - 2y^2 = 3$

(13) $x^2 - 2y^2 = 0$

(14) $x^2 - 2y = 0$

(15) $x^2 = 4$

(16) $x^2 = 0$

(17) $x^2 = -4$

4. 표준형의 2차 곡면 중에서 원점에 대칭이 아닌 곡면을 모두 구하라.

6.2 접평면과 직선면

2차 곡면 $F(x,\ y,\ z)=0$ 위의 점 $P_1(x_1,\ y_1,\ z_1)$을 지나고 방향 코사인이 $\lambda,\ \mu,\ \nu$인 직선

$$x=x_1+\lambda t,\ y=y_1+\mu t,\ z=z_1+\nu t$$

와 2차 곡면의 교점방정식

$$F(x_1+\lambda t,\ y_1+\mu t,\ z_1+\nu t)=0$$

을 정리하면

$$a_4 t^2+2(a_1\lambda+a_2\mu+a_3\nu)t=0$$

이다. 여기서 a_4는 적당한 실수이고

$$\begin{aligned} a_1 &= ax_1+hy_1+gz_1+l \\ a_2 &= hx_1+by_1+fz_1+m \\ a_3 &= gx_1+fy_1+cz_1+n \end{aligned}$$

이다. 이 때, 교점방정식의 한 근 $t=0$는 점 P_1을 나타낸다. 직선이 곡면과 한 점에서 만날 조건은 $t=0$이 교점방정식의 중근이 될 때, 즉

$$a_1\lambda+a_2\mu+a_3\nu=0$$

이다. $\lambda,\ \mu,\ \nu$와 $x-x_1,\ y-y_1,\ z-z_1$의 비는 같으므로

$$a_1(x-x_1)+a_2(y-y_1)+a_3(z-z_1)=0$$

이고, $F(x_1,\ y_1,\ z_1)=0$을 이용하여 정리하면 방정식은

$$\begin{aligned} &ax_1x+by_1y+cz_1z+f(y_1z+yz_1)+g(z_1x+zx_1)+h(x_1y+xy_1) \\ &+l(x+x_1)+m(y+y_1)+n(z+z_1)+d=0 \qquad \cdots\ (*) \end{aligned}$$

이다. 이것은 $(a_1,\ a_2,\ a_3)\neq(0,\ 0,\ 0)$이면 평면의 방정식이다. 평면 (*)를 P_1에서 2차 곡면 $F(x,\ y,\ z)=0$의 **접평면**이라고 한다.

P_1에서 곡면의 접평면에 수직이고 P_1을 지나는 직선을 P_1에서 곡면의 **법선**이라 한다. 법선의 방향은 (a_1, a_2, a_3)이므로 법선의 방정식은 다음과 같다.

$$\frac{x-x_1}{a_1} = \frac{y-y_1}{a_2} = \frac{z-z_1}{a_3}$$

예 2.1

다음 곡면 위의 점 $P_1(x_1, y_1, z_1)$에서 접평면과 법선의 방정식을 구하라.

(1) $x^2+2y^2+4z^2=5$ (2) $x^2+2y^2-4z^2=5$

(3) $x^2+2y^2-4z^2=0$ (4) $x^2+2y^2-4z^2=-5$

(5) $x^2+2y^2-4z=0$ (6) $x^2-2y^2-4z=0$

풀이 접평면:

(1) $x_1x+2y_1y+4z_1z=5$ (2) $x_1x+2y_1y-4z_1z=5$

(3) $x_1x+2y_1y-4z_1z=0$ (4) $x_1x+2y_1y-4z_1z=-5$

(5) $x_1x+2y_1y-2(z+z_1)=0$ (6) $x_1x-2y_1y-2(z+z_1)=0$

법선:

(1) $\frac{x-x_1}{x_1} = \frac{y-y_1}{2y_1} = \frac{z-z_1}{4z_1}$ (2) $\frac{x-x_1}{x_1} = \frac{y-y_1}{2y_1} = \frac{z-z_1}{-4z_1}$

(3) $\frac{x-x_1}{x_1} = \frac{y-y_1}{2y_1} = \frac{z-z_1}{-4z_1}$ (4) $\frac{x-x_1}{x_1} = \frac{y-y_1}{2y_1} = \frac{z-z_1}{-4z_1}$

(5) $\frac{x-x_1}{x_1} = \frac{y-y_1}{2y_1} = \frac{z-z_1}{-2}$ (6) $\frac{x-x_1}{x_1} = \frac{y-y_1}{-2y_1} = \frac{z-z_1}{-2}$

이다. 법선에서 분모가 0인 경우는 분자도 0임을 의미한다.

2차 곡면이 등위곡면 $F(x, y, z)=0$으로 주어지므로 접평면을 미적분학을 이용해서 구할 수도 있다. 곡면 위의 점 $P_1(x_1, y_1, z_1)$에서 수직 방향은 그래디언트 방향이므로 접평면의 수직 방향은

$$\begin{aligned}\nabla F(x_1, y_1, z_1) &= \left(\frac{\partial F}{\partial x}(x_1, y_1, z_1), \frac{\partial F}{\partial y}(x_1, y_1, z_1), \frac{\partial F}{\partial z}(x_1, y_1, z_1)\right) \\ &= (2a_1, 2a_2, 2a_3)\end{aligned}$$

이므로 앞에서 구한 접평면의 수직 방향과 일치함을 알 수 있다.

직선으로 곡면을 덮을 수 있는 곡면을 **직선면**(ruled surface), 직선면을 구성하는 직선군을 **모선**(generating line)이라고 한다. 타원면, 2엽 쌍곡면, 타원포물면은 어떠한 직선도 포함할 수가 없으므로 직선면이 아니다. 그러나 추면, 주면은 정의에 의해서 직선으로서 곡면을 완전히 덮을 수 있으므로 직선면이다.

이제 나머지 2차 곡면인 1엽 쌍곡면과 쌍곡포물면이 직선면이 되는지 예를 들어 알아보자.

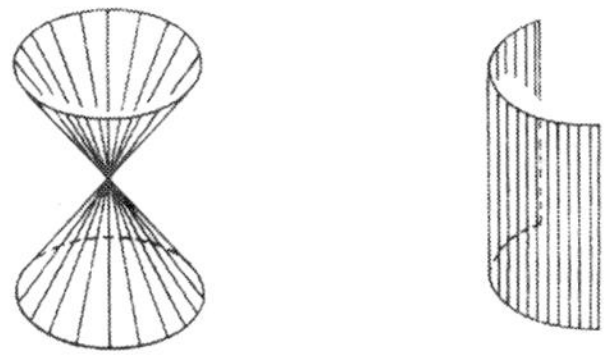

그림 2.1 직선면(추면, 주면)

먼저 1엽 쌍곡면

$$x^2 + 4y^2 - 9z^2 = 1 \quad \cdots (**)$$

을 변형하면

$$(x+3z)(x-3z) = (1+2y)(1-2y)$$

가 된다. 실수 k에 대해서 두 평면

$$x+3z = k(1+2y),\ \ k(x-3z) = 1-2y$$

의 공통직선 l_k는 (**)를 만족하므로 1엽 쌍곡면에 포함된다. 또한 두 평면

$$x-3z=0, \quad 1+2y=0$$

의 공통직선 l_∞도 (**)를 만족하므로 1엽 쌍곡면에 포함된다.

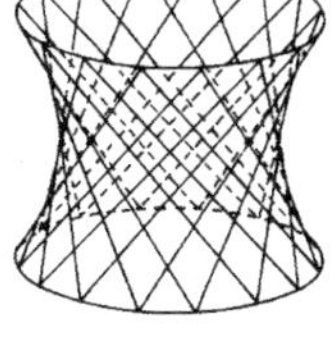

그림 2.2 직선면(1엽 쌍곡면)

역으로 곡면 위의 점 $P_0(x_0, y_0, z_0)$은 적당한 l_k, 또는 l_∞의 점임을 증명할 수 있다. 그러므로 1엽 쌍곡면은 직선면이다. 그리고 이 모선들은 서로소이다. 이에 관한 설명은 6장 보충자료에 있다.

실수 k에 대해서 두 평면

$$x+3z=k(1-2y), \quad k(x-3z)=1+2y$$

의 공통직선 m_k와 두 평면

$$x-3z=0, \quad 1-2y=0$$

의 공통직선 m_∞도 1엽 쌍곡면의 모선이 됨을 같은 원리로 설명할 수 있다.

계산상의 이유로 특정 1엽 쌍곡면을 다루었지만 일반적인 표준형의 1엽 쌍곡면에도 같은 원리를 적용할 수 있다.

예 2.2

1엽 쌍곡면 $4x^2+9y^2-z^2=1$ 위의 점 $P_0\left(\frac{1}{2}, \frac{1}{3}, 1\right)$을 지나는 모선을 2개 구하라.

풀이 평면

$$2x+z=k(1+3y)$$

에 $\left(\frac{1}{2}, \frac{1}{3}, 1\right)$을 대입하면 $k=1$이고, $\left(\frac{1}{2}, \frac{1}{3}, 1\right)$은 평면

$$1(2x-z)=1-3y$$

위의 점이므로 $P_0\in l_1$이다. l_1은 두 평면

$$2x+z=1+3y, \ 2x-z=1-3y$$

즉,

$$2x-3y+z-1=0, \ 2x+3y-z-1=0$$

공통직선이다. 이 직선의 방향은 $(0, 1, 3)$이므로 l_1의 방정식은

$$x=\frac{1}{2}, \ \frac{y-1/3}{1}=\frac{z-1}{3} \Rightarrow x=\frac{1}{2}, \ \frac{y}{1}=\frac{z}{3}$$

이다.

다른 모선을 구하기 위해 먼저 두 평면

$$2x - z = 0,\ 1 - 3y = 0$$

위에 $\left(\frac{1}{2},\ \frac{1}{3},\ 1\right)$이 있으므로 $P_0 \in m_\infty$이다. m_∞의 방정식은

$$2x = z,\ y = \frac{1}{3}$$

이다.

쌍곡포물면

$$x^2 - 4y^2 = 2z \qquad \cdots\ (***)$$

를 변형하면

$$(x + 2y)(x - 2y) = 2z$$

가 된다. 실수 k에 대해서 두 평면

$$x + 2y = 2k,\ k(x - 2y) = z$$

가 만드는 직선 l_k는 (***)를 만족하므로 쌍곡포물면에 포함된다. 역으로 곡면 위의 점 $P_0(x_0,\ y_0,\ z_0)$은 적당한 l_k의 점이 된다. 실제로

$$k = \frac{1}{2}(x_0 + 2y_0)$$

이면 $P_0 \in l_k$이다. 그러므로 쌍곡포물면은 선직면이고, 모선은 l_k들이다. 그리고 이 모선들은 서로소이다. 이에 관한 설명은 6장 보충자료를 참조하여 독자들이 직접해보길 바란다.

실수 k에 대해서 두 평면

$$x + 2y = kz,\ k(x - 2y) = 2$$

의 공통직선 m_k도 같은 원리를 적용할 수 있다.

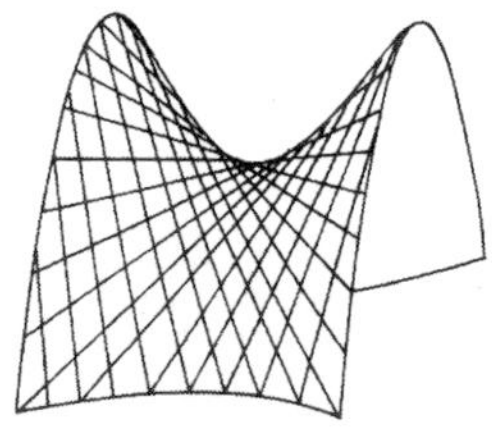

그림 2.3 직선면(쌍곡포물면)

예 2.3

쌍곡포물면 $x^2 - 4y^2 = 2z$ 위의 점 $P_0(0,\ 1,\ -2)$을 지나는 모선을 2개 구하라.

풀이 평면

$$x + 2y = 2k$$

에 $(0,\ 1,\ -2)$를 대입하면 $k = 1$이고, $(0,\ 1,\ -2)$는 평면

$$1(x - 2y) = z$$

위의 점이므로 $P_0 \in l_1$이다. l_1은 두 평면

$$x + 2y = 2,\ x - 2y = z$$

즉,

$$x + 2y - 2 = 0,\ x - 2y - z = 0$$

의 공통직선이다. 이 직선의 방향은 $(2,\ -1,\ 4)$이므로 l_1의 방정식은

$$\frac{x}{2} = \frac{y-1}{-1} = \frac{z+2}{4}$$

이다.

다른 모선을 구하기

$$x + 2y = kz$$

에서 $k = -1$이고 P_0은

$$(-1)(x - 2y) = 2$$

을 만족하므로 P_0은 m_{-1}은 모선이다.

연습문제 6.2

1. 구면 위의 점에서 접평면의 법선은 중심을 지난다는 것을 증명하라.

2. 2차 곡면 $2x^2+3y^2-4z^2=7$에 대해서 법선 방향이 $(1,\ 1,\ 1)$인 접평면의 방정식을 구하라.

3. 1엽 쌍곡면 $4x^2+y^2-z^2=1$의 두 종류의 모선을 구하라.

4. 쌍곡포물면 $x^2-9y^2-4z=0$의 두 종류의 모선을 구하라.

5. 1엽 쌍곡면 $4x^2+y^2-z^2=1$ 위의 점 $(-1,\ 1,\ 2)$를 지나는 두 모선을 포함하는 평면의 방정식을 구하라.

6.3 경면과 중심

2차 곡면 $F(x, y, z)=0$ 위의 점 $P_0(x_0, y_0, z_0)$을 지나고 방향이 λ, μ, ν인 직선

$$x=x_0+\lambda t,\ y=y_0+\mu t,\ z=z_0+\nu t$$

와 2차 곡면의 교점방정식

$$F(x_0+\lambda t,\ y_0+\mu t,\ z_0+\nu t)=0$$

을 정리하면

$$a_4 t^2+2(a_1\lambda+a_2\mu+a_3\nu)t+F(x_0, y_0, z_0)=0$$

이다. 여기서 a_4는 적당한 실수이고

$$\begin{aligned} a_1 &= ax_0+hy_0+gz_0+l \\ a_2 &= hx_0+by_0+fz_0+m \\ a_3 &= gx_0+fy_0+cz_0+n \end{aligned}$$

이다. 점 P_0가 두 교점이 만드는 현의 중점이 될 조건은 평면의 경우와 같이 교점방정식의 두 근 t_1, t_2가 $t_2=-t_1$를 만족해야 한다. 즉, 1차 항의 계수가 0이어야 하므로

$$a_1\lambda+a_2\mu+a_3\nu=0$$

이다. 그러므로 평행현들의 중점의 자취를 나타내는 방정식은

$$(ax+hy+gz+l)\lambda+(hx+by+fz+m)\mu+(gx+fy+cz+n)\nu=0$$

이고, 이를 다시 정리한

$$(a\lambda+h\mu+g\nu)x+(h\lambda+b\mu+f\nu)y+(g\lambda+f\mu+c\nu)z+l\lambda+m\mu+n\nu=0$$

는 평면의 방정식이다. 이를 방향 (λ, μ, ν)에 대한 $F(x, y, z)=0$의 **경면**, 평행현들을 **종선**이라고 한다.

경면의 방정식에서 (λ, μ, ν)는 단위벡터일 필요는 없다. 그리고 경면의 수직 방향과 상수항을 행렬과 내적으로 표현하면

$$\begin{pmatrix} a\lambda+h\mu+g\nu \\ h\lambda+b\mu+f\nu \\ g\lambda+f\mu+c\nu \end{pmatrix} = \begin{pmatrix} a & h & g \\ h & b & f \\ g & f & c \end{pmatrix}\begin{pmatrix} \lambda \\ \mu \\ \nu \end{pmatrix},\ (\lambda,\ \mu,\ \nu)\cdot(l,\ m,\ n) = l\lambda+m\mu+n\nu$$

이다.

예 3.1

다음 2차 곡면의 종선 방향이 $(2,\ -1,\ 3)$인 경면을 구하라.

(1) $x^2+2y^2+3z^2-4=0$

(2) $x^2-2y^2+z^2+4xy+4x-2y-6z+4=0$

풀이 (1) 경면의 수직 방향은

$$\begin{pmatrix} 1 & 0 & 0 \\ 0 & 2 & 0 \\ 0 & 0 & 3 \end{pmatrix}\begin{pmatrix} 2 \\ -1 \\ 3 \end{pmatrix} = \begin{pmatrix} 2 \\ -2 \\ 9 \end{pmatrix}$$

이고, $l=m=n=0$이므로 경면은

$$2x-2y+9z=0$$

이다.

(2) 경면의 수직 방향은

$$\begin{pmatrix} 1 & 2 & 0 \\ 2 & -2 & 0 \\ 0 & 0 & 1 \end{pmatrix}\begin{pmatrix} 2 \\ -1 \\ 3 \end{pmatrix} = \begin{pmatrix} 0 \\ 6 \\ 3 \end{pmatrix}$$

이고,

$$l\lambda+m\mu+n\nu = (2,\ -1,\ -3)\cdot(2,\ -1,\ 3) = -4$$

이므로 경면은

$$6y+3z-4=0$$

이다.

경면의 방정식에서 경면의 수직 방향은

$$(a\lambda+h\mu+g\nu,\ h\lambda+b\mu+f\nu,\ g\lambda+f\mu+c\nu)$$

이므로 경면과 종선이 수직으로 만날 조건은

$$\frac{a\lambda+h\mu+g\nu}{\lambda}=\frac{h\lambda+b\mu+f\nu}{\mu}=\frac{g\lambda+f\mu+c\nu}{\nu}$$

이고, 이 값을 t라고 두면

$$\begin{aligned}(a-t)\lambda+h\mu+g\nu=0\\ h\lambda+(b-t)\mu+f\nu=0\\ g\lambda+f\mu+(c-t)\nu=0\end{aligned}$$

을 얻는다. 이 연립방정식이 비자명한 해를 가질 조건은

$$\begin{vmatrix}a-t & h & g\\ h & b-t & f\\ g & f & c-t\end{vmatrix}=0$$

이므로 t가 행렬 $\begin{pmatrix}a & h & g\\ h & b & f\\ g & f & c\end{pmatrix}$의 고윳값이 되어야 한다. 이때 이 행렬의 0이 아닌 고윳값 t_1에 대한 고유벡터 $(\lambda_1,\ \mu_1,\ \nu_1)$는

$$\begin{aligned}a\lambda_1+h\mu_1+g\nu_1=\lambda_1t_1\\ h\lambda_1+b\mu_1+f\nu_1=\mu_1t_1\\ g\lambda_1+f\mu_1+c\nu_1=\nu_1t_1\end{aligned}$$

을 만족하므로, 이를 경면의 방정식에 대입하면

$$t_1(\lambda_1x+\mu_1y+\nu_1z)+l\lambda_1+m\mu_1+n\nu_1=0$$

을 얻는다. 이 경면을 2차 곡면의 **주경면**이라고 한다. 주경면은 종선과 수직이므로 곡면은 주경면에 대하여 대칭이고 주경면의 수직 방향은 고유벡터방향임을 알 수 있다.

예 3.2

다음 2차 곡면의 주경면을 구하라.

(1) $x^2+2y^2+3z^2-4=0$

(2) $x^2-2y^2+z^2+4xy+4x-2y-6z+4=0$

풀이 (1) 행렬

$$\begin{pmatrix} a & h & g \\ h & b & f \\ g & f & c \end{pmatrix} = \begin{pmatrix} 1 & 0 & 0 \\ 0 & 2 & 0 \\ 0 & 0 & 3 \end{pmatrix}$$

의 고윳값과 고유벡터는 1, 2, 3과 e_1, e_2, e_3이므로 이에 대한 주경면은 각각

$$x=0,\ y=0,\ z=0$$

이다. 즉, 좌표평면이 주경면이다. 이는 주어진 곡면이 표준형의 타원면이고 이 곡면이 좌표평면에 대칭이라는 사실과 일치한다.

(2) 행렬 $\begin{pmatrix} a & h & g \\ h & b & f \\ g & f & c \end{pmatrix} = \begin{pmatrix} 1 & 2 & 0 \\ 2 & -2 & 0 \\ 0 & 0 & 1 \end{pmatrix}$의 고윳값은 -3, 2, 1이고, 이들 고윳값에 대응되는 고유벡터는

$$(-1,\ 2,\ 0),\ (2,\ 1,\ 0),\ (0,\ 0,\ 1)$$

이므로 주경면은 각각

$$3x-6y-4=0,\ 4x+2y+3=0,\ z-3=0$$

이다.

2차 곡면 $F(x,\ y,\ z)=0$ 위의 점 $P_0(x_0,\ y_0,\ z_0)$을 지나고 방향이 $(\lambda,\ \mu,\ \nu)$인 직선

$$x=x_0+\lambda t,\ y=y_0+\mu t,\ z=z_0+\nu t$$

와 2차 곡면의 교점이 만드는 평행현에 대해서 P_0가 중점이 될 조건은

$$(ax_0+hy_0+gz_0+l)\lambda+(hx_0+by_0+fz_0+m)\mu+(gx_0+fy_0+cz_0+n)\nu=0$$

이었다. P_0를 지나는 모든 현의 중점이 될 조건은 $(\lambda,\ \mu,\ \nu)$에 관계없이 성립해야 하므로

$$ax_0+hy_0+gz_0+l=0$$
$$hx_0+by_0+fz_0+m=0$$
$$gx_0+fy_0+cz_0+n=0$$

이다. 이러한 점, 즉 지나는 모든 현의 중점이 되는 점을 곡면의 **중심**이라고 한다. 중심의

이러한 성질에 의해서 2차 곡면은 중심에 대칭이다. 중심이 단 하나인 2차 곡면을 **유심 2차 곡면**이라 하고 그 외의 2차 곡면을 **무심 2차 곡면**이라고 한다. 그리고 중심을 지나는 현을 **직경**이라고 한다. 중심의 좌표는 연립방정식(이를 **중심방정식**이라고 한다)

$$\begin{aligned} ax+hy+gz+l&=0 \\ hx+by+fz+m&=0 \\ gx+fy+cz+n&=0 \end{aligned}$$

의 근이므로 단 하나의 해를 가질 조건은

$$\Delta = \begin{vmatrix} a & h & g \\ h & b & f \\ g & f & c \end{vmatrix} \neq 0$$

이다. 따라서 2차 곡면이 $\Delta \neq 0$이면 유심 2차 곡면이고, $\Delta = 0$이면 무심 2차 곡면이다.

예 3.3

표준형의 2차 곡면을 유심, 또는 무심 2차 곡면으로 구분하고, 유심 2차 곡면이면 그 중심을 구하라.

풀이 표준형의 타원면, 쌍곡면, 2차 추면은

$$\Delta = \begin{vmatrix} a_1 & 0 & 0 \\ 0 & a_2 & 0 \\ 0 & 0 & \pm a_3 \end{vmatrix} = \pm a_1 a_2 a_3 \neq 0$$

이므로 이들은 유심 2차 곡면이다. 그리고 중심방정식

$$a_1 x = 0,\ a_2 y = 0,\ \pm a_3 z = 0$$

에서 중심은 원점 $(0,\ 0,\ 0)$이다.

표준형의 포물면과 주면은 $c = f = g = h = 0$이므로, $\Delta = 0$이다. 따라서 이들은 무심 2차 곡면이다.

예 3.4

다음 2차 곡면의 중심을 구하라.

(1) $x^2 + 2y^2 - 3z^2 - 4x + 2y = 0$

(2) $x^2-2y^2+z^2+4xy+4x-2y-6z+4=0$

풀이 (1) 중심방정식

$$x-2=0,\ 2y+1=0,\ z=0$$

에서 중심은 $\left(2,\ -\frac{1}{2},\ 0\right)$이다.

(2) 중심방정식

$$x+2y+2=0,\ 2x-2y-1=0,\ z-3=0$$

에서 중심은 $\left(-\frac{1}{3},\ -\frac{5}{6},\ 3\right)$이다.

연습문제 6.3

1. 다음 2차 곡면이 유심 또는 무심 2차 곡면인지 판정하고 유심 2차 곡면이면 그 중심을 구하라.

(1) $x^2+y^2+z^2-2yz-2x-2y+6z+3=0$

(2) $x^2+z^2-2yz-2zx-2xy+2x+4y-6z+10=0$

(3) $2x^2+2y^2-z^2-4yz-2zx+2y-4z-4=0$

(4) $x^2+y^2+yz+zx+xy+x+y+z=0$

(5) $2yz+2zx+2xy=1$

(6) $9x^2-y^2-6xy+2y-4z=0$

(7) $x^2-y^2+xy-2z=0$

(8) $2x^2+y^2+z^2+yz+zx-xy-2x+2y-2z+3=0$

2. 다음 2차 곡면에서 계수행렬 $\begin{pmatrix} a & h & g \\ h & b & f \\ g & f & c \end{pmatrix}$의 고윳값과 고유벡터가 주어져 있다. 고윳값에 대한 고유벡터는 순서대로이다. 2차 곡면의 주경면을 구하라.

(1) $x^2+y^2+z^2-2yz-2x-2y+6z+3=0$,

고유값 0, 1, 2, 고유벡터 (0, 1, 1), (1, 0, 0), (0, −1, 1)

(2) $2yz+2zx+2xy=1$

고유값 −1, −1, 2, 고유벡터 (−1, 0, 1), (−1, 1, 0), (1, 1, 1)

(3) $4x^2+2y^2+2z^2+2yz+2zx-2xy-2x+2y-2z+3=0$

고유값 1, 2, 5, 고유벡터 (0, −1, 1), (−1, 1, 1), (2, 1, 1)

3. 2차 곡면 $F(x,\ y,\ z)=0$이 원점에 대칭일 계수에 대한 조건을 구하라.

6.4 2차 곡면의 분류

2차 곡면 $F(x, y, z)=0$에 대해서 방향이 (u, v, w)인 종선의 경면이 주경면이 될 조건은 (u, v, w)가 행렬 $\begin{pmatrix} a & h & g \\ h & b & f \\ g & f & c \end{pmatrix}$의 0이 아닌 고윳값에 대한 고유벡터인 것이다. 그리고 이 행렬의 고윳값 t_1, t_2, t_3 중에서 적어도 하나는 0이 아니고 대응되는 고유벡터로 구성된 정규직교기저를 잡을 수 있다. 이에 관한 내용은 6장 보충자료에 있다. 따라서 0이 아닌 고윳값에 대응되는 주경면이 좌표평면이 되는 회전이동이 가능하다.

좌표축 회전이동시 새로운 $OXYZ$ 좌표계에서 $F(x, y, z)$의 변환식을

$$AX^2+BY^2+CZ^2+2FYZ+2GZX+2HXY+2LX+2MY+2NZ+D$$

라고 두면 상수항은 불변이므로 $D=d$이고, 행렬

$$\begin{pmatrix} A & H & G \\ H & B & F \\ G & F & C \end{pmatrix}$$

의 고윳값은 여전히 t_1, t_2, t_3이다. 즉, 고유방정식의 계수는 회전이동에 대해서 불변이고 (6장 보충자료 참조), 특히 $\Delta=t_1t_2t_3$이다. 또한 행렬식

$$\delta=\begin{vmatrix} a & h & g & l \\ h & b & f & m \\ g & f & c & n \\ l & m & n & d \end{vmatrix}$$

도 회전이동에 대해서 불변이다(6장 보충자료 참조).

원점을 2차 곡면 $F(x, y, z)=0$의 중심 $P_0(x_0, y_0, z_0)$으로 평행이동한 P_0XYZ 좌표계에서 $F(x, y, z)$의 변환식에서 상수항을 계산해 보자.

$$x=X+x_0,\ y=Y+y_0,\ z=Z+z_0$$

이므로 변환식 $F(X+x_0, Y+y_0, Z+z_0)=0$의 상수항은 $F(x_0, y_0, z_0)$이고 이를 계산해 보면

$$\begin{aligned} F(x_0, y_0, z_0) &= ax_0^2+by_0^2+cz_0^2+2fy_0z_0+2gz_0x_0+2hx_0y_0+2lx_0+2my_0+2nz_0+d \\ &= (ax_0+hy_0+gz_0+l)x_0+(hx_0+by_0+fz_0+m)y_0 \end{aligned}$$

$$+(gx_0+fy_0+cz_0+n)z_0+lx_0+my_0+nz_0+d$$
$$=lx_0+my_0+nz_0+d$$

이다. 중심으로 평행이동시 상수항의 계산은 나중에 2차 곡면의 표준형을 구할 때 유용하게 사용된다.

유심 2차 곡면

유심 2차 곡면 $F(x, y, z)=0$의 중심 $P_0(x_0, y_0, z_0)$이 원점이 되도록 평행이동한 P_0XYZ 좌표계에서 변환식

$$F(X+x_0, Y+y_0, Z+z_0)=0$$

에서 2차 항의 계수는 불변이고 1차 항은 곡면의 중심에 대한 점대칭 성질에 의해서 없어진다. 그러므로 곡면의 방정식은

$$aX^2+bY^2+cZ^2+2fYZ+2gZX+2hXY+D=0 \qquad \cdots \text{(i)}$$

으로 표현된다. 여기서 $D=F(x_0, y_0, z_0)$이다.

$\Delta \neq 0$이므로 고윳값 t_1, t_2, t_3 중의 어느 것도 0이 될 수 없다. 따라서 3개의 서로 수직인 주경면이 존재한다. 이들 주경면이 좌표평면이 되는 회전이동한 $P_0\overline{X}\,\overline{Y}\,\overline{Z}$좌표계에서는 좌표평면에 대칭이라는 사실에서 $\overline{Y}\,\overline{Z}$, $\overline{Z}\,\overline{X}$, $\overline{X}\,\overline{Y}$항은 없어진다. 따라서 (i)의 변환식은

$$A\overline{X}^2+B\overline{Y}^2+C\overline{Z}^2+D=0 \qquad \cdots \text{(ii)}$$

이고, 변환 후의 계수행렬

$$\begin{pmatrix} A & 0 & 0 \\ 0 & B & 0 \\ 0 & 0 & C \end{pmatrix}$$

의 고윳값은 A, B, C이므로 이들은 t_1, t_2, t_3이다. 이제

$$A=t_1, \ B=t_2, \ C=t_3$$

라고 두면 변환식 (ii)는

$$t_1\overline{X}^2 + t_2\overline{Y}^2 + t_3\overline{Z}^2 + D = 0$$

이 된다. 여기서 상수항을 평면기하에서 이용한 방법으로 계산하면

$$D = F(x_0,\ y_0,\ z_0) = lx_0 + my_0 + nz_0 + d = \frac{\delta}{\Delta} = \frac{\delta}{t_1t_2t_3}$$

이다.

여기서 δ 관련 계수행렬은

$$\begin{vmatrix} t_1 & 0 & 0 & 0 \\ 0 & t_2 & 0 & 0 \\ 0 & 0 & t_3 & 0 \\ 0 & 0 & 0 & D \end{vmatrix} = t_1t_2t_3D = \delta$$

이므로, 유심 2차 곡면은 중심으로 평행이동한 다음 회전이동하여도 δ는 불변이다. 이제 변환식은

$$t_1\overline{X}^2 + t_2\overline{Y}^2 + t_3\overline{Z}^2 + \frac{\delta}{t_1t_2t_3} = 0$$

으로 나타난다. 이를 **유심 2차 곡면의 표준형**이라고 한다. 이 표준형으로부터 유심 2차 곡면을 다음과 같이 분류할 수 있다.

δ	표준형	$t_1,\ t_2,\ t_3$의 부호	곡면
$\delta \neq 0$	$t_1X^2+t_2Y^2+t_3Z^2+\dfrac{\delta}{t_1t_2t_3}=0$	동일	타원면, 공집합
		다름	쌍곡면
$\delta = 0$	$t_1X^2+t_2Y^2+t_3Z^2=0$	동일	점
		다름	2차 추면

유심 2차 곡면의 분류

예 4.1

다음 곡면이 유심 2차 곡선임을 보이고 중심과 표준형을 구하라.

(1) $zx + yz + xy + 4 = 0$ (2) $zx + yz + xy - 4 = 0$

(3) $zx + yz + xy = 0$

풀이 (1) 방정식을 변형하여

$$2zx+2yz+2xy+8=0$$

에서 행렬

$$\begin{pmatrix} a & h & g \\ h & b & f \\ g & f & c \end{pmatrix} = \begin{pmatrix} 0 & 1 & 1 \\ 1 & 0 & 1 \\ 1 & 1 & 0 \end{pmatrix}$$

은 고윳값 2, -1, -1이다. 그러므로 $\Delta=2$이고 유심 2차 곡면이다.

$$\delta = \begin{vmatrix} 0 & 1 & 1 & 0 \\ 1 & 0 & 1 & 0 \\ 1 & 1 & 0 & 0 \\ 0 & 0 & 0 & 8 \end{vmatrix} = 8\Delta$$

이므로 표준형은

$$2\overline{X}^2 - \overline{Y}^2 - \overline{Z}^2 + 8 = 0$$

이고, 이것은 1엽 쌍곡면이다.

중심방정식

$$y+z=0,\ x+z=0,\ x+y=0$$

에서 중심은 $(0,\ 0,\ 0)$이다. 여기서

$$F(0,\ 0,\ 0)=8,\ lx_0+my_0+nz_0+d=8$$

이 상수항과 같음을 확인할 수 있다.

(2) 방정식을 변형하여

$$2zx+2yz+2xy-8=0$$

에서 계산하면 고윳값, 중심은 (1)과 같고 $\delta=-8\Delta$이므로 표준형은

$$2\overline{X}^2 - \overline{Y}^2 - \overline{Z}^2 - 8 = 0$$

이고, 이것은 2엽 쌍곡면이다.

(3) 방정식을 변형하여

$$2zx+2yz+2xy=0$$

에서 계산하면 고윳값, 중심은 (1)과 같고 $\delta=0$이므로 표준형은

$$2\overline{X}^2 - \overline{Y}^2 - \overline{Z}^2 = 0$$

이고, 이것은 2차 추면이다.

무심 2차 곡면

무심 2차 곡면은 $\Delta = 0$이므로 고윳값 t_1, t_2, t_3 중에서 적어도 하나는 0이다. 여기서 $t_1 \neq 0$, $t_3 = 0$이라고 가정하자. 회전이동으로 YZ, ZX, XY를 소거하고 적절히 좌표변환하면 δ값은 변화시키지 않고 다음 식

$$t_1\overline{X}^2 + t_2\overline{Y}^2 + 2N\overline{Z} + D = 0 \qquad \cdots (*)$$

을 얻을 수 있다. 이를 **무심 2차 곡면의 표준형**이라고 한다.

δ는 회전이동에 불변이므로

$$\delta = \begin{vmatrix} t_1 & 0 & 0 & 0 \\ 0 & t_2 & 0 & 0 \\ 0 & 0 & 0 & N \\ 0 & 0 & N & D \end{vmatrix} = -t_1 t_2 N^2$$

이다.

(1) $\delta \neq 0$인 경우

$t_2 \neq 0$, $N \neq 0$이고 $N = \pm\sqrt{-\dfrac{\delta}{t_1 t_2}}$이다. 다시 Z축 방향으로 적절히 평행이동하면 상수항이 없어진다. 이제 방정식 (*)는

$$t_1\overline{X}^2 + t_2\overline{Y}^2 \pm 2\sqrt{-\frac{\delta}{t_1 t_2}}\,\overline{Z} = 0$$

이 된다. 이 곡면은 포물면의 표준형이다. 여기서 평면기하의 경우와 같이 표준형에 맞추어 복호부호는 음의 값을 취한다.

(2) $\delta = 0$인 경우

(2-1) $t_2 \neq 0$인 경우

$N = 0$이므로 방정식 (*)은

$$t_1\overline{X}^2 + t_2\overline{Y}^2 + D = 0$$

가 된다. 이것은 타원주면, 공집합, 쌍곡주면, 직선, 또는 만나는 두 평면의 표준형이다.

(2–2) $t_2 = 0$인 경우

방정식 (*)은

$$t_1\overline{X}^2 + 2N\overline{Z} + D = 0$$

이 되고,

(2–2–1) $N = 0$인 경우

방정식은

$$t_1\overline{X}^2 + D = 0$$

이 되고, 이는 공집합, 평면, 또는 평행인 두 평면의 표준형이다.

(2–2–2) $N \neq 0$인 경우

평행이동을 통하여 상수항을 소거하면, 방정식은

$$t_1\overline{X}^2 + 2N\overline{Z} = 0$$

이 되고 이것은 포물주면의 표준형이다.

무심 2차 곡면에서 포물면, 포물주면을 제외하면 상수항 D가 남아 있다. 이 경우 무심 2차 곡면이지만 중심이 무수히 많이 존재하므로 중심방정식에서 중심 $P_0(x_0, y_0, z_0)$을 임의로 하나 택하면 $D = F(x_0, y_0, z_0)$이 된다. 따라서 포물주면을 제외하고 모든 2차 곡면의 표준형을 구할 수 있다. 포물주면의 경우는 계산이 상당히 복잡하므로 여기서는 다루지 않는다. 6장 보충자료에 예를 들어 설명하였다.

무심 2차 곡면의 표준형에서 무심 2차 곡면을 다음과 같이 분류할 수 있다.

δ	표준형	t_1, t_2	곡면
$\delta \neq 0$	$t_1\overline{X}^2 + t_2\overline{Y}^2 = 2\sqrt{-\frac{\delta}{t_1t_2}}\overline{Z}$	동일부호	타원포물면
		다른부호	쌍곡포물면
$\delta = 0$	$t_1\overline{X}^2 + t_2\overline{Y}^2 + D = 0$	동일부호	ϕ, 직선, 타원주면
		다른부호	쌍곡주면, 만나는 두 평면
	$t_1\overline{X}^2 + 2N\overline{Z} = 0$	$t_2 = 0$	포물주면
	$t_1\overline{X}^2 + D = 0$	$t_2 = 0$	ϕ, 평면, 평행인 두 평면

무심 2차 곡면의 분류

예 4.2

다음 2차 곡면의 표준형을 구하라.

(1) $z = xy$

(2) $y^2 + 2yz + 4zx + 2xy = 0$

(3) $y^2 + 2yz + 4zx + 2xy + 1 = 0$

풀이 (1) 방정식을 $2xy - 2z = 0$으로 변형하면

$$\Delta = \begin{vmatrix} 0 & 1 & 0 \\ 1 & 0 & 0 \\ 0 & 0 & 0 \end{vmatrix} = 0$$

이므로 무심 2차 곡면이고, 고윳값을 계산하면 1, -1, 0이다.

$$\delta = \begin{vmatrix} 0 & 1 & 0 & 0 \\ 1 & 0 & 0 & 0 \\ 0 & 0 & 0 & -1 \\ 0 & 0 & -1 & 1 \end{vmatrix} = 1$$

이므로, 표준형은

$$t_1\overline{X}^2 + t_2\overline{Y}^2 \pm 2\sqrt{-\frac{\delta}{t_1t_2}}\,\overline{Z} = 0$$

에서 $\sqrt{-\frac{\delta}{t_1t_2}} = 1$이므로 표준형은

$$\overline{X}^2 - \overline{Y}^2 - 2\overline{Z} = 0$$

이고, 이것은 쌍곡포물면이다.

(2) $$\begin{pmatrix} a & h & g \\ h & b & f \\ g & f & c \end{pmatrix} = \begin{pmatrix} 0 & 1 & 2 \\ 1 & 1 & 1 \\ 2 & 1 & 0 \end{pmatrix}$$

의 고윳값을 계산하면 $3, -2, 0$이다.

$$\delta = \begin{vmatrix} 0 & 1 & 2 & 0 \\ 1 & 1 & 1 & 0 \\ 2 & 1 & 0 & 0 \\ 0 & 0 & 0 & 0 \end{vmatrix} = 0$$

이므로, 무심 2차 곡면이고 표준형은

$$t_1 \overline{X}^2 + t_2 \overline{Y}^2 + D = 0$$

이다. 중심방정식

$$y + 2z = 0,\ x + y + z = 0,\ 2x + y = 0$$

에서 중심 $(0, 0, 0)$을 택하면 $D = F(0, 0, 0) = 0$이다. 따라서 표준형은

$$3\overline{X}^2 - 2\overline{Y}^2 = 0$$

이고, 이것은 만나는 두 평면이다.

(3) 문제 (2)와 같은 고윳값과 중심을 갖고 $\delta = 0$이지만 $F(0, 0, 0) = 1$이므로 표준형은

$$3\overline{X}^2 - 2\overline{Y}^2 + 1 = 0$$

이다. 이것은 쌍곡주면이다.

예 4.3

다음 2차 곡면의 표준형을 구하라.

(1) $x^2 + y^2 + z^2 + 2yz + 2zx + 2xy = 0$

(2) $x^2 + y^2 + z^2 + 2yz + 2zx + 2xy + 1 = 0$

(3) $x^2 + y^2 + z^2 + 2yz + 2zx + 2xy - 1 = 0$

풀이 세 문제 모두

$$\begin{pmatrix} a & h & g \\ h & b & f \\ g & f & c \end{pmatrix} = \begin{pmatrix} 1 & 1 & 1 \\ 1 & 1 & 1 \\ 1 & 1 & 1 \end{pmatrix}, \ \delta = \begin{vmatrix} 1 & 1 & 1 & 0 \\ 1 & 1 & 1 & 0 \\ 1 & 1 & 1 & 0 \\ 0 & 0 & 0 & d \end{vmatrix} = 0$$

이고, 고윳값은 3, 0, 0이다. 무심 2차 곡면이고, 중심방정식

$$x + y + z = 0$$

에서 중심 (0, 0, 0)을 택한다. 중심이 존재하므로 표준형은

$$t_1 \overline{X}^2 + D = 0$$

이다.

(1) $D = F(0,\ 0,\ 0) = 0$이므로 표준형은 $3\overline{X}^2 = 0$이고 이것은 평면이다.

(2) $D = F(0,\ 0,\ 0) = 1$이므로 표준형은 $3\overline{X}^2 + 1 = 0$이고 이것은 공집합이다.

(3) $D = F(0,\ 0,\ 0) = -1$이므로 표준형은 $3\overline{X}^2 - 1 = 0$이고 이것은 평행인 두 평면이다.

예 4.4

다음 2차 곡면의 표준형을 구하라.

(1) $x^2 + y^2 + z^2 + 2xy = 0$

(2) $x^2 + y^2 + z^2 + 2xy + 1 = 0$

(3) $x^2 + y^2 + z^2 + 2xy - 1 = 0$

풀이 세 문제 모두

$$\begin{pmatrix} a & h & g \\ h & b & f \\ g & f & c \end{pmatrix} = \begin{pmatrix} 1 & 1 & 0 \\ 1 & 1 & 0 \\ 0 & 0 & 1 \end{pmatrix}, \ \delta = \begin{vmatrix} 1 & 1 & 0 & 0 \\ 1 & 1 & 0 & 0 \\ 0 & 0 & 1 & 0 \\ 0 & 0 & 0 & d \end{vmatrix} = 0$$

이고, 고윳값은 2, 1, 0이다. 무심 2차 곡면이고 표준형은

$$t_1 \overline{X}^2 + t_2 \overline{Y}^2 + D = 0$$

이다.

중심방정식

$$x + y = 0,\ z = 0$$

에서 중심 (0, 0, 0)을 택한다.

(1) $D = F(0,\ 0,\ 0) = 0$이므로 표준형은 $2\overline{X}^2 + \overline{Y}^2 = 0$이고 이것은 직선이다.

(2) $D = F(0,\ 0,\ 0) = 1$이므로 표준형은 $2\overline{X}^2 + \overline{Y}^2 + 1 = 0$이고 이것은 공집합이다.

(3) $D = F(0,\ 0,\ 0) = -1$이므로 표준형은 $2\overline{X}^2 + \overline{Y}^2 - 1 = 0$이고 이것은 타원주면이다.

연습문제 6.4

※ 다음에서 계수행렬의 고윳값이 주어진 2차 곡면의 표준형을 구하라.

1. 고유값 0, 1, 2

(1) $x^2+y^2+z^2-2yz-2x-2y+6z-3=0$

(2) $x^2+y^2+z^2-2yz-2x-2y+6z=0$

(3) $x^2+y^2+z^2-2yz-2x-2y+6z+3=0$

2. 고유값 0, $\pm\sqrt{2}$

(1) $2yz+2xy-1=0$

(2) $2yz+2xy=0$

(3) $2yz+2xy+1=0$

3. 고유값 -1, -1, 2

(1) $2yz+2zx+2xy=-1$

(2) $2yz+2zx+2xy=0$

(3) $2yz+2zx+2xy=1$

4. 고유값 1, 2, 5

(1) $4x^2+2y^2+2z^2+2yz+2zx-2xy-2x+2y-2z-5=0$

(2) $4x^2+2y^2+2z^2+2yz+2zx-2xy-2x+2y-2z=0$

(3) $4x^2+2y^2+2z^2+2yz+2zx-2xy-2x+2y-2z+5=0$

5. 고유값 2, $1-\sqrt{3}$, $1+\sqrt{3}$

(1) $2yz+4zx+2xy-1=0$

(2) $2yz+4zx+2xy=0$

(3) $2yz+4zx+2xy+1=0$

6. 고유값 4, ± 1

(1) $x^2+y^2+2z^2+2yz+2zx+4xy-1=0$

(2) $x^2+y^2+2z^2+2yz+2zx+4xy=0$

(3) $x^2+y^2+2z^2+2yz+2zx+4xy+1=0$

제 6 장 보충자료

(1) 선직면의 모선에 관한 성질

1엽 쌍곡면의 모선에 관한 성질은 다음 예에서 알 수 있다.

예 1

1엽 쌍곡면 $S: x^2+4y^2-9z^2=1$에 대해서

$l_k: x+3z=k(1+2y),\ k(x-3z)=1-2y$의 공통직선

$l_\infty: x-3z=0,\ 1+2y=0$의 공통직선

$\Rightarrow S=\left[\bigcup_{k\in\mathrm{R}} l_k\right]\cup l_\infty$이고 모선들은 서로소이다.

풀이 $$P(x,\ y,\ z)\in S \Rightarrow (x+3z)(x-3z)=(1+2y)(1-2y)$$

(1) $x+3z\neq 0,\ x-3z\neq 0$일 때,

$1+2y\neq 0 \Rightarrow \exists\, k\in\mathrm{R}$ s.t. $x+3z=k(1+2y)$

$\Rightarrow k(x-3z)=1-2y \Rightarrow P\in l_k$

(2) $x+3z\neq 0,\ x-3z=0$일 때,

(i) $1+2y=0 \Rightarrow P\in l_\infty$

(ii) $1+2y\neq 0 \Rightarrow \begin{cases} 1-2y=0 \\ \exists\, k\in\mathrm{R}\ \ \text{s.t. } x+3z=k(1+2y) \end{cases} \Rightarrow P\in l_k$

(3) $x+3z=0,\ x-3z\neq 0$일 때,

(i) $1-2y=0 \Rightarrow P\in l_0$

(ii) $1-2y\neq 0 \Rightarrow \begin{cases} 1+2y=0 \\ \exists\, k\in\mathrm{R}\ \ \text{s.t. } k(x-3z)=1-2y \end{cases} \Rightarrow P\in l_k$

(4) $x+3z=0,\ x-3z=0$일 때,

$$x=z=0 \Rightarrow \begin{cases} y=\dfrac{1}{2} & \Rightarrow P\in l_0 \\ y=-\dfrac{1}{2} & \Rightarrow P\in l_\infty \end{cases}$$

$\therefore\ S\subset\left[\bigcup_{k\in\mathrm{R}} l_k\right]\cup l_\infty$이다. 역 포함관계는 이미 6.2에서 설명하였다.

만약 $P(x,\ y,\ z) \in l_k \cap l_\infty$ 이면,

$$P \in l_\infty \Rightarrow 1+2y=0,\ x=3z \Rightarrow y=-\frac{1}{2}$$
$$\Rightarrow 0=k(x-3z)=1-2y=2,\ \text{모순}$$

만약 $P(x,\ y,\ z) \in l_{k_1} \cap l_{k_2}\ (k_1 \neq k_2)$이면

$$\begin{cases}(k_1-k_2)(1+2y)=0 \Rightarrow 1+2y=0 \\ (k_1-k_2)(x-3z)=0 \Rightarrow x-3z=0\end{cases} \Rightarrow P \in l_\infty,\ \text{모순}$$

그러므로 모선들은 서로소이다.

---

(2) 계수행렬의 고윳값에 관한 성질

행렬 $\begin{pmatrix} a & h & g \\ h & b & f \\ g & f & c \end{pmatrix}$의 고유방정식

$$\begin{vmatrix} a-t & h & g \\ h & b-t & f \\ g & f & c-t \end{vmatrix} = -(t^3-pt^2+qt-\Delta)=0$$

은 대칭행렬의 성질에 의해서 3개의 실근 $t_1,\ t_2,\ t_3$를 갖는다. 여기서

$$p=a+b+c$$
$$q=bc+ca+ab-f^2-g^2-h^2$$
$$\Delta = \begin{vmatrix} a & h & g \\ h & b & f \\ g & f & c \end{vmatrix}$$

이다. 세 근이 모두 0이면,

$$p=q=\Delta=0$$
$$\Rightarrow 0=p^2-2q=a^2+b^2+c^2+2f^2+2g^2+2h^2$$
$$\Rightarrow a=b=c=f=g=h=0$$

가 되어 $F(x,\ y,\ z)$는 2차식이라는 사실에 모순이다. 그러므로 고윳값 중에서 적어도 하나는 0이 아니다. 0이 아닌 고윳값 t_i에 대응되는 고유벡터를 $(\lambda_i,\ \mu_i,\ \nu_i)$라고 두면

$$(a-t_i)\lambda_i + h\mu_i + g\nu_i = 0$$
$$h\lambda_i + (b-t_i)\mu_i + f\nu_i = 0$$
$$g\lambda_i + f\mu_i + (c-t_i)\nu_i = 0$$

가 성립하고 이를 정리하면

$$(t_i - t_j)(\lambda_i\lambda_j + \mu_i\mu_j + \nu_i\nu_j) = 0$$

을 얻는다. 그러므로 $t_i \neq t_j$이면

$$\lambda_i\lambda_j + \mu_i\mu_j + \nu_i\nu_j = 0$$

이다. 즉 $t_i \neq t_j$이면 대응되는 고유벡터는 서로 수직이다. 한편 $t_i = t_j$이면 대응되는 고유벡터공간에서 수직인 두 벡터를 이용하면 고유벡터로 구성된 정규직교기저를 잡을 수 있다.

(3) 회전이동과 계수행렬

정리 2

2차 곡면 $F(x, y, z)=0$에서 $\begin{pmatrix} a & h & g \\ h & b & f \\ g & f & c \end{pmatrix}$의 고윳값과 δ는 회전이동에 대해서 불변이다.

증명 z축을 고정시키고 xy평면을 θ만큼 회전한 $OXYZ$ 좌표계와 $Oxyz$ 좌표계 사이의 관계식은 서로 역행렬인 두 행렬

$$\begin{pmatrix} \cos\theta & \sin\theta & 0 \\ -\sin\theta & \cos\theta & 0 \\ 0 & 0 & 1 \end{pmatrix}, \begin{pmatrix} \cos\theta & -\sin\theta & 0 \\ \sin\theta & \cos\theta & 0 \\ 0 & 0 & 1 \end{pmatrix}$$

에 의해 주어진다. 즉

$$X = x\cos\theta + y\sin\theta,\ Y = -x\sin\theta + y\cos\theta,\ Z = z$$
$$x = X\cos\theta - Y\sin\theta,\ y = X\sin\theta + Y\cos\theta,\ z = Z$$

이다. 이를 방정식에 대입하면

$$F(x, y, z) = F(X\cos\theta - Y\sin\theta,\ X\sin\theta + Y\cos\theta,\ Z)$$

$$= AX^2 + BY^2 + CZ^2 + 2FYZ + 2GZX + 2HXY + 2LX$$
$$+ 2MY + 2NZ + D$$

이다. 단,

$$A = a\cos^2\theta + 2h\sin\theta\cos\theta + b\sin^2\theta,$$
$$B = a\sin^2\theta - 2h\sin\theta\cos\theta + bcos^2\theta,\ \ C = c$$
$$F = f\cos\theta - g\sin\theta, G = g\cos\theta + f\sin\theta$$
$$H = b\cos\theta\sin\theta - a\sin\theta\cos\theta + h\cos^2\theta - h\sin^2\theta$$
$$L = l\cos\theta + m\sin\theta,\ M = m\cos\theta - l\sin\theta,\ N = n,\ D = d$$

이다. 그리고

$$\begin{pmatrix} \cos\theta & \sin\theta & 0 \\ -\sin\theta & \cos\theta & 0 \\ 0 & 0 & 1 \end{pmatrix} \begin{pmatrix} a & h & g \\ h & b & f \\ g & f & c \end{pmatrix} \begin{pmatrix} \cos\theta & -\sin\theta & 0 \\ \sin\theta & \cos\theta & 0 \\ 0 & 0 & 1 \end{pmatrix} = \begin{pmatrix} A & H & G \\ H & B & F \\ G & F & C \end{pmatrix}$$

$$\begin{pmatrix} \cos\theta & \sin\theta & 0 & 0 \\ -\sin\theta & \cos\theta & 0 & 0 \\ 0 & 0 & 1 & 0 \\ 0 & 0 & 0 & 1 \end{pmatrix} \begin{pmatrix} a & h & g & l \\ h & b & f & m \\ g & f & c & n \\ l & m & n & d \end{pmatrix} \begin{pmatrix} \cos\theta & -\sin\theta & 0 & 0 \\ \sin\theta & \cos\theta & 0 & 0 \\ 0 & 0 & 1 & 0 \\ 0 & 0 & 0 & 1 \end{pmatrix} = \begin{pmatrix} A & H & G & L \\ H & B & F & M \\ G & F & C & N \\ L & M & N & D \end{pmatrix}$$

가 성립한다. 즉, 변환 전후의 행렬이 닮은(similar) 행렬이다. 닮은 행렬은 고윳값이 같으므로 δ는 위의 회전이동에 의한 변환에도 변하지 않는다. 그러므로 z축을 고정시키고 xy평면을 회전한 변환에도 고윳값과 δ는 불변임을 알 수 있다. 같은 방법으로 y축을 고정시키고 zx평면을 회전한 변환에도 고윳값과 δ는 불변이다. 모든 회전변환은 이들 두 회전변환으로 표현이 가능하므로 고윳값과 δ는 회전변환에 대해서 불변이다. □

(4) 포물주면의 표준형 구하기

예 3

2차 곡면

$$F(x,\ y,\ z) = x^2 + y^2 + z^2 + 2yz - 2zx - 2xy - 4x - 2y + 10z + 1 = 0$$

의 표준형을 구하라.

풀이 $A=\begin{pmatrix} a & h & g \\ h & b & f \\ g & f & c \end{pmatrix}=\begin{pmatrix} 1 & -1 & -1 \\ -1 & 1 & 1 \\ -1 & 1 & 1 \end{pmatrix} \Rightarrow \Delta=\begin{vmatrix} 1 & -1 & -1 \\ -1 & 1 & 1 \\ -1 & 1 & 1 \end{vmatrix}=0$

$\delta=\begin{pmatrix} 1 & -1 & -1 & -2 \\ -1 & 1 & 1 & -1 \\ -1 & 1 & 1 & 5 \\ -2 & -1 & 5 & 1 \end{pmatrix}=0$, 중심방정식 $\begin{cases} x-y-z-2=0 \\ -x+y+z-1=0 \\ -x+y+z+5=0 \end{cases}$의 해가 없음

그러므로 $F(x,\ y,\ z)=0$은 포물주면이다. 행렬 A의 고윳값은 0, 0, 3이고, 고윳값 3에 대한 고유벡터는 $(-1,\ 1,\ 1)$이다. 주경면의 공식에 대입하면

$$3(-x+y+z)+6=0 \Rightarrow -x+y+z+2=0$$

이다. 포물주면의 모선의 방향 $(u,\ v,\ w)$를 계산하면 다음과 같다.

$$F(x,\ y,\ 0)=x^2+y^2-2xy-4x-2y+1$$
$$F(x,\ y,\ 1)=x^2+y^2-2xy-6x+12$$

이므로 $z=0$, $z=1$에서 주경면과 만나는 점은 각각

$$P_0\left(\frac{3}{2},\ -\frac{1}{2},\ 0\right),\ P_1\left(\frac{7}{2},\ \frac{1}{2},\ 1\right)$$

이다. 따라서

$$(u,\ v,\ w)=\overrightarrow{P_0P_1}=(2,\ 1,\ 1)$$

이다. 이 벡터는 고유벡터에 수직이다. 이를 이용한 정규직교기저를

$$\frac{1}{\sqrt{6}}(2,\ 1,\ 1),\ \frac{1}{\sqrt{3}}(-1,\ 1,\ 1),\ \frac{1}{\sqrt{2}}(0,\ 1,\ -1)$$

를 택한다. 이들이 좌표축이 되는 회전이동한 $OXYZ$ 좌표계와 관계식은

$$x=\frac{2}{\sqrt{6}}X-\frac{1}{\sqrt{3}}Y,$$
$$y=\frac{1}{\sqrt{6}}X+\frac{1}{\sqrt{3}}Y+\frac{1}{\sqrt{2}}Z,$$
$$z=\frac{1}{\sqrt{6}}X+\frac{1}{\sqrt{3}}Y-\frac{1}{\sqrt{2}}Z$$

이고 들을 $F(x,\ y,\ z)=0$에 대입하면

$$3Y^2 - 6\sqrt{2}Z + 4\sqrt{3}Y + 1 = 0$$

이 되고, 적절히 평행이동하면 표준형

$$\overline{Y}^2 = 2\sqrt{2}\,\overline{Z}$$

를 얻는다.

위의 계산은 상당히 많은 계산을 하여야 하는데 행렬의 대각화를 이용하여 보다 간단하게 표준형을 구할 수도 있다.

행렬 $A = \begin{pmatrix} a & h & g \\ h & b & f \\ g & f & c \end{pmatrix}$의 고윳값 a_1, a_2, a_3와 이에 대응되는 고유벡터로 구성된 정규직교기저 $\{\mathbf{v}_1, \mathbf{v}_2, \mathbf{v}_3\}$에 대해서

$$\mathbf{v}_1 = \begin{pmatrix} \lambda_1 \\ \mu_1 \\ \nu_1 \end{pmatrix},\ \mathbf{v}_2 = \begin{pmatrix} \lambda_2 \\ \mu_2 \\ \nu_2 \end{pmatrix},\ \mathbf{v}_3 = \begin{pmatrix} \lambda_3 \\ \mu_3 \\ \nu_3 \end{pmatrix},\ P = \begin{pmatrix} \lambda_1 & \lambda_2 & \lambda_3 \\ \mu_1 & \mu_2 & \mu_3 \\ \nu_1 & \nu_2 & \nu_3 \end{pmatrix}$$

로 적으면

$$P^tP = I,\ P^tAP = \begin{pmatrix} a_1 & 0 & 0 \\ 0 & a_2 & 0 \\ 0 & 0 & a_3 \end{pmatrix} = D$$

가 성립한다.

2차 곡면 $F(x, y, z) = 0$에 대해서

$$\mathbf{x} = \begin{pmatrix} x \\ y \\ z \end{pmatrix},\ A = \begin{pmatrix} a & h & g \\ h & b & f \\ g & f & c \end{pmatrix},\ B = (l,\ m,\ n)$$

이라 두면, $F(x, y, z) = 0$는 다음과 같이 표현할 수 있다.

$$\mathbf{x}^t A\mathbf{x} + 2B\mathbf{x} + d = 0 \qquad \cdots \text{(i)}$$

여기서 $\mathbf{y} = P^t\mathbf{x}$라고 두면, $P\mathbf{y} = PP^t\mathbf{x} = \mathbf{x}$이다. 이를 (i)에 대입하면

$$(P\mathbf{y})^t A(P\mathbf{y}) + 2B(P\mathbf{y}) + d = 0 \qquad \cdots \text{(ii)}$$

이다.

$$(\mathbf{y}^t P^t)A(P\mathbf{y}) = \mathbf{y}^t(P^tAP)\mathbf{y} = \mathbf{y}^t D\mathbf{y}$$

이므로 (ii)는

$$\mathbf{y}^t D\mathbf{y} + 2B(P\mathbf{y}) + d = 0$$

가 된다. 여기서 $\mathbf{y} = \begin{pmatrix} X \\ Y \\ Z \end{pmatrix}$, $BP = (l', m', n')$으로 두면, 2차 곡면은

$$a_1X^2 + a_2Y^2 + a_3Z^2 + 2l'X + 2m'Y + 2n'Z + d = 0 \qquad \cdots \text{(iii)}$$

이 된다.

$$P^t\mathbf{e}_1 = \mathbf{v}_1, \ P^t\mathbf{e}_2 = \mathbf{v}_2, \ P^t\mathbf{e}_3 = \mathbf{v}_3$$

이므로 (iii)은 단위 고유벡터 $\mathbf{v}_1$, $\mathbf{v}_2$, $\mathbf{v}_3$가 X, Y, Z축이 되는 회전변환식이다.

이제 이 방법을 예 5.3에 사용하면

$$A = \begin{pmatrix} 1 & -1 & -1 \\ -1 & 1 & 1 \\ -1 & 1 & 1 \end{pmatrix}$$

이고 A의 고윳값은 3, 0, 0이다. 이에 대응되는 단위 고유벡터는

$$\mathbf{v}_1 = \begin{pmatrix} -1/\sqrt{3} \\ 1/\sqrt{3} \\ 1/\sqrt{3} \end{pmatrix}, \ \mathbf{v}_2 = \begin{pmatrix} 2/\sqrt{6} \\ 1/\sqrt{6} \\ 1/\sqrt{6} \end{pmatrix}, \ \mathbf{v}_3 = \begin{pmatrix} 0 \\ -1/\sqrt{2} \\ 1/\sqrt{2} \end{pmatrix}$$

이고 이들이 정규직교기저가 된다. 그리고

$$P = \begin{pmatrix} -1/\sqrt{3} & 2/\sqrt{6} & 0 \\ 1/\sqrt{3} & 1/\sqrt{6} & -1/\sqrt{2} \\ 1/\sqrt{3} & 1/\sqrt{6} & 1/\sqrt{2} \end{pmatrix}, \ D = \begin{pmatrix} 3 & 0 & 0 \\ 0 & 0 & 0 \\ 0 & 0 & 0 \end{pmatrix}$$

$$P\mathbf{y} = \begin{pmatrix} -1/\sqrt{3} & 2/\sqrt{6} & 0 \\ 1/\sqrt{3} & 1/\sqrt{6} & -1/\sqrt{2} \\ 1/\sqrt{3} & 1/\sqrt{6} & 1/\sqrt{2} \end{pmatrix}\begin{pmatrix} X \\ Y \\ Z \end{pmatrix} = \begin{pmatrix} -\dfrac{X}{\sqrt{3}} + \dfrac{2Y}{\sqrt{6}} \\ \dfrac{X}{\sqrt{3}} + \dfrac{Y}{\sqrt{6}} - \dfrac{Z}{\sqrt{2}} \\ \dfrac{X}{\sqrt{3}} + \dfrac{Y}{\sqrt{6}} + \dfrac{Z}{\sqrt{2}} \end{pmatrix}$$

$$B(P\mathbf{y}) = (-2, \ -1, \ 5)\begin{pmatrix} -\dfrac{X}{\sqrt{3}} + \dfrac{2Y}{\sqrt{6}} \\ \dfrac{X}{\sqrt{3}} + \dfrac{Y}{\sqrt{6}} - \dfrac{Z}{\sqrt{2}} \\ \dfrac{X}{\sqrt{3}} + \dfrac{Y}{\sqrt{6}} + \dfrac{Z}{\sqrt{2}} \end{pmatrix} = 2\sqrt{3}X + 3\sqrt{2}Z$$

이므로 행렬 P에 의한 회전변환 후의 방정식은

$$3X^2 + 4\sqrt{3}X + 6\sqrt{2}Z + d = 0$$

이다. 적절히 좌표축을 평행이동하면 표준형

$$\overline{X}^2 + 2\sqrt{2}\,\overline{Z} = 0$$

을 얻고, 이는 예 3에서 나온 것과 같은 결과임을 알 수 있다.

연습문제 해답

Answer

제1장 연습문제

연습문제 1.1

1. (1) 3 : 1 내분점 $\dfrac{9+(-1)}{3+1}=2$, 3 : 1 외분점 $\dfrac{9-(-1)}{3-1}\equiv 5$

(2) $\dfrac{1}{0-(-1)}+\dfrac{1}{x-(-1)}=\dfrac{2}{3-(-1)} \Rightarrow \dfrac{1}{x+1}=-\dfrac{1}{2} \Rightarrow x=-3$

(3) $1+\sqrt{5}:2=4:x+1 \Rightarrow x=-3+2\sqrt{5}$

(4) $(AB,\ CD)=\dfrac{AC\cdot DB}{AD\cdot CB}=\dfrac{1\cdot 5}{(-1)\cdot 3}=-\dfrac{5}{3}$

2. $(AB,\ CD)=\dfrac{AC\cdot DB}{AD\cdot CB} \Rightarrow (BA,\ CD)=\dfrac{BC\cdot DA}{BD\cdot CA}=\dfrac{AD\cdot CB}{AC\cdot DB}=\dfrac{1}{(AB,\ CD)}$

$(CD,\ AB)=\dfrac{CA\cdot BD}{CB\cdot AD}=\dfrac{AC\cdot DB}{AD\cdot CB}=(AB,\ CD)$

3. $\dfrac{b-c}{c-a}=-\dfrac{b-d}{d-a} \Rightarrow \dfrac{d-a}{c-a}=-\dfrac{b-d}{b-c} \Rightarrow \dfrac{d-a}{c-a}+\dfrac{b-d}{b-c}=0$

$\Rightarrow \dfrac{d-a}{c-a}+\dfrac{d-b}{c-b}=0 \Rightarrow \dfrac{d-a}{c-a}-1+\dfrac{d-b}{c-b}-1=-2$

$\Rightarrow \dfrac{d-a}{c-a}-\dfrac{c-a}{c-a}+\dfrac{d-b}{c-b}-\dfrac{c-b}{c-b}=-2$

$\Rightarrow \dfrac{d-c}{c-a}+\dfrac{d-c}{c-b}=-2$

$\Rightarrow \dfrac{1}{a-c}+\dfrac{1}{b-c}=\dfrac{2}{d-c}$

4. A, B, C, D의 좌표를 각각 a, b, c, d라고 두면, P의 좌표는 $\dfrac{a+b}{2}$이고

조화점렬 $\Rightarrow \dfrac{b-c}{c-a}=-\dfrac{b-d}{d-a} \Rightarrow (b-c)(d-a)+(c-a)(b-d)=0$

$\Rightarrow (a+b)(c+d)-2(ab+cd)=0$

$4(PA)^2=4\left(a-\dfrac{a+b}{2}\right)^2=(a-b)^2$

$$4(PC)(PD)=4\left(c-\frac{a+b}{2}\right)\left(d-\frac{a+b}{2}\right)=(a+b)^2-2(a+b)(c+d)+4cd$$

$$\Rightarrow 4(PC)(PD)-4(PA)^2=4ab+4cd-2(a+b)(c+d)=0$$

$$\Rightarrow (PC)(PD)=(PA)^2$$

5. (1) 5 (2) $\sqrt{29}$ (3) $\sqrt{47}$ (4) $\frac{\sqrt{17}}{4}$

6. (1) $(2,\ 5)$는 $(7,\ 2)$, $(-3,\ 8)$을 잇는 선분의 중점이므로 세 점은 같은 직선 위에 있다.

(2) $A(0,\ -3)$, $B(1,\ -1)$, $C(3,\ 3)$이라고 두면,

x좌표 0, 1, 3에서 1은 $1:2$ 내분점

y좌표 -3, -1, 3에서 -1은 $1:2$ 내분점

이므로 B는 $\overrightarrow{AC}$의 $1:2$ 내분점이다. 따라서 세 점은 같은 직선 위에 있다.

7. $(x-5)^2+36=(x-3)^2+0 \Rightarrow 4x=52 \Rightarrow x=13$

8. (1) C는 $\overrightarrow{AB}$의 $2:1$ 외분점이므로, $\left(\frac{2-(-2)}{2-1},\ \frac{6-1}{2-1}\right)=(4,\ 5)$

(2) 최단거리는 A에서 B의 x축에 대한 대칭점 $B'(1,\ -3)$까지이므로 구하는 거리는 $|AB'|=\sqrt{9+16}=5$

(3) D의 좌표를 $(x,\ 0)$이라고 하면 아래 그림에서 직각삼각형의 높이와 밑변의 비가 $4:3$이므로

$$1:(x-(-2))=4:3 \Rightarrow x=-\frac{5}{4}$$

이다.

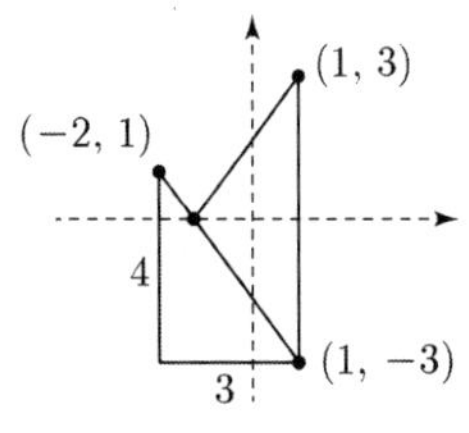

9. (1) $r^2=9+16-24\cos\left(\frac{\pi}{3}+\frac{\pi}{3}\right)=25-24\cos\frac{2\pi}{3}=37 \Rightarrow r=\sqrt{37}$

(2) $r^2=1+4-4\cos\left(\frac{\pi}{2}-\frac{\pi}{6}\right)=5-4\cos\frac{\pi}{3}=3 \Rightarrow r=\sqrt{3}$

10. (1) $(0,\ 0)$

(2) $\left(4\cos\frac{3\pi}{4},\ 4\sin\frac{3\pi}{4}\right) = (-2\sqrt{2},\ 2\sqrt{2})$

(3) $\left(-2\cos\left(-\frac{\pi}{3}\right),\ -2\sin\left(-\frac{\pi}{3}\right)\right) = (-1,\ \sqrt{3})$

11. (1) $\left(4,\ \frac{\pi}{2}\right)$ (2) $\left(2,\ -\frac{\pi}{6}\right)$ (3) $\left(\sqrt{2},\ \frac{3\pi}{4}\right)$

12. 직사각형의 4꼭지점 O, $P_1(a,\ 0)$, $P_2(a,\ b)$, $P_3(0,\ b)$을 그림처럼 배치한다.

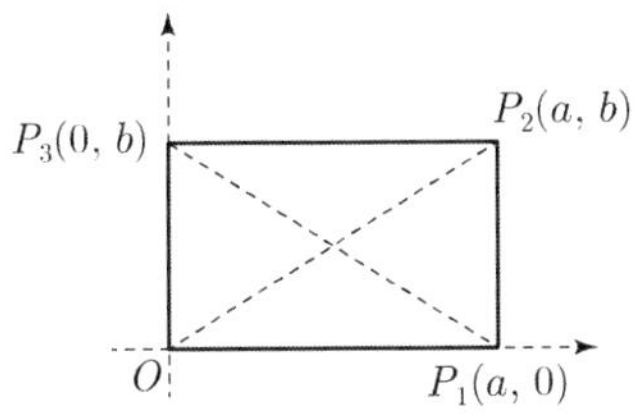

대각선 $\overline{OP_2}$의 길이: $\sqrt{a^2+b^2}$, 중점: $\left(\frac{a+0}{2},\ \frac{b+0}{2}\right) = \left(\frac{a}{2},\ \frac{b}{2}\right)$

대각선 $\overline{P_1P_3}$의 길이: $\sqrt{(0-a)^2+(b-0)^2} = \sqrt{a^2+b^2}$

중점: $\left(\frac{0+a}{2},\ \frac{b+0}{2}\right) = \left(\frac{a}{2},\ \frac{b}{2}\right)$

그러므로 두 대각선의 길이는 같고 중점에서 만난다.

▌연습문제 1.2▐

1. G의 좌표는 $\left(\frac{1-3-1}{3},\ \frac{2+1+3}{3}\right) = (-1,\ 2)$

$$\overrightarrow{GP_1} + \overrightarrow{GP_2} + \overrightarrow{GP_3} = (2,\ 0) + (-2,\ -1) + (0,\ 1) = (0,\ 0)$$

2. 마름모 $ABCD$에서 $\overrightarrow{AB} = -\overrightarrow{CD}$, $|AB| = |BC|$이고, 대각선은

$$\overrightarrow{AC} = \overrightarrow{AB} + \overrightarrow{BC},\ \overrightarrow{BD} = \overrightarrow{BC} + \overrightarrow{CD} = \overrightarrow{BC} - \overrightarrow{AB}$$

이므로 이들의 내적은

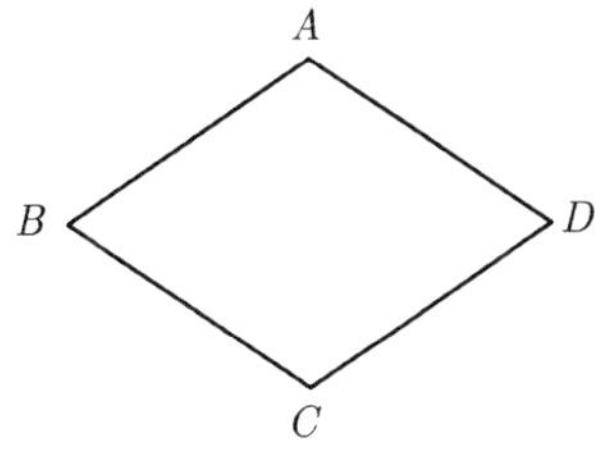

$$\overrightarrow{AC}\cdot\overrightarrow{BD}=(\overrightarrow{AB}+\overrightarrow{BC})\cdot(\overrightarrow{BC}-\overrightarrow{AB})=(\overrightarrow{BC}\cdot\overrightarrow{BC})-(\overrightarrow{AB}\cdot\overrightarrow{AB})$$
$$=|BC|^2-|AB|^2=0$$

이다. 그러므로 $\overrightarrow{AC}\perp\overrightarrow{BD}$

3. (1) $\cos\theta=\dfrac{(-1,\ 2)\cdot(3,\ 4)}{5\sqrt{5}}=\dfrac{1}{\sqrt{5}}$ (2) $\cos\theta=\dfrac{(3,\ 0)\cdot(1,\ -1)}{3\sqrt{2}}=\dfrac{1}{\sqrt{2}}$

(3) $\cos\theta=\dfrac{(3,\ -4)\cdot(5,\ 12)}{65}=-\dfrac{33}{65}$

4. $\overrightarrow{OP_1}=(x_1,\ y_1)$, $\overrightarrow{OP_2}=(x_2,\ y_2)$라고 두자.

(1) $(1-x_1,\ -1-y_1)=\overrightarrow{P_1P_2}=(3,\ 4)\Rightarrow(x_1,\ y_1)=(-2,\ -5)$

(2) $x_2-x_1=3,\ y_2-y_1=4,\ \dfrac{x_1+x_2}{2}=-2,\ \dfrac{y_1+y_2}{2}=3\ \Rightarrow(x_1,\ y_1)=\left(-\dfrac{7}{2},\ 1\right)$

5. $2\overrightarrow{AP}=9\overrightarrow{AB}-3\overrightarrow{AC}\Rightarrow\dfrac{1}{3}\overrightarrow{AP}=\dfrac{3\overrightarrow{AB}-\overrightarrow{AC}}{2}$

$\Rightarrow\dfrac{1}{3}\overrightarrow{AP}$는 $\overrightarrow{BC}$을 $1:3$으로 외분하는 점

$\Rightarrow\dfrac{1}{3}\overrightarrow{AP}$는 $\overrightarrow{BC}$의 연장선상의 점

$\Rightarrow\overrightarrow{AD}=\dfrac{1}{3}\overrightarrow{AP}=\dfrac{3\overrightarrow{AB}-\overrightarrow{AC}}{2}$

6. (1) $\left(-\dfrac{1}{\sqrt{5}},\ \dfrac{2}{\sqrt{5}}\right)$ (2) $(1,\ 0)$ (3) $\left(\dfrac{3}{5},\ -\dfrac{4}{5}\right)$

7. (1) $\pm\dfrac{1}{\sqrt{5}}(2,\ 1)$ (2) $\pm(0,\ 1)$ (3) $\pm\dfrac{1}{5}(4,\ 3)$

8. (1) $x=\dfrac{\begin{vmatrix}3&2\\-1&-3\end{vmatrix}}{\begin{vmatrix}-1&2\\4&-3\end{vmatrix}}=\dfrac{7}{5},\ y=\dfrac{\begin{vmatrix}-1&3\\4&-1\end{vmatrix}}{\begin{vmatrix}-1&2\\4&-3\end{vmatrix}}=\dfrac{11}{5}$

(2) $x=\dfrac{\begin{vmatrix}4&-3\\5&1\end{vmatrix}}{\begin{vmatrix}2&-3\\1&1\end{vmatrix}}=\dfrac{19}{5},\ y=\dfrac{\begin{vmatrix}2&4\\1&5\end{vmatrix}}{\begin{vmatrix}2&-3\\1&1\end{vmatrix}}=\dfrac{6}{5}$

9. (1) $\begin{vmatrix}1&-2\\-3&6\end{vmatrix}=0\Rightarrow$ 비자명해 존재 $\Rightarrow x=2y\Rightarrow(2,\ 1)$은 비자명해

(2) $\begin{vmatrix}3&-1\\-3&1\end{vmatrix}=0\Rightarrow$ 비자명해 존재 $\Rightarrow y=3x\Rightarrow(1,\ 3)$은 비자명해

10. $\begin{vmatrix}a&2&3\\5&-1&2\\-1&2&-1\end{vmatrix}=0\Rightarrow a=11$

$5x-y+2z=0,\ -x+2y-z=0 \Rightarrow 3x+3y=0 \Rightarrow x=-y$

$\Rightarrow 3y=z \Rightarrow (x,\ y,\ z)=(1,\ -1,\ -3)$은 비자명해

11. (1) $\begin{vmatrix} 2-t & 3 \\ 3 & 2-t \end{vmatrix}=0 \Rightarrow t^2-4t-5=0 \Rightarrow$ 고유값 $-1,\ 5$

$t=-1 \Rightarrow 3x+3y=0 \Rightarrow$ 고유벡터 $(1,\ -1)$

$t=5 \Rightarrow -3x+3y=0 \Rightarrow$ 고유벡터 $(1,\ 1)$

(2) $\begin{vmatrix} 1-t & 2 \\ 2 & 4-t \end{vmatrix}=0 \Rightarrow t^2-5t=0 \Rightarrow$ 고유값 $0,\ 5$

$t=0 \Rightarrow x+2y=0 \Rightarrow$ 고유벡터 $(2,\ -1)$

$t=5 \Rightarrow -4x+2y=0 \Rightarrow$ 고유벡터 $(1,\ 2)$

‖ 연습문제 1.3 ‖

1. $x=X-1,\ y=Y+1$을 대입한다.

(1) $2(X-1)-3(Y+1)+1=0 \Rightarrow 2X-3Y-4=0$

(2) $X-1=-2 \Rightarrow X+1=0$

(3) $2(X-1)^2-(Y+1)^2-2(X-1)(Y+1)+1=0$

$\Rightarrow 2X^2-Y^2-2XY-6X+4=0$

2. $-\frac{\pi}{2}$ 회전 $\Rightarrow \begin{cases} x=X\cos\left(-\frac{\pi}{2}\right)-Y\sin\left(-\frac{\pi}{2}\right)=Y \\ y=X\sin\left(-\frac{\pi}{2}\right)+Y\cos\left(-\frac{\pi}{2}\right)=-X \end{cases}$

(1) $2x-2y+1=0 \Rightarrow 2Y+2X+1=0$

(2) $-x^2-xy+y^2-3=0 \Rightarrow -Y^2+XY+X^2-3=0$

3. $\frac{\pi}{3}$ 회전 $\Rightarrow \begin{cases} x=X\cos\frac{\pi}{3}-Y\sin\frac{\pi}{3}=\frac{1}{2}(X-\sqrt{3}\,Y) \\ y=X\sin\frac{\pi}{3}+Y\cos\frac{\pi}{3}=\frac{1}{2}(\sqrt{3}\,X+Y) \end{cases}$

(1) $2x-2y+1=0 \Rightarrow (X-\sqrt{3}\,Y)-(\sqrt{3}\,X+Y)+1=0$

$\Rightarrow (1-\sqrt{3})X-(1+\sqrt{3})Y+1=0$

(2) $x^2+y^2-3=0$

$\Rightarrow \frac{1}{4}(X-\sqrt{3}\,Y)^2+\frac{1}{4}(\sqrt{3}\,X+Y)^2-3=0 \Rightarrow X^2+Y^2-3=0$

4. (1) $(x-1)+4(y-2)-3=0 \Rightarrow x+4y-12=0$

(2) $(x-1)^2+2(x-1)(y-2)+4=0 \Rightarrow x^2+2xy-6x-2y+9=0$

5. $x\cos\frac{\pi}{3}+y\sin\frac{\pi}{3}=\frac{1}{2}(x+\sqrt{3}y),\ -x\sin\frac{\pi}{3}+y\cos\frac{\pi}{3}=\frac{1}{2}(-\sqrt{3}x+y)$

(1) $\frac{1}{2}(x+\sqrt{3}y)+2(-\sqrt{3}x+y)-3=0 \Rightarrow (1-4\sqrt{3})x+(4+\sqrt{3})y-6=0$

(2) $\frac{1}{4}(x+\sqrt{3}y)^2+\frac{1}{2}(-\sqrt{3}x+y)^2+4=0 \Rightarrow 7x^2+5y^2-2\sqrt{3}xy+16=0$

6. (1) $(-x+2)+4(-y+4)-3=0 \Rightarrow -x-4y+15=0$

(2) $(-x+2)^2+2(-x+2)(-y+4)+4=0 \Rightarrow x^2+2xy-12x-4y+24=0$

제2장 연습문제

❙ 연습문제 2.1 ❙

1. (1) $\frac{x-1}{-1-1}=\frac{y+2}{3-(-2)} \Rightarrow 5x+2y-1=0$

(2) $\frac{x-1}{2}=\frac{y+2}{-1} \Rightarrow x+2y+3=0$

(3) $y=-2$

(4) $y=2x+b \Rightarrow -2=2+b \Rightarrow b=-4 \Rightarrow y=2x-4$

(5) $(1,\ -2)$, $(0,\ -2)$를 지남 $\Rightarrow y=-2$

(6) 수직 방향 $(1,\ -2) \Rightarrow x-2y+c=0 \Rightarrow 1+4+c=0 \Rightarrow c=-5$

$\Rightarrow x-2y-5=0$

2. (1) 방향: $(3,\ 2)$, 기울기: $\frac{2}{3}$, x절편: $-\frac{1}{2}$, y절편: $\frac{1}{3}$

(2) 방향: $(1,\ 1)$, 기울기: 1, x절편: -3, y절편: 3

(3) 방향: $(0,\ 1)$, 기울기: 정의안됨, x절편: 1, y절편: 없음

(4) 방향: $(1,\ 0)$, 기울기: 0, x절편: 모든 실수, y절편: 0

3. (1) 표준형: $-\frac{1}{2}x+\frac{\sqrt{3}}{2}y=1$, 거리: 1

(2) 표준형: $-\frac{4}{5}x+\frac{3}{5}y=2$, 거리: 2

(3) 표준형: $-x=\frac{3}{2}$, 거리: $\frac{3}{2}$

(4) 표준형: $-y=1$, 거리: 1

4. $l=\overleftrightarrow{P_1P_2}$의 방정식: $\dfrac{x-1}{-2-1}=\dfrac{y+3}{1-(-3)} \Rightarrow 4x+3y+5=0$

$\Rightarrow$ 표준형 $-\dfrac{4}{5}x-\dfrac{3}{5}y=1$

$\triangle OP_1P_2$의 밑변의 길이: $|P_1P_2|=5$

높이: 원점에서 l까지 거리 1

이므로 $\triangle OP_1P_2$의 넓이는 $\dfrac{5}{2}$

5. (1) 방향비 $3:-1$, 통과점 $(1,\ -2) \Rightarrow \dfrac{x-1}{3}=\dfrac{y+2}{-1} \Rightarrow x+3y+5=0$

(2) 방향비 $-3:-1$, 통과점 $(2,\ 0) \Rightarrow \dfrac{x-2}{-3}=\dfrac{y}{-1} \Rightarrow x-3y-2=0$

6. (1) 방향비 $\sqrt{3}:1$, 통과점 $(-2,\ 0) \Rightarrow x=-2+\sqrt{3}t,\ y=t$

(2) 방향비 $3:4$, 통과점 $(-5,\ -5) \Rightarrow x=-5+3t,\ y=-5+4t$

7. (1) $r=\dfrac{4}{\sin\theta-2\cos\theta} \Rightarrow r\sin\theta-2r\cos\theta=4 \Rightarrow y-2x=4$

(2) $r=\dfrac{2}{5\sin\theta} \Rightarrow 5r\sin\theta=2 \Rightarrow 5y=2$

8. (1) $x-\sqrt{3}y+2=0 \Rightarrow r\cos\theta-\sqrt{3}r\sin\theta=-2 \Rightarrow r=-\dfrac{2}{\cos\theta-\sqrt{3}\sin\theta}$

(2) $-4x+3y-5=0 \Rightarrow r=\dfrac{5}{-4\cos\theta+3\sin\theta}$

9. (1) $\mathbf{x}=(1-t)\boldsymbol{a}+t\boldsymbol{b}=(1-t)(1,\ -3)+t(-1,\ 4)$

$=(1-t,\ -3+3t)+(-t,\ 4t)=(1-2t,\ -3+7t)$

(2) $\mathbf{x}=\boldsymbol{a}+t\boldsymbol{b}=(1,\ -3)+t(-1,\ 4)=(1-t,\ -3+4t)$

(3) $(\mathbf{x}-\boldsymbol{a})\cdot\boldsymbol{b}=(x-1,\ y+3)\cdot(-1,\ 4)=0 \Rightarrow -x+4y+13=0$

(4) $3m-2n=6 \Rightarrow \dfrac{m}{2}-\dfrac{n}{3}=1,\ m\boldsymbol{a}+n\boldsymbol{b}=\dfrac{m}{2}(2\boldsymbol{a})-\dfrac{n}{3}(-3\boldsymbol{b})$

이므로, $m\boldsymbol{a}+n\boldsymbol{b}$는 $2\boldsymbol{a}=(2,\ -6)$, $-3\boldsymbol{b}=(3,\ -12)$를 지나는 직선 위에 있다.

따라서 구하는 자취는

$$\begin{aligned}\mathbf{x}&=(1-t)(2,\ -6)+t(3,\ -12)\\&=(2-2t,\ -6+6t)+(3t,\ -12t)\\&=(2+t,\ -6-6t)\end{aligned}$$

연습문제 2.2

1. (1) $2x-3y+c=0$에 $(-1,\ 2)$를 대입하면 $c=8$이므로 $2x-3y+8=0$

(2) $3x+2y+c=0$에 $(-1,\ 2)$를 대입하면 $c=-1$이므로 $3x+2y-1=0$

2. 교점 $\left(-1,\ -\dfrac{4}{\sqrt{3}}\right)$, 교각 $\cos\theta=\dfrac{(1,\ -\sqrt{3})\cdot(1,\ \sqrt{3})}{\sqrt{1+3}\sqrt{1+3}}=-\dfrac{1}{2}\Rightarrow\theta=\dfrac{2\pi}{3}$

3. (1) $(x-3y+1)+t(3x-4y+1)=0$

에 $(-1,\ 1)$을 대입하면, $t=-\dfrac{1}{2}$이므로 직선의 방정식은

$$(x-3y+1)-\frac{1}{2}(3x-4y+1)=0\Rightarrow x+2y-1=0$$

이다.

(2) $(x-3y+1)+t(3x-4y+1)=0\Rightarrow(1+3t)x-(3+4t)y+1+t=0$

$$\Rightarrow\frac{1}{1+3t}=\frac{-1}{-(3+4t)}\Rightarrow t=-2$$

$$\Rightarrow -5x+5y-1=0$$

4. $\begin{vmatrix}1&-1&2\\2&1&-1\\3&1&a\end{vmatrix}=0\Rightarrow a=-\dfrac{2}{3}$

5. $\dfrac{3x+4y+1}{5}=\pm\dfrac{4x-3y}{5}\Rightarrow 7x+y+1=0,\ x-7y-1=0$

6. (1) $\dfrac{|1+9+4|}{\sqrt{1+9}}=\dfrac{14}{\sqrt{10}}$ (2) $\dfrac{|2+3-1|}{\sqrt{4+1}}=\dfrac{4}{\sqrt{5}}$

(3) $\dfrac{|1-6|}{\sqrt{1+4}}=\dfrac{5}{\sqrt{5}}=\sqrt{5}$ (4) $y+1=0\Rightarrow\dfrac{|0-3+1|}{1}=2$

7. 평행인 직선이므로 계수를 일치시키면 $x-3y+4=0,\ x-3y-3=0$이므로 거리는 $\dfrac{4-(-3)}{\sqrt{1+9}}=\dfrac{7}{\sqrt{10}}$이다.

8. $(x-1)^2+(y-3)^2=(x+2)^2+(y-2)^2\Rightarrow 3x+y-1=0$

연습문제 2.3

1. (1) $\begin{vmatrix}1&2&1\\3&0&1\\0&-1&1\end{vmatrix}=-8\Rightarrow$ 면적 4 (2) $\left(\dfrac{1+3+0}{3},\ \dfrac{2+0-1}{3}\right)=\left(\dfrac{4}{3},\ \dfrac{1}{3}\right)$

2. (1) $\begin{vmatrix}0&4&1\\3&0&1\\-3&0&1\end{vmatrix}=-24\Rightarrow$ 면적 12 (2) $\left(\dfrac{0+3-3}{3},\ \dfrac{4+0+0}{3}\right)=\left(0,\ \dfrac{4}{3}\right)$

(3) $\overline{BC}$의 수직 이등분선: $x=0$

$\overline{AC}$의 수직 이등분선: $-3x+4y-\frac{7}{2}=0$

외심은 두 직선의 교점: $\left(0,\ \frac{7}{8}\right)$

(4) A에서 수직선: $x=0$,

C에서 수직선: $3x+4y-9=0$

수심은 두 직선의 교점: $\left(0,\ \frac{9}{4}\right)$

(5) A에서 각이등분선: $x=0$

$\overleftrightarrow{BC}$의 방정식 $y=0$, $\overleftrightarrow{AC}$의 방정식 $4x+3y=12$

$\Rightarrow$ C에서 각이등분선 $4x+3y-12=-5y \Rightarrow x+2y-3=0$

내심은 $x+2y-3=0$, $x=0$의 교점 $\left(0,\ \frac{3}{2}\right)$

▌연습문제 2.4▐

1. (1) $(x-2)^2+(y+5)^2=9$

(2) $(x-1)^2+(y+3)^2=a^2 \Rightarrow (1-1)^2+(3+3)^2=a^2 \Rightarrow a=6$

$\Rightarrow (x-1)^2+(y+3)^2=6^2$

(3) 중심 $\left(\frac{2+4}{2},\ \frac{-1+1}{2}\right)=(3,\ 0)$,

반지름 $\sqrt{(4-3)^2+(1-0)^2}=\sqrt{2} \Rightarrow (x-3)^2+y^2=2$

(4) 중심 $(2,\ 2)$, 반지름 $2 \Rightarrow (x-2)^2+(y-2)^2=4$

2. (1) $x=2+3\cos\theta,\ y=-5+3\sin\theta$ (2) $x=1+6\cos\theta,\ y=-3+6\sin\theta$

(3) $x=3+\sqrt{2}\cos\theta,\ y=\sqrt{2}\sin\theta$ (4) $x=2+2\cos\theta,\ y=2+2\sin\theta$

3. (1) $(\mathrm{x}\cdot\mathrm{x})+4(\boldsymbol{a}\cdot\mathrm{x})-5(\boldsymbol{a}\cdot\boldsymbol{a})=0$

$\Rightarrow (\mathrm{x}+2\boldsymbol{a})\cdot(\mathrm{x}+2\boldsymbol{a})=(3\boldsymbol{a}\cdot 3\boldsymbol{a}) \Rightarrow$ 중심 $-2\boldsymbol{a}$, 반지름 $3|\boldsymbol{a}|$인 원

(2) $(\mathrm{x}\cdot\mathrm{x})-[(\boldsymbol{a}-2\boldsymbol{b})\cdot\mathrm{x}]-2(\boldsymbol{a}\cdot\boldsymbol{b})=0$

$\Rightarrow (\mathrm{x}-\boldsymbol{a})\cdot(\mathrm{x}+2\boldsymbol{b})=0 \Rightarrow \boldsymbol{a},\ -2\boldsymbol{b}$를 지름의 양끝으로 하는 원

(3) $9[(\mathrm{x}-\boldsymbol{a})\cdot(\mathrm{x}-\boldsymbol{a})]-4[(\mathrm{x}-\boldsymbol{b})\cdot(\mathrm{x}-\boldsymbol{b})]=0$

$\Rightarrow 9[(\mathrm{x}-\boldsymbol{a})\cdot(\mathrm{x}-\boldsymbol{a})]=4[(\mathrm{x}-\boldsymbol{b})\cdot(\mathrm{x}-\boldsymbol{b})]$

$\Rightarrow 9|\mathrm{x}-\boldsymbol{a}|^2=4|\mathrm{x}-\boldsymbol{b}|^2 \Rightarrow 3|\mathrm{x}-\boldsymbol{a}|=2|\mathrm{x}-\boldsymbol{b}|$

$\Rightarrow \boldsymbol{a}-\boldsymbol{b}$를 $3:2$로 내분, 외분하는 점을 지름의 양끝으로 하는 원

4. (1) $x^2+y^2+2x-2y-3=0 \Rightarrow r^2+2r\cos\theta-2r\sin\theta-3=0$

(2) $x^2+y^2-4x-6y+9=0 \Rightarrow r^2-4r\cos\theta-6r\sin\theta+9=0$

5. (1) $x^2+y^2+6x+2y-6=0 \Rightarrow (x+3)^2+(y+1)^2=16$

$\Rightarrow$ 중심 $(-3,\ -1)$, 반지름 4

(2) $x^2+y^2-2x-4y-11=0 \Rightarrow (x-1)^2+(y-2)^2=16$

$\Rightarrow$ 중심 $(1,\ 2)$, 반지름 4

(3) $r^2-2r(\sqrt{3}\cos\theta+\sin\theta)+3=0 \Rightarrow x^2+y^2-2\sqrt{3}x-2y+3=0$

$\Rightarrow (x-\sqrt{3})^2+(y-1)^2=1 \Rightarrow$ 중심 $(\sqrt{3},\ 1)$, 반지름 1

(4) $r^2-2\sqrt{2}r(\cos\theta+\sin\theta)-5=0 \Rightarrow x^2+y^2-2\sqrt{2}x-2\sqrt{2}y-5=0$

$\Rightarrow (x-\sqrt{2})^2+(y-\sqrt{2})^2=9 \Rightarrow$ 중심 $(\sqrt{2},\ \sqrt{2})$, 반지름 3

‖ 연습문제 2.5 ‖

1. (1) $x-4y+9=0$의 방향 $(4,\ 1)$, 통과점 $(-1,\ 2)$

$\Rightarrow$ 매개방정식 $x=-1+4t,\ y=2+t$

원의 방정식에 대입 $\Rightarrow 17t^2-17t=0 \Rightarrow t=0,\ 1$

$\Rightarrow$ 교점 $(-1,\ 2),\ (3,\ 3)$

(2) $3x-y-3=0$의 방향 $(1,\ 3)$, 통과점 $(1,\ 0)$

$\Rightarrow$ 매개방정식 $x=1+t,\ y=3t$

원의 방정식에 대입 $\Rightarrow 10t^2-5t-5=0 \Rightarrow t=-\frac{1}{2},\ 1$

$\Rightarrow$ 교점 $(2,\ 3),\ \left(\frac{1}{2},\ -\frac{3}{2}\right)$

2. (1) $3x-4y+3=0$의 수직 방향 $(3,\ -4)$

$\Rightarrow$ 중심은 $(-1,\ 0)$에서 $\pm\left(\frac{3}{5},\ -\frac{4}{5}\right)$ 방향으로 거리가 5인 점

$\Rightarrow$ 중심 $(-1,\ 0)\pm 5\left(\frac{3}{5},\ -\frac{4}{5}\right) \Rightarrow (2,\ -4),\ (-4,\ 4)$

그러므로 원의 방정식은

$$(x-2)^2+(y+4)^2=25,\ (x+4)^2+(y-4)^2=25$$

(2) 중심을 $(x,\ y) \Rightarrow x-y-1=0,\ \frac{|3x-4y+1|}{5}=1 \Rightarrow$ 중심 $(0,\ -1),\ (10,\ 9)$

$\Rightarrow$ 원의 방정식 $x^2+(y+1)^2=1,\ (x-10)^2+(y-9)^2=1$

(3) 반지름을 a라고 하면 중심은 $(a,\ -a)$

$\Rightarrow$ 원의 방정식 $(x-a)^2+(y+a)^2=a^2$

$\Rightarrow (1-a)^2+(-2+a)^2=a^2 \Rightarrow a=1,\ 5$

$\Rightarrow$ 원의 방정식 $(x-1)^2+(y+1)^2=1,\ (x-5)^2+(y+5)^2=25$

(4) $(1,\ -2),\ (-1,\ 0)$이 만드는 선분의 수직이등분선:

통과점 $(0,\ -1)$, 수직 방향 $(1,\ -1) \Rightarrow x-y-1=0$

$(-1,\ 0),\ (2,\ 4)$가 만드는 선분의 수직이등분선:

통과점 $\left(\frac{1}{2},\ 2\right)$, 수직 방향 $(3,\ 4) \Rightarrow 6x+8y-19=0$

중심은 이들 수직이등분선의 교점: $\left(\frac{27}{14},\ \frac{13}{14}\right)$

반지름은 $\left(\frac{27}{14},\ \frac{13}{14}\right)$, $(-1,\ 0)$ 사이의 거리: $\frac{\sqrt{1850}}{14}$

그러므로 원의 방정식은 $\left(x-\frac{27}{14}\right)^2+\left(y-\frac{13}{14}\right)^2=\frac{41^2+13^2}{14^2}$

3. 원 $x^2+y^2-2x-4y-20=0$에 대해서

(1) 접선: $4x+6y-(x+4)-2(y+6)-20=0 \Rightarrow 3x+4y-36=0$

법선: 방향 $(3,\ 4)$, 통과점 $(4,\ 6) \Rightarrow 4x-3y+2=0$

(2) 접선의 기울기를 m $\Rightarrow$ 접선 $y-2=m(x-1)\pm5\sqrt{1+m^2}$

$\Rightarrow -8-2=m(1-1)\pm5\sqrt{1+m^2}$ [+는 버린다]

$\Rightarrow 2=\sqrt{1+m^2} \Rightarrow m=\pm\sqrt{3}$

$\Rightarrow$ 접선 $y-2=\pm\sqrt{3}(x-1)-10 \Rightarrow y=\pm\sqrt{3}(x-1)-8$

(3) $y-2=2(x-1)\pm5\sqrt{5} \Rightarrow y=2x\pm5\sqrt{5}$

(4) 중심 $(1,\ 2)$에서 접선 $3x+y-a=0$까지 거리는 5

$\Rightarrow \frac{|3+2-a|}{\sqrt{10}}=5 \Rightarrow a=5\pm5\sqrt{10}$

4. 극을 $(a,\ b)$라고 두면 극선은 $ax+by-4=0$이다.

(1) $x+y+1=0,\quad ax+by-4=0$는 같은 직선 $\Rightarrow a=b=-4$

(2) $x-y+1=0,\quad ax+by-4=0$는 같은 직선 $\Rightarrow a=-4,\ b=4$

5. (1) $x-y+3(x+1)+(y-1)-6=0 \Rightarrow x-1=0$

(2) $x-y-(x+1)-2(y-1)-11=0 \Rightarrow 3y+10=0$

‖ 연습문제 2.6 ‖

1. 다음에서 두 원의 교점을 구하라.

(1) $x^2+y^2-4x+2y=0,\ x^2+y^2+4x-2y-8=0$

근축: $-2x+y+2=0 \Rightarrow$ 매개방정식 $x=1+t,\ y=2t$

$\Rightarrow (1+t)^2+4t^2-4(1+t)+4t=0 \Rightarrow 5t^2+2t-3=0 \Rightarrow t=-1,\ \dfrac{3}{5}$

$\Rightarrow$ 교점 $(0,\ -2),\ \left(\dfrac{8}{5},\ \dfrac{6}{5}\right)$

(2) $x^2+y^2-10=0,\ x^2+y^2+2x-3y-7=0$

근축: $-2x+3y-3=0 \Rightarrow$ 매개방정식 $x=3t,\ y=1+2t$

$\Rightarrow 9t^2+4t^2+4t-9=0 \Rightarrow 13t^2+4t-9=0 \Rightarrow t=-1,\ \dfrac{9}{13}$

$\Rightarrow$ 교점 $(-3,\ -1),\ \left(\dfrac{27}{13},\ \dfrac{31}{13}\right)$

2. (1) $-2x+3y=0$ (2) $2x-4y+3=0$

3. 공통현의 길이는 두 원의 교점사이의 거리이다.

(1) 공통현의 길이는 $(0,\ -2),\ \left(\dfrac{8}{5},\ \dfrac{6}{5}\right)$ 사이의 거리 $\dfrac{8}{\sqrt{5}}$

(2) 교점 $(-3,\ -1),\ \left(\dfrac{27}{13},\ \dfrac{31}{13}\right)$ 사이의 거리 $\dfrac{22}{\sqrt{13}}$

4. (1) $x^2+y^2-4x+6y-3=0 \Rightarrow (x-2)^2+(y+3)^2=16$

$\Rightarrow$ 중심 $(2,\ -3)$, 반지름 4

$x^2+y^2+4x-6y+4=0 \Rightarrow (x+2)^2+(y-3)^2=9$

$\Rightarrow$ 중심 $(-2,\ 3)$, 반지름 3

그러므로 중심거리는 $\sqrt{52}$, 반지름 합은 7, 반지름 차이는 1

공통내접선의 길이 $\sqrt{52-49}=\sqrt{3}$, 외접선의 길이 $\sqrt{52-1}=\sqrt{51}$

(2) $x^2+y^2-4=0 \Rightarrow$ 중심 $(0,\ 0)$, 반지름 2

$x^2+y^2+10x-24y+120=0 \Rightarrow$ 중심 $(-5,\ 12)$, 반지름 7

그러므로 중심거리는 13, 반지름 합은 9, 반지름 차이는 5

공통내접선의 길이 $\sqrt{169-81}=\sqrt{88}$, 외접선의 길이 $\sqrt{169-25}=12$

5. (1) $(x^2+y^2-4x+6y-1)+t(x^2+y^2+4x-6y-1)=0$

$\Rightarrow 12-4t=0 \Rightarrow t=3 \Rightarrow x^2+y^2+2x-3y-1=0$

(2) $(x^2+y^2-4)+t(x^2+y^2+2x-4y-1)=0$

$\Rightarrow 1-4t=0 \Rightarrow t=\dfrac{1}{4} \Rightarrow 5x^2+5y^2+2x-4y-17=0$

제3장 연습문제

연습문제 3.1

1. (1) $x^2+5y^2=25 \Rightarrow \dfrac{x^2}{25}+\dfrac{y^2}{5}=1 \Rightarrow a=5,\ b=\sqrt{5} \Rightarrow c=2\sqrt{5}$

$\Rightarrow$ 초점 $(\pm 2\sqrt{5},\ 0)$, 이심율 $e=\dfrac{2\sqrt{5}}{5}$, 준선 $x=\pm\dfrac{5\sqrt{5}}{2}$

(2) $9x^2+4y^2=144 \Rightarrow \dfrac{x^2}{16}+\dfrac{y^2}{36}=1 \Rightarrow a=4,\ b=6 \Rightarrow c=2\sqrt{5}$

$\Rightarrow$ 초점 $(0,\ \pm 2\sqrt{5})$, 이심율 $e=\dfrac{\sqrt{5}}{3}$, 준선 $y=\pm\dfrac{18}{\sqrt{5}}$

(3) $x^2-5y^2=25 \Rightarrow \dfrac{x^2}{25}-\dfrac{y}{5}=1 \Rightarrow a=5,\ b=\sqrt{5} \Rightarrow c=\sqrt{30}$

$\Rightarrow$ 초점 $(\pm\sqrt{30},\ 0)$, 이심율 $e=\dfrac{\sqrt{30}}{5}$, 준선 $x=\pm\dfrac{25}{\sqrt{30}}$

(4) $-4x^2+9y^2=144 \Rightarrow \dfrac{x^2}{36}-\dfrac{y^2}{16}=-1 \Rightarrow a=6,\ b=4 \Rightarrow c=2\sqrt{13}$

$\Rightarrow$ 초점 $(0,\ \pm 2\sqrt{13})$, 이심율 $e=\dfrac{\sqrt{13}}{2}$, 준선 $y=\pm\dfrac{8}{\sqrt{13}}$

2. (1) 준식 $\Rightarrow \dfrac{(x-1)^2}{9}+\dfrac{(y+3)^2}{4}=1 \Rightarrow a=3,\ b=2 \Rightarrow c=\sqrt{5}$

$\Rightarrow$ 초점 $(\pm\sqrt{5}+1,\ -3)$, 이심율 $e=\dfrac{\sqrt{5}}{3}$, 준선 $x=\pm\dfrac{9}{\sqrt{5}}+1$

(2) 준식 $\Rightarrow \dfrac{x^2}{4}+\dfrac{(y-4)^2}{16}=1 \Rightarrow a=2,\ b=4 \Rightarrow c=2\sqrt{3}$

$\Rightarrow$ 초점 $(0,\ \pm 2\sqrt{3}+4)$, 이심율 $e=\dfrac{\sqrt{3}}{2}$, 준선 $y=\pm\dfrac{8}{\sqrt{3}}+4$

(3) 준식 $\Rightarrow \dfrac{(x-1)^2}{9}-\dfrac{(y-3)^2}{4}=-1 \Rightarrow a=3,\ b=2 \Rightarrow c=\sqrt{13}$

$\Rightarrow$ 초점 $(1,\ \pm\sqrt{13}+3)$, 이심율 $e=\dfrac{\sqrt{13}}{2}$, 준선 $y=\pm\dfrac{4}{\sqrt{13}}+3$

(4) 준식 $\Rightarrow \dfrac{x^2}{4}-\dfrac{(y-4)^2}{16}=-1 \Rightarrow a=2,\ b=4 \Rightarrow c=2\sqrt{5}$

$\Rightarrow$ 초점 $(0,\ \pm 2\sqrt{5}+4)$, 이심율 $e=\dfrac{\sqrt{5}}{2}$, 준선 $y=\pm\dfrac{8}{\sqrt{5}}+4$

3. (1) $x^2+(y-2)^2=\dfrac{1}{4}(y-5)^2 \Rightarrow 4x^2+3y^2-6y-9=0$

(2) 중심 $(0,\ 2)$, $c=3$, $a=1 \Rightarrow b=\sqrt{10} \Rightarrow x^2+\dfrac{(y-2)^2}{10}=1$

(3) 중심 $(0,\ 2)$, $a=2$, $b=3 \Rightarrow$ 방정식은 $\dfrac{x^2}{4}+\dfrac{(y-2)^2}{9}=1$

(4) 중심 $(-1,\ 0)$, $a=4$, $c=2 \Rightarrow b=\sqrt{12} \Rightarrow \dfrac{(x+1)^2}{16}+\dfrac{y^2}{12}=1$

4. (1) 중심 $(-1,\ 0)$, $c=2$, $a=\dfrac{3}{2} \Rightarrow b=\dfrac{\sqrt{7}}{2} \Rightarrow \dfrac{4(x+1)^2}{9}-\dfrac{4y^2}{7}=1$

(2) 표준형, $c=4 \Rightarrow e=\dfrac{3}{2}=\dfrac{4}{a} \Rightarrow a=\dfrac{8}{3}$, $b=\dfrac{\sqrt{80}}{3} \Rightarrow \dfrac{9x^2}{64}-\dfrac{9y^2}{80}=1$

(3) $(x-1)^2+(y-1)^2=4(y-2)^2 \Rightarrow x^2-3y^2-2x+14y-14=0$

(4) 중심 $(0,\ 1)$, $c=5$, $a=4 \Rightarrow b=3 \Rightarrow \dfrac{x^2}{16}-\dfrac{(y-1)^2}{9}=1$

5. (1) 점근선 $x+y-1=0$, $x-y-3=0 \Rightarrow$ 중심 $(2,\ -1)$, $\dfrac{b}{a}=1 \Rightarrow a=b$

초점 $(3,\ -1) \Rightarrow c=1 \Rightarrow a^2=b^2=\dfrac{1}{2} \Rightarrow 2(x-2)^2-2(y+1)^2=1$

(2) 점근선 $2x+y+4=0$, $2x-y+8=0 \Rightarrow$ 중심 $(-3,\ 2)$, $2a=b$

초점 $(-3,\ -3) \Rightarrow c=5 \Rightarrow a^2=5,\ b^2=20 \Rightarrow \dfrac{(x+3)^2}{5}-\dfrac{(y-2)^2}{20}=-1$

6. (1) $y^2=8x-4y \Rightarrow (y+2)^2=8\left(x+\dfrac{1}{2}\right) \Rightarrow$ 꼭지점 $\left(-\dfrac{1}{2},\ -2\right)$, $p=2$

$\Rightarrow$ 초점 $\left(\dfrac{3}{2},\ -2\right)$, 준선 $x=-\dfrac{5}{2}$

(2) $y^2-2y+4x+5=0 \Rightarrow (y-1)^2=-4(x+1) \Rightarrow$ 꼭지점 $(-1,\ 1)$, $p=-1$

$\Rightarrow$ 초점 $(-2,\ 1)$, 준선 $x=0$

7. (1) $(x-1)^2+(y-3)^2=(y-4)^2 \Rightarrow x^2-2x+2y-6=0$

(2) 초점 $(0,\ -1) \Rightarrow x^2+(y+1)^2=(x-2)^2 \Rightarrow y^2+4x+2y-3=0$

8. (1) $x^2-y^2+2x+1=0 \Rightarrow (x+1)^2-y^2=0 \Rightarrow (x+y+1)(x-y+1)=0$

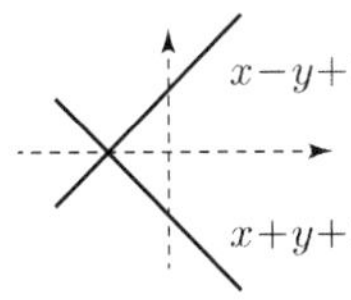

(2) $x^2-4xy+4y^2=0 \Rightarrow (x-2y)^2=0$

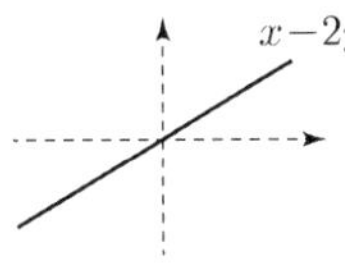

(3) $x^2+2xy+4y^2=0 \Rightarrow (x+y)^2+3y^2 \Rightarrow x=y=0$은 원점

(4) $x^2+2xy+4y^2+1=0 \Rightarrow (x+y)^2+3y^2+1=0 \Rightarrow \phi$

9. (1) $(x-2)^2+(y+1)^2=[6-\sqrt{(x+2)^2+(y-1)^2}]^2$

$\Rightarrow (2x-y+9)^2=9(x+2)^2+9(y-1)^2 \Rightarrow 5x^2+4xy+8y^2-36=0$

(2) $(x-2)^2+(y+1)^2=[\pm 2+\sqrt{(x+2)^2+(y-1)^2}]^2$

$\Rightarrow (2x-y+1)^2=(x+2)^2+(y-1)^2 \Rightarrow 3x^2-4xy-4=0$

10. $(x-1)^2+y^2=e^2\dfrac{(3x-4y+5)^2}{25}$

(1) $91x^2+84y^2+24xy-230x+40y+75=0$

(2) $16x^2+9y^2+24xy-80x+40y=0$

(3) $11x^2+39y^2-96xy+170x-160y+75=0$

11. $\overrightarrow{PQ}$의 $2:1$ 내분점을 $(x,\ y)$라고 하면 $x=\dfrac{a}{3},\ y=\dfrac{2b}{3} \Rightarrow a=3x,\ b=\dfrac{3}{2}y$

(1) $(3x)^2+\left(\dfrac{3}{2}y\right)^2=a^2+b^2=|PQ|^2=16 \Rightarrow 36x^2+9y^2=64$

(2) $(3x)^2-\left(\dfrac{3}{2}y\right)^2=a^2-b^2=1 \Rightarrow 36x^2-9y^2=4$

▌연습문제 3.2▐

1. (1) $r^2=-3r\sin\theta \Rightarrow x^2+y^2=-3y \Rightarrow x^2+y^2+3y=0$

(2) $r^2 = 16 \Rightarrow x^2 + y^2 = 16$

(3) $3r + r\cos\theta = 3 \Rightarrow 3r = 3 - x$

$\Rightarrow 9(x^2 + y^2) = (3-x)^2 \Rightarrow 8x^2 + 9y^2 + 6x - 9 = 0$

(4) $2r + 3r\cos\theta = 4 \Rightarrow 2r = 4 - 3x$

$\Rightarrow 4(x^2 + y^2) = (4-3x)^2 \Rightarrow 5x^2 - 4y^2 - 24x + 16 = 0$

(5) $2r + 2r\cos\theta = 3 \Rightarrow 2r = 3 - 2x$

$\Rightarrow 4(x^2 + y^2) = (3-2x)^2 \Rightarrow 4y^2 + 12x - 9 = 0$

2. (1) $(x+3)^2 + 4(y-1)^2 = 16 \Rightarrow x = -3 + 4\cos\theta,\ y = 1 + 2\sin\theta$

(2) $4(x+\frac{1}{2})^2 - (y+1)^2 = 1 \Rightarrow x = -\frac{1}{2} + \frac{1}{2}\sec\theta,\ y = -1 + \tan\theta$

(3) $(y-4)^2 = 4(x+4) \Rightarrow x = -4 + t^2,\ y = 4 + 2t$

3. (1) $x - 1 = 4\sec\theta,\ y - 2 = -2\tan\theta \Rightarrow \frac{(x-1)^2}{16} - \frac{(y-2)^2}{4} = 1$

(2) $x = \sin\theta,\ y - 1 = -3\cos\theta \Rightarrow x^2 + \frac{(y-1)^2}{9} = 1$

(3) $x + 1 = t^2,\ y - 3 = 2t \Rightarrow (y-3)^2 = 4(x+1)$

▌연습문제 3.3▐

1. (1) $-8x + 4y = 32 \Rightarrow -2x + y - 8 = 0$

(2) $2xy = 16 \Rightarrow -y - 8x = 16 \Rightarrow 8x + y + 16 = 0$

(3) $2y = 2x^2 - 8x \Rightarrow y - 3 = 6x - 4(x+3) \Rightarrow -2x + y + 9 = 0$

2. (1) $\frac{x^2}{8} + \frac{y^2}{32} = 1 \Rightarrow \sqrt{a^2m^2 + b^2} = 8 \Rightarrow$ 접선 $y = 2x \pm 8$

(2) 접선을 $y = 2x + b$라고 두면 $x(2x+b) + 2 = 0 \Rightarrow 2x^2 + bx + 2 = 0$

$\Rightarrow$ 판별식 $b^2 - 16 = 0 \Rightarrow b = \pm 4 \Rightarrow$ 접선 $y = 2x \pm 4$

(3) $p = 1 \Rightarrow$ 접선은 $y = 2x + \frac{1}{2}$

3. 공식 $4(ax + hy + g) + 3(hx + by + f) = 0$에 대입

(1) $(a,\ h,\ g) = (4,\ 0,\ 0),\ (h,\ b,\ f) = (0,\ 1,\ 0) \Rightarrow 16x + 3y = 0$

(2) $(a,\ h,\ g) = \left(0,\ \frac{1}{2},\ 0\right),\ (h,\ b,\ f) = \left(\frac{1}{2},\ 0,\ 0\right) \Rightarrow 3x + 4y = 0$

(3) $(a,\ h,\ g) = (1,\ 0,\ -2),\ (h,\ b,\ f) = \left(0,\ 0,\ -\frac{1}{2}\right) \Rightarrow 8x - 19 = 0$

4. 공식 $(ax+hy+g)+2(hx+by+f)=0$에 대입

(1) $(a,\ h,\ g)=(4,\ 0,\ 0),\ (h,\ b,\ f)=(0,\ 1,\ 0) \Rightarrow 2x+y=0$

(2) $(a,\ h,\ g)=\left(0,\ \frac{1}{2},\ 0\right),\ (h,\ b,\ f)=\left(\frac{1}{2},\ 0,\ 0\right) \Rightarrow 2x+y=0$

(3) $(a,\ h,\ g)=(1,\ 0,\ -2),\ (h,\ b,\ f)=\left(0,\ 0,\ -\frac{1}{2}\right) \Rightarrow x-3=0$

5. (1) $4(3-t)^2+(1+2t)^2=25 \Rightarrow 2t^2-5t+3=0 \Rightarrow t=1,\ \frac{3}{2}$

$\Rightarrow$ 교점 $(2,\ 3),\ \left(\frac{3}{2},\ 4\right)$

(2) $(3-t)(1+2t)=-9 \Rightarrow 2t^2-5t-12=0 \Rightarrow t=4,\ -\frac{3}{2}$

$\Rightarrow$ 교점 $(-1,\ 9),\ \left(\frac{9}{2},\ -2\right)$

(3) $3(1+2t)=-(3-t)^2+4(3-t) \Rightarrow t=0,\ -4 \Rightarrow$ 교점 $(3,\ 1),\ (7,\ -7)$

6. 구하는 도형 위의 점 $(x,\ y)$를 잡으면 y는 내접원의 반지름이고 Γ와 내접원의 중심 거리는 $3-y$이므로

$$x^2+(y-1)^2=(3-y)^2 \Rightarrow x^2+4y-8=0$$

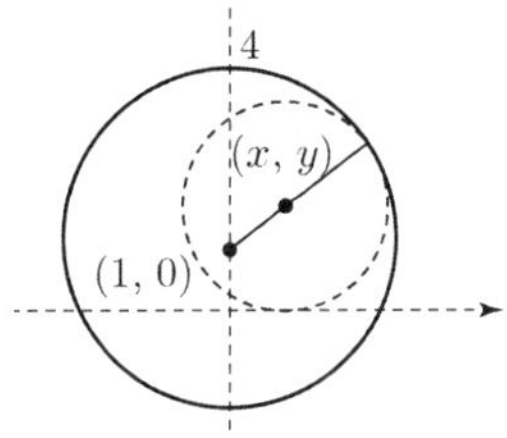

이고 이것은 포물선이다.

7. (1) $16x+y-32=0$ (2) $x+4y-16=0$ (3) $4x-y-17=0$

▌연습문제 3.4▐

(1) $\begin{pmatrix}3 & 1\\ 1 & 3\end{pmatrix}$의 고윳값 2, 4, 고유벡터 $(-1,\ 1),\ (1,\ 1)$, $d=\begin{vmatrix}3 & 1 & 0\\ 1 & 3 & -8\\ 0 & -8 & 23\end{vmatrix}=-8$

중심: 중심방정식 $\begin{cases}3x+y=0\\ x+3y-8=0\end{cases}$에서 $(-1,\ 3)$

주축: $\begin{cases}t=2,\ (\lambda,\ \mu)=(-1,\ 1) \Rightarrow -x+y-4=0\\ t=4,\ (\lambda,\ \mu)=(1,\ 1) \Rightarrow x+y-2=0\end{cases}$

표준형: $2\overline{X}^2+4\overline{Y}^2-1=0$

(2) $\begin{pmatrix}0 & 1\\1 & 0\end{pmatrix}$의 고윳값 ∓ 1, 고유벡터 $(\mp 1,\ 1)$, $d=\begin{vmatrix}0 & 1 & 1/2\\1 & 0 & 1/2\\1/2 & 1/2 & 0\end{vmatrix}=\dfrac{1}{2}$

중심: 중심방정식 $\begin{cases}y+1/2=0\\x+1/2=0\end{cases}$에서 $\left(-\dfrac{1}{2},\ -\dfrac{1}{2}\right)$

주축: $\begin{cases}t=-1,\ (\lambda,\ \mu)=(-1,\ 1) \Rightarrow x-y=0\\t=1,\ (\lambda,\ \mu)=(1,\ 1) \Rightarrow x+y+1=0\end{cases}$

표준형: $\overline{X}^2-\overline{Y}^2-\dfrac{1}{2}=0$

(3) $\begin{pmatrix}1 & 5\\5 & 1\end{pmatrix}$의 고윳값 $-4,\ 6$, 고유벡터 $(\mp 1,\ 1)$, $d=\begin{vmatrix}1 & 5 & -6\\5 & 1 & -6\\-6 & -6 & 6\end{vmatrix}=144$

중심: 중심방정식 $\begin{cases}x+5y-6=0\\5x+y-6=0\end{cases}$에서 $(1,\ 1)$

주축: $\begin{cases}t=-4,\ (\lambda,\ \mu)=(-1,\ 1) \Rightarrow x-y=0\\t=6,\ (\lambda,\ \mu)=(1,\ 1) \Rightarrow x+y-2=0\end{cases}$

표준형: $6\overline{X}^2-4\overline{Y}^2-6=0$

(4) $\begin{pmatrix}8 & -2\\-2 & 5\end{pmatrix}$의 고윳값 $4,\ 9$, 고유벡터 $(1,\ 2)$, $(-2,\ 1)$,

$d=\begin{vmatrix}8 & -2 & -18\\-2 & 5 & 9\\-18 & 9 & 9\end{vmatrix}=-1296$

중심: 중심방정식 $\begin{cases}8x-2y-18=0\\-2x+5y+9=0\end{cases}$에서 $(2,\ -1)$

주축: $\begin{cases}t=4,\ (\lambda,\ \mu)=(1,\ 2) \Rightarrow x+2y=0\\t=9,\ (\lambda,\ \mu)=(-2,\ 1) \Rightarrow -2x+y+5=0\end{cases}$

표준형: $4\overline{X}^2+9\overline{Y}^2-36=0$

2. (1) $\begin{pmatrix}4 & -2\\-2 & 1\end{pmatrix}$의 고윳값 $0,\ 5$, 고유벡터 $(1,\ 2)$, $(-2,\ 1)$,

$d=\begin{vmatrix}4 & -2 & -5\\-2 & 1 & -10\\-5 & -10 & 0\end{vmatrix}=-625$

주축: $-2x+y=0$

표준형: $5\overline{Y}^2=10\sqrt{5}\,\overline{X} \Rightarrow \overline{Y}^2=2\sqrt{5}\,\overline{X}$

(2) $\begin{pmatrix}1 & 2\\2 & 4\end{pmatrix}$의 고윳값 $0,\ 5$, 고유벡터 $(-2,\ 1)$, $(1,\ 2)$, $d=\begin{vmatrix}1 & 2 & -1\\2 & 4 & 2\\-1 & 2 & 1\end{vmatrix}=-16$

주축: $5x+10y+3=0$

표준형: $5\overline{Y}^2=\dfrac{8}{\sqrt{5}}\overline{X}$

(3) $\begin{pmatrix} 1 & -1 \\ -1 & 1 \end{pmatrix}$의 고윳값 0, 2, 고유벡터 $(\pm 1,\ 1)$, $d = \begin{vmatrix} 1 & -1 & -1 \\ -1 & 1 & 2 \\ -1 & 2 & 1 \end{vmatrix} = -1$

주축: $-2x + 2y + 3 = 0$

표준형: $2\overline{Y}^2 = \sqrt{2}\,\overline{X}$

제4장 연습문제

연습문제 4.1

1. x축: $(x-2)^2 + 1 + 9 = (x-1)^2 + 1 + 16 \Rightarrow x = -2,\ \therefore\ (-2,\ 0,\ 0)$

y축: $4 + (y-1)^2 + 9 = 1 + (y-1)^2 + 16 \Rightarrow$ 해가 없다.

z축: $4 + 1 + (z+3)^2 = 1 + 1 + (z-4)^2 \Rightarrow z = \dfrac{2}{7},\ \therefore\ \left(0,\ 0,\ \dfrac{2}{7}\right)$

2. $(x-2)^2 + (y-1)^2 + 1 = (x-1)^2 + (y+1)^2 + 4 = (x-3)^2 + (y-2)^2 + 1$

$\Rightarrow x = 8,\ y = -4 \Rightarrow (8,\ -4,\ 0)$

3. (1) $\left(\sqrt{2},\ \dfrac{\pi}{4},\ 2\right)$ (2) $\left(2,\ \dfrac{\pi}{6},\ 2\right)$ (3) $\left(1,\ \dfrac{\pi}{2},\ -1\right)$

4. (1) $\rho = \sqrt{8},\ \theta = -\dfrac{\pi}{4},\ \tan\varphi = \dfrac{\sqrt{2}}{\sqrt{6}} \Rightarrow \left(\sqrt{8},\ -\dfrac{\pi}{4},\ \dfrac{\pi}{6}\right)$

(2) $\rho = 2,\ \theta = \pi,\ \tan\varphi = \dfrac{1}{\sqrt{3}} \Rightarrow \left(2,\ \pi,\ \dfrac{\pi}{6}\right)$

(3) $\rho = \sqrt{2},\ \theta = \dfrac{\pi}{2},\ \tan\varphi = \dfrac{1}{1} \Rightarrow \left(\sqrt{2},\ \dfrac{\pi}{2},\ \dfrac{\pi}{4}\right)$

5. (1) $x = \cos\dfrac{\pi}{4} = \dfrac{1}{\sqrt{2}},\ y = \sin\dfrac{\pi}{4} = \dfrac{1}{\sqrt{2}},\ \therefore\ \left(\dfrac{1}{\sqrt{2}},\ \dfrac{1}{\sqrt{2}},\ 2\right)$

(2) $x = -2\cos\dfrac{7\pi}{6} = \sqrt{3},\ y = -2\sin\dfrac{7\pi}{6} = 1,\ \therefore\ (\sqrt{3},\ 1,\ 1)$

(3) $r = 0 \Rightarrow (0,\ 0,\ 3)$

6. (1) $x = 2\sin\left(-\dfrac{\pi}{6}\right)\cos\dfrac{\pi}{4} = -\dfrac{1}{\sqrt{2}},\ y = 2\sin\left(-\dfrac{\pi}{6}\right)\sin\dfrac{\pi}{4} = -\dfrac{1}{\sqrt{2}},$

$z = 2\cos\left(-\dfrac{\pi}{6}\right) = \sqrt{3} \quad \therefore\ \left(-\dfrac{1}{\sqrt{2}},\ -\dfrac{1}{\sqrt{2}},\ \sqrt{3}\right)$

(2) $x = 2\sin\dfrac{\pi}{4}\cos\dfrac{7\pi}{6} = -\dfrac{\sqrt{6}}{2},\ y = 2\sin\dfrac{\pi}{4}\sin\dfrac{7\pi}{6} = -\dfrac{1}{\sqrt{2}},$

$$z = 2\cos\frac{\pi}{4} = \sqrt{2} \quad \therefore \left(-\frac{\sqrt{6}}{2},\ -\frac{1}{\sqrt{2}},\ \sqrt{2}\right)$$

(3) $\rho = 0 \Rightarrow (0,\ 0,\ 0)$

7. (1) $z = r^2 \Rightarrow z = x^2 + y^2$

(2) $z = r\cos\theta \Rightarrow z = y$

(3) $z = r^2\cos 2\theta \Rightarrow z = r^2(\cos^2\theta - \sin^2\theta) \Rightarrow z = x^2 - y^2$

8. (1) $\rho\cos\varphi = 2 \Rightarrow z = 2$

(2) $\rho = \sin\varphi\cos\theta \Rightarrow \rho^2 = \rho\sin\varphi\cos\theta \Rightarrow x^2 + y^2 + z^2 = x$

(3) $\rho^2\cos\varphi\sin\varphi = 2 \Rightarrow \rho\cos\varphi\rho\sin\varphi = 2 \Rightarrow zr = 2 \Rightarrow z^2(x^2 + y^2) = 4$

▌연습문제 4.2 ▌

1. (1) $2\mathbf{v} - 3\mathbf{w} = (2,\ -2,\ 0) - (0,\ 3,\ -6) = (2,\ -5,\ 6)$

(2) $\mathbf{v} \cdot \mathbf{w} = -1$

(3) $\sqrt{2}$

(4) $\left(\frac{1}{\sqrt{2}},\ -\frac{1}{\sqrt{2}},\ 0\right)$

2. (1) $(1,\ 2,\ 3) \times (2,\ -1,\ 1) = 5(1,\ 1,\ -1) \Rightarrow$ 넓이는 $5\sqrt{3}$

(2) $(0,\ 1,\ 3) \times (4,\ 1,\ 2) = (-1,\ 12,\ -4) \Rightarrow$ 넓이는 $\sqrt{161}$

3. (1) $\begin{vmatrix} 1 & 2 & 3 \\ 2 & -1 & 1 \\ 3 & -1 & 3 \end{vmatrix} = -5 \Rightarrow 5$

(2) $\begin{vmatrix} 0 & 1 & 3 \\ 4 & 1 & 2 \\ -2 & 0 & 1 \end{vmatrix} = -2 \Rightarrow 2$

4. $\begin{vmatrix} 1 & -2 & 1 \\ 2 & 0 & -1 \\ 3 & 1 & -1 \end{vmatrix} = 5 \Rightarrow x = \frac{1}{5}\begin{vmatrix} 1 & -2 & 1 \\ -2 & 0 & -1 \\ 1 & 1 & -1 \end{vmatrix} = 1,$

$y = \frac{1}{5}\begin{vmatrix} 1 & 1 & 1 \\ 2 & -2 & -1 \\ 3 & 1 & -1 \end{vmatrix} = 2,\ z = \frac{1}{5}\begin{vmatrix} 1 & -2 & 1 \\ 2 & 0 & -2 \\ 3 & 1 & 1 \end{vmatrix} = 4$

5. (1) 고윳값 $3 \mp \sqrt{2},\ 2$, 고유벡터 $(-1 \pm \sqrt{2},\ 1,\ 0),\ (0,\ 0,\ 1)$

(2) 고윳값 $1,\ 1,\ 5$, 고유벡터 $(-1,\ 0,\ 1),\ (0,\ 1,\ 0),\ (1,\ 0,\ 1)$

6. $(a\mathbf{v} + b\mathbf{w}) \cdot \mathbf{u} = a(\mathbf{v} \cdot \mathbf{u}) + b(\mathbf{w} \cdot \mathbf{u}) = 0 \Rightarrow (a\mathbf{v} + b\mathbf{w}) \perp \mathbf{u}$

▌연습문제 4.3▐

1. (1) 준식 $\Rightarrow 2(x+1)^2-3(y+1)^2+(z+4)^2=20$

$\Rightarrow (-1,\ -1,\ -4)$로 평행이동하면 $2X^2-3Y^2+Z^2=20$

(2) 준식 $\Rightarrow (x+2)^2-(y+1)^2-2(z-1)^2=10$

$\Rightarrow (-2,\ -1,\ 1)$로 평행이동하면 $X^2-Y^2-2Z^2=10$

2. 다음 방정식에서 좌표변환을 이용하여 xy항을 소거하라.

(1) $x,\ y$의 2차 항으로 된 다항식 $x^2-4xy+y^2$에서

$$\cot 2\theta=\frac{1-1}{-4}=0 \Rightarrow \theta=\frac{\pi}{4}$$

이다. z축을 고정시키고 xy평면을 $\theta=\dfrac{\pi}{4}$만큼 회전하면 새 좌표계와 관계는

$$x=\frac{1}{\sqrt{2}}(X-Y),\ y=\frac{1}{\sqrt{2}}(X+Y),\ z=Z$$

이므로 $-X^2+3Y^2+Z^2-3\sqrt{2}X-3\sqrt{2}Y+Z-1=0$이다.

(2) $8x^2-24xy+y^2+2z^2-8=0$

$x,\ y$의 2차 항으로 된 다항식 $8x^2-24xy+y^2$에서

$$\cot 2\theta=\frac{8-1}{-24}=-\frac{7}{24} \Rightarrow \cos 2\theta=-\frac{7}{25} \Rightarrow \sin\theta=\frac{4}{5},\ \cos\theta=\frac{3}{5}$$

이다. 따라서 z축을 고정시키고 xy 평면을 θ만큼 회전한 OXY 좌표계에서

$$x=\frac{3}{5}X-\frac{4}{5}Y,\ y=\frac{4}{5}X+\frac{3}{5}Y$$

이다. 이를 대입하면

$$\frac{1}{25}[8(3X-4Y)^2-24(3X-4Y)(4X+3Y)+(4X+3Y)^2]=-8X^2+17Y^2$$

이므로 변환식은$-8X^2+17Y^2+2Z^2-8=0$이다.

3. $x=\dfrac{1}{\sqrt{2}}(Z+X),\ y=Y,\ z=\dfrac{1}{\sqrt{2}}(Z-X)$

제5장 연습문제

‖ 연습문제 5.1 ‖

1. (1) $\frac{x-1}{3}=\frac{y+3}{-1}=\frac{z-2}{1}$

(2) 방향 $(3,\ 1,\ -2)-(2,\ -4,\ 1)=(1,\ 5,\ -3) \Rightarrow \frac{x-3}{1}=\frac{y-1}{5}=\frac{z+2}{-3}$

2. $(1,\ -1,\ -2)$를 P_2라고 하면

(1) 방향 $\mathbf{v}=(-1,\ 1,\ 2)$, 통과점: $P_1(2,\ 1,\ 1)$

$\Rightarrow \overrightarrow{P_1P_2}=(-1,\ -2,\ -3),\ |\mathbf{v}|=\sqrt{6} \Rightarrow \mathbf{v}\times(-1,\ -2,\ -3)=(1,\ -5,\ 3)$

$\Rightarrow$ 거리 $\frac{|(1,\ -5,\ 3)|}{\sqrt{6}}=\frac{\sqrt{35}}{\sqrt{6}}$

(2) 방향 $\mathbf{v}=(-1,\ 1,\ 1)$, 통과점: $P_1(1,\ 0,\ 1)$

$\Rightarrow \overrightarrow{P_1P_2}=(0,\ -1,\ -3),\ |\mathbf{v}|=\sqrt{3} \Rightarrow \mathbf{v}\times(0,\ -1,\ -3)=(-2,\ -3,\ 1)$

$\Rightarrow$ 거리 $\frac{|(-2,\ -3,\ 1)|}{\sqrt{3}}=\frac{\sqrt{14}}{\sqrt{3}}$

3. 직선의 매개방정식이 $x=-1+2t,\ y=2+t,\ z=1-t$이므로

xy 평면과 교점: $z=0 \Rightarrow t=1 \Rightarrow x=1,\ y=3 \Rightarrow$ 교점 $(1,\ 3,\ 0)$

yz 평면과 교점: $x=0 \Rightarrow t=\frac{1}{2} \Rightarrow y=\frac{5}{2},\ z=\frac{1}{2} \Rightarrow$ 교점 $\left(0,\ \frac{5}{2},\ \frac{1}{2}\right)$

zx 평면과 교점: $y=0 \Rightarrow t=-2 \Rightarrow x=-5,\ z=3 \Rightarrow$ 교점 $(-5,\ 0,\ 3)$

4. (1) 방향비 $-1:1:4$, 통과점: $(6,\ 1,\ 1) \Rightarrow \frac{x-6}{-1}=\frac{y-1}{1}=\frac{z-1}{4}$

(2) 방향비 $-1:1:2$, 통과점: $(2,\ -4,\ 1) \Rightarrow \frac{x-2}{-1}=\frac{y+4}{1}=\frac{z-1}{2}$

5. (1) 방향비 $3:-1:2$, 통과점: $(-2,\ 1,\ -4)$

$\Rightarrow x=-2+3t,\ y=1-t,\ z=-4+2t$

(2) 방향비 $-2:0:4$, 통과점: $(-3,\ 2,\ 1)$

$\Rightarrow x=-3-2t,\ y=2,\ z=1+4t$

6. $\begin{vmatrix} 4 & 0 & a-2 \\ 2 & 1 & 2 \\ -1 & 1 & 2 \end{vmatrix}=0 \Rightarrow a=2$

각 직선의 방정식에서 $\begin{cases} x-2y=-3 \\ x+y\ \ =4 \end{cases}$

$\Rightarrow x=\frac{5}{3},\ y=\frac{7}{3} \Rightarrow z=\frac{14}{3} \Rightarrow$ 교점 $\left(\frac{5}{3},\ \frac{7}{3},\ \frac{14}{3}\right)$

‖ 연습문제 5.2 ‖

1. (1) $\frac{2}{\sqrt{14}}x+\frac{3}{\sqrt{14}}y-\frac{1}{\sqrt{14}}z=\frac{6}{\sqrt{14}}$

(2) $-\frac{1}{\sqrt{30}}x+\frac{5}{\sqrt{30}}y-\frac{2}{\sqrt{30}}z=\frac{1}{\sqrt{30}}$

2. (1) $(x-2)-3(y+5)+4(z-3)=0 \Rightarrow x-3y+4z-29=0$

(2) $2x+3y-z+d=0 \Rightarrow d=13 \Rightarrow 2x+3y-z+13=0$

(3) $(x-5)+3(y-3)-(z-1)=0 \Rightarrow x+3y-z-13=0$

(4) 수직 방향 $[(0,\ 3,\ 2)-(1,\ 1,\ 1)]\times[(-1,\ -1,\ -1)-(1,\ 1,\ 1)]$

$=(-2,\ -4,\ 6)$

$\Rightarrow x+2y-3z=0$

3. $\mathbf{x}=(1,\ -2,\ -4)+s(2,\ 3,\ -1)+t(1,\ 1,\ 0)=(1+2s+t,\ -2+3s+t,\ -4-s)$

$\Rightarrow x=1+2s+t,\ y=-2+3s+t,\ z=-4-s$

4. 평면의 방정식은 $-2x+y+2z=1 \Rightarrow$ 표준형 $-\frac{2}{3}x+\frac{1}{3}y+\frac{2}{3}z=\frac{1}{3}$

$\Rightarrow$ 수직 방향 $(-2,\ 1,\ 2)$, 원점에서 거리 $\frac{1}{3}$

‖ 연습문제 5.3 ‖

1. (1) $\frac{|-8-12+2+3|}{\sqrt{16+16+4}}=\frac{5}{2}$　　(2) $\frac{|0+2+2+5|}{\sqrt{16+4+1}}=\frac{9}{\sqrt{21}}$

(3) $\frac{|3+3-2-4|}{\sqrt{1+1+4}}=0$　　(4) $\frac{3+7}{1}=10$

2. (1) $2x+2y-z-12=0$상의 점 $(3,\ 3,\ 0)$에서 $2x+2y-z-9=0$까지 거리와 같으므로 거리는 $\frac{|6+6-0-9|}{\sqrt{4+4+1}}=1$

(2) $x-2y+z+3=0$상의 점 $(-1,\ 1,\ 0)$에서 $2x-4y+2z+4=0$까지 거리와 같으므로 거리는 $\frac{|-2+4-0+4|}{\sqrt{4+16+4}}=\frac{1}{\sqrt{6}}$

3. (1) 방향 $(1,\ -2,\ -1)\times(2,\ 1,\ -1)=(3,\ -1,\ 5)$, 통과점 $(0,\ 1,\ 0)$

$$\Rightarrow \frac{x}{3}=\frac{y-1}{-1}=\frac{z}{5}$$

(2) 방향 $(1,\ 1,\ -2)\times(1,\ -3,\ -1)=-(7,\ 1,\ 4)$, 통과점 $(-5,\ 0,\ -3)$

$$\Rightarrow \frac{x+5}{7}=\frac{y}{1}=\frac{z+3}{4}$$

4. (1) $\begin{vmatrix} x+1 & y-4 & z-2 \\ -1+1 & 2-4 & 1-2 \\ 1 & -3 & 1 \end{vmatrix} = \begin{vmatrix} x+1 & y-4 & z-2 \\ 0 & -2 & -1 \\ 1 & -3 & 1 \end{vmatrix} = 0 \Rightarrow -5x-y+2z-5=0$

(2) $(-1+t)-(2-3t)-2(1+t)+1=0 \Rightarrow t=2 \Rightarrow$ 교점 $(1,\ -4,\ 3)$

5. (1) $(1,\ 3-5)\cdot(2,\ 1,\ 1)=0$이므로 수직으로 만나는 두 평면

(2) 계수의 비가 일치하므로 같은 평면

(3) 수직 방향이 평행이 아니므로 만나는 두 평면

(4) 수직 방향이 평행이고 다른 평면이므로 평행인 평면

제6장 연습문제

▎연습문제 6.1 ▎

1. (1) 도선: $g(x,\ y)=4x^2+9y^2-36=0,\ z=0$, 모선 방향: $(1,\ 1,\ 1)$

$\Rightarrow$ 주면의 방정식은 $g(x-z,\ y-z)=0$

$\Rightarrow 4(x-z)^2+9(y-z)^2-36=0$

$\Rightarrow 4x^2+9y^2+13z^2-8zx-18yz-36=0$

(2) 도선: $g(x,\ y)=3x^2+4y=0,\ z=0$, 모선 방향: $(2,\ -1,\ 4)$

$\Rightarrow$ 주면의 방정식은 $g\left(x-\frac{z}{2},\ y+\frac{z}{4}\right)=0$

$\Rightarrow 3\left(x-\frac{z}{2}\right)^2+4\left(y+\frac{z}{4}\right)=0$

$\Rightarrow 12x^2+3z^2-12zx+16y+4z=0$

2. (1) 도선: $g(x,\ y)=x^2+y^2-\frac{3}{4}=0,\ z=\frac{1}{2}$

$\Rightarrow$ 주면의 방정식은 $g\left(\frac{x}{2z},\ \frac{y}{2z}\right)=0$

$\Rightarrow \frac{x^2}{4z^2}+\frac{y^2}{4z^2}-\frac{3}{4}=0 \Rightarrow x^2+y^2-3z^2=0$

(2) 도선: $g(x,\ y) = x^2 + 2y^2 - 4 = 0,\ z = 4$

$\Rightarrow$ 주면의 방정식 $g\left(\dfrac{4x}{z},\ \dfrac{4y}{z}\right) = 0$

$\Rightarrow \dfrac{16x^2}{z^2} + \dfrac{32y^2}{z^2} - 4 = 0 \Rightarrow 4x^2 + 8y^2 - z^2 = 0$

3. (1) $x^2 + 2y^2 + 4z^2 = 5$: 타원면 (2) $x^2 + 2y^2 + 4z^2 = 0$: 점

(3) $x^2 + 2y^2 + 4z^2 = -5$: 공집합 (4) $x^2 + 2y^2 - 4z^2 = 5$: 1엽 쌍곡면

(5) $x^2 + 2y^2 - 4z^2 = 0$: 2차 추면 (6) $x^2 + 2y^2 - 4z^2 = -5$: 2엽 쌍곡면

(7) $x^2 + 2y^2 - 4z = 0$:타원포물면 (8) $x^2 - 2y^2 - 4z = 0$: 쌍곡포물면

(9) $x^2 + 2y^2 = 3$: 타원주면 (10) $x^2 + 2y^2 = 0$: 직선

(11) $x^2 + 2y^2 = -3$: 공집합 (12) $x^2 - 2y^2 = 3$: 쌍곡주면

(13) $x^2 - 2y^2 = 0$: 만나는 두 평면 (14) $x^2 - 2y = 0$: 포물주면

(15) $x^2 = 4$: 평행인 두 평면 (16) $x^2 = 0$: 평면

(17) $x^2 = -4$: 공집합

4. 1차 항이 있는 포물면과 포물주면은 원점에 대칭일 수 없다. 나머지는 모두 제곱항과 상수항만 있으므로 원점에 대칭이다.

‖ 연습문제 6.2 ‖

1. 중심이 원점 반지름이 a인 구면 $x^2 + y^2 + z^2 = a^2$상의 점 $(x_1,\ y_1,\ z_1)$에서 접평면 $x_1x + y_1y + z_1z = a^2$은 수직 방향이 $(x_1,\ y_1,\ z_1)$이므로 이점에서 법선은

$$\frac{x - x_1}{x_1} = \frac{y - y_1}{y_1} = \frac{z - z_1}{z_1}$$

이고 이것은 중심인 원점 $(0,\ 0,\ 0)$을 지난다.

2. 접점을 $(x_1,\ y_1,\ z_1)$이라 두면 접평면은 $2x_1x + 3y_1y - 4z_1z = 7$이고 이것의 수직 방향이 $(1,\ 1,\ 1)$이므로 적당한 실수 a에 대해서

$$(2x_1,\ 3y_1,\ -4z_1) = a(1,\ 1,\ 1) \Rightarrow x_1 = \frac{a}{2},\ y_1 = \frac{a}{3},\ z_1 = -\frac{a}{4}$$

이고

$$\frac{2a^2}{4} + \frac{3a^2}{9} - \frac{4a^2}{16} = 7 \Rightarrow a^2 = 12 \Rightarrow a = \pm\sqrt{12}$$

$$\Rightarrow (x_1,\ y_1,\ z_1) = \pm\sqrt{12}\left(\frac{1}{2},\ \frac{1}{3},\ -\frac{1}{4}\right)$$

$\Rightarrow$ 접평면은 $\pm\sqrt{12}(x+y+z)=7$

3. (1) l_k: $2x+z=k(1+y)$, $k(2x-z)=1-y$의 공통직선

l_∞: $1+y=0$, $2x-z=0$의 공통직선

(2) m_k: $2x+z=k(1-y)$, $k(2x-z)=1+y$의 공통직선

m_∞: $1-y=0$, $2x-z=0$의 공통직선

4. (1) l_k: $x+3y=4k$, $k(x-3y)=z$의 공통직선

(2) m_k: $x+3y=kz$, $k(x-3y)=4$의 공통직선

5. 두 모선은 곡면에 접하므로 구하는 평면은 $(-1, 1, 2)$에서 접평면 $-4x+y-2z=1$ 이다.

‖ 연습문제 6.3 ‖

1. (1) $\Delta=\begin{vmatrix}1 & 0 & 0\\ 0 & 1 & -1\\ 0 & -1 & 1\end{vmatrix}=0 \Rightarrow$ 무심 2차 곡면

(2) $\Delta=\begin{vmatrix}1 & -1 & -1\\ -1 & 0 & -1\\ -1 & -1 & 1\end{vmatrix}=-4 \Rightarrow$ 유심 2차 곡면

중심방정식 $\begin{cases}x-y-z+1 & =0\\ -x-z+2 & =0\\ -x-y+z-3 & =0\end{cases} \Rightarrow$ 중심 $(0, -1, 2)$

(3) $\Delta=\begin{vmatrix}2 & 0 & -1\\ 0 & 2 & -2\\ -1 & -2 & -1\end{vmatrix}=-14 \Rightarrow$ 유심 2차 곡면

중심방정식 $\begin{cases}2x-z & =0\\ 2y-2z+1 & =0\\ -x-2y-z-2 & =0\end{cases} \Rightarrow$ 중심 $\left(-\frac{1}{7}, -\frac{11}{14}, -\frac{2}{7}\right)$

(4) $\Delta=\begin{vmatrix}1 & 1/2 & 1/2\\ 1/2 & 1 & 1/2\\ 1/2 & 1/2 & 0\end{vmatrix}=-\frac{1}{4} \Rightarrow$ 유심 2차 곡면

중심방정식 $\begin{cases}2x+y+z+1=0\\ x+2y+z+1=0\\ x+y+1 \quad =0\end{cases} \Rightarrow$ 중심 $\left(-\frac{1}{2}, -\frac{1}{2}, \frac{1}{2}\right)$

(5) $\Delta=\begin{vmatrix}0 & 1 & 1\\ 1 & 0 & 1\\ 1 & 1 & 0\end{vmatrix}=-2 \Rightarrow$ 유심 2차 곡면

중심방정식 $\begin{cases}y+z=0\\ x+z=0\\ x+y=0\end{cases} \Rightarrow$ 중심 $(0, 0, 0)$

(6) $\Delta = \begin{vmatrix} 9 & -3 & 0 \\ -3 & -1 & 0 \\ 0 & 0 & 0 \end{vmatrix} = 0 \Rightarrow$ 무심 2차 곡면

(7) $\Delta = \begin{vmatrix} 1 & 1/2 & 0 \\ 1/2 & -1 & 0 \\ 0 & 0 & 0 \end{vmatrix} = 0 \Rightarrow$ 무심 2차 곡면

(8) $\Delta = \begin{vmatrix} 2 & -1/2 & 1/2 \\ -1/2 & 1 & 1/2 \\ 1/2 & 1/2 & 1 \end{vmatrix} = \dfrac{3}{4} \Rightarrow$ 유심 2차 곡면

중심방정식 $\begin{cases} 4x - y + z - 2 = 0 \\ -x + 2y + z + 2 = 0 \\ x + y + 2z - 2 = 0 \end{cases} \Rightarrow$ 중심 $(-1, -3, 3)$

2. (1) $(l, m, n) = (-1, -1, 3) \Rightarrow l\lambda + m\mu + n\nu = -\lambda - \mu + 3\nu$이다.

고유값 $1 \Rightarrow$ 주경면 $x - 1 = 0$

고유값 $2 \Rightarrow$ 주경면 $-y + z + 2 = 0$

(2) $(l, m, n) = (0, 0, 0) \Rightarrow l\lambda + m\mu + n\nu = 0$이다.

고유값 $-1 \Rightarrow$ 주경면 $-x + z = 0, \ -x + y = 0$

고유값 $2 \Rightarrow$ 주경면 $x + y + z = 0$

(3) $(l, m, n) = (-1, 1, -1) \Rightarrow l\lambda + m\mu + n\nu = -\lambda + \mu - \nu$이다.

고유값 $1 \Rightarrow$ 주경면 $-y + z - 2 = 0$

고유값 $2 \Rightarrow$ 주경면 $-2x + 2y + 2z + 1 = 0$

고유값 $5 \Rightarrow$ 주경면 $10x + 5y + 5z - 2 = 0$

3. 원점에 대칭이면 (x, y, z)를 $(-x, -y, -z)$로 바꾸어도 방정식은 변하지 않아야 한다. 바꿀 경우 2차 항은 변하지 않지만 1차 항은 변하므로 1차 항이 없어야 한다. 그러므로 원점에 대칭일 조건은 $l = m = n = 0$이다.

‖ 연습문제 6.4 ‖

1. 고유값 0, 1, 2 $\Delta = 0 \Rightarrow$ 무심 2차 곡면

(1) $\delta = -4 \Rightarrow \sqrt{-\dfrac{\delta}{t_1 t_2}} = \sqrt{2} \Rightarrow$ 표준형 $2\overline{X}^2 + \overline{Y}^2 = 2\sqrt{2}\,\overline{Z}$

(2) $\delta = -4 \Rightarrow$ 표준형 $2\overline{X}^2 + \overline{Y}^2 = 2\sqrt{2}\,\overline{Z}$

(3) $\delta = -4 \Rightarrow$ 표준형 $2\overline{X}^2 + \overline{Y}^2 = 2\sqrt{2}\,\overline{Z}$

2. $\Delta = 0 \Rightarrow$ 무심 2차 곡면

(1) $\delta = 0$, 중심 $(0, 0, 0) \Rightarrow F(0, 0, 0) = -1$

$$\Rightarrow \text{표준형 } \sqrt{2}\,\overline{X}^2 - \sqrt{2}\,\overline{Y}^2 - 1 = 0$$

(2) $\delta = 0$, 중심 $(0,\ 0,\ 0) \Rightarrow F(0,\ 0,\ 0) = 0 \Rightarrow$ 표준형 $\sqrt{2}\,\overline{X}^2 - \sqrt{2}\,\overline{Y}^2 = 0$

(3) $\delta = 0$, 중심 $(0,\ 0,\ 0) \Rightarrow F(0,\ 0,\ 0) = 1 \Rightarrow$ 표준형 $\sqrt{2}\,\overline{X}^2 - \sqrt{2}\,\overline{Y}^2 + 1 = 0$

3. $\Delta = 2 \Rightarrow$ 유심 2차 곡면

(1) $\delta = 2 \Rightarrow$ 표준형 $2\overline{X}^2 - \overline{Y}^2 - \overline{Z}^2 + 1 = 0$

(2) $\delta = 0 \Rightarrow$ 표준형 $2\overline{X}^2 - \overline{Y}^2 - \overline{Z}^2 = 0$

(3) $\delta = -2 \Rightarrow$ 표준형 $2\overline{X}^2 - \overline{Y}^2 - \overline{Z}^2 - 1 = 0$

4. $\Delta = 10 \Rightarrow$ 유심 2차 곡면

(1) $\delta = -45 \Rightarrow$ 표준형 $\overline{X}^2 + 2\overline{Y}^2 + 5\overline{Z}^2 - \dfrac{9}{2} = 0$

(2) $\delta = -15 \Rightarrow$ 표준형 $\overline{X}^2 + 2\overline{Y}^2 + 5\overline{Z}^2 - \dfrac{3}{2} = 0$

(3) $\delta = 15 \Rightarrow$ 표준형 $\overline{X}^2 + 2\overline{Y}^2 + 5\overline{Z}^2 + \dfrac{3}{2} = 0$

5. $\Delta = -4 \Rightarrow$ 유심 2차 곡면

(1) $\delta = 4 \Rightarrow$ 표준형 $2\overline{X}^2 + (1 + \sqrt{3})\overline{Y}^2 + (1 - \sqrt{3})\overline{Z}^2 - 1 = 0$

(2) $\delta = 0 \Rightarrow$ 표준형 $2\overline{X}^2 + (1 + \sqrt{3})\overline{Y}^2 + (1 - \sqrt{3})\overline{Z}^2 = 0$

(3) $\delta = -4 \Rightarrow$ 표준형 $2\overline{X}^2 + (1 + \sqrt{3})\overline{Y}^2 + (1 - \sqrt{3})\overline{Z}^2 + 1 = 0$

6. $\Delta = -4 \Rightarrow$ 유심 2차 곡면

(1) $\delta = 4 \Rightarrow$ 표준형 $4\overline{X}^2 - \overline{Y}^2 - \overline{Z}^2 - 1 = 0$

(2) $\delta = 0 \Rightarrow$ 표준형 $4\overline{X}^2 - \overline{Y}^2 - \overline{Z}^2 = 0$

(3) $\delta = -4 \Rightarrow$ 표준형 $4\overline{X}^2 - \overline{Y}^2 - \overline{Z}^2 + 1 = 0$

찾아보기

제3판

기하학개론

지은이 박광성
펴낸이 조경희
펴낸곳 경문사
펴낸날 2004년 2월 20일 1판 1쇄
2020년 6월 20일 3판 1쇄
2021년 7월 1일 3판 2쇄
등 록 1979년 11월 9일 제1979-000023호
주 소 04057, 서울특별시 마포구 와우산로 174
전 화 (02)332-2004 팩스 (02)336-5193
이메일 kyungmoon@kyungmoon.com

값 20,000원

ISBN 979-11-6073-362-4